교 재 교재 및 강의 내용 문의는 EBS 중학사이트
내 용 (mid.ebs.co.kr)의 교재 Q&A 서비스를
문 의 활용하시기 바랍니다.

교 재 발행 이후 발견된 정오 사항을 EBS 중학사이트
정오표 정오표 코너에서 알려 드립니다.
공 지 교재 검색 → 교재 선택 → 정오표

교 재 공지된 정오 내용 외에 발견된 정오 사항이
정 정 있다면 EBS 중학사이트를 통해 알려 주세요.
신 청 교재 검색 → 교재 선택 → 교재 Q&A

⬇ 정답과 풀이는 EBS 중학사이트(mid.ebs.co.kr)에서 내려받으실 수 있습니다.

수학 마스터
중학 수학 내신 만점 실력서
고난도 시그마 Σ
중학 수학 2-1

Structure 이 책의 구성과 특징

1 개념 Review

- 반드시 알고 넘어가야 할 핵심 개념
- Σ NOTE 발전 개념 또는
  좀 더 쉽게 문제 해결에 접근할 수 있는 꿀팁 제시

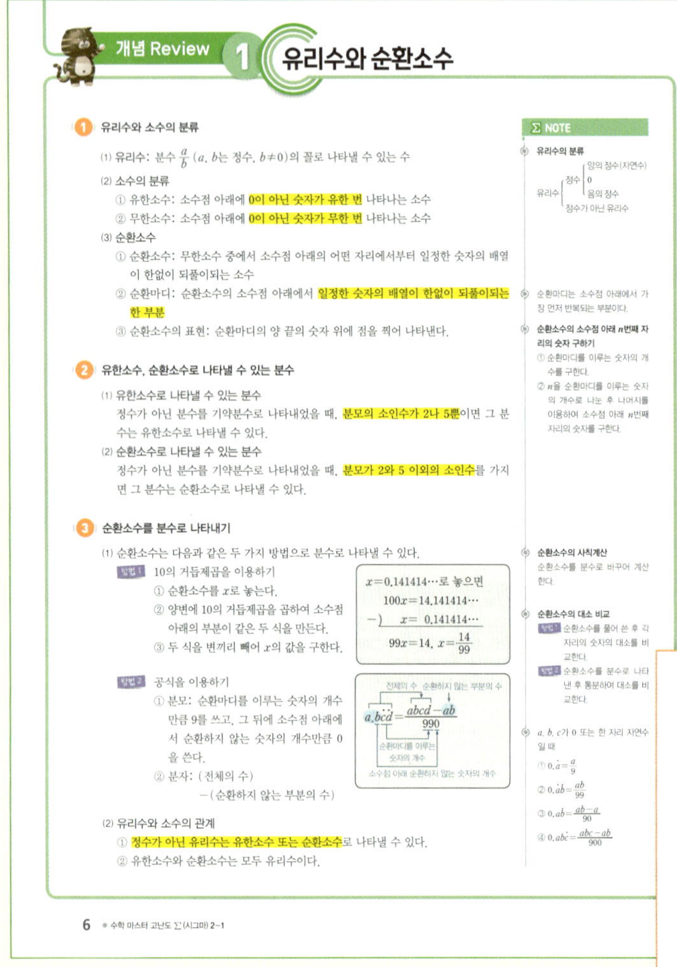

2 필수 확인 문제

- 고난도 문제를 접하기 전에 반드시 알고 넘어가야 하는
  엄선된 개념별 필수 문제
- 시험 대비 실전 문제와 서술형 학습

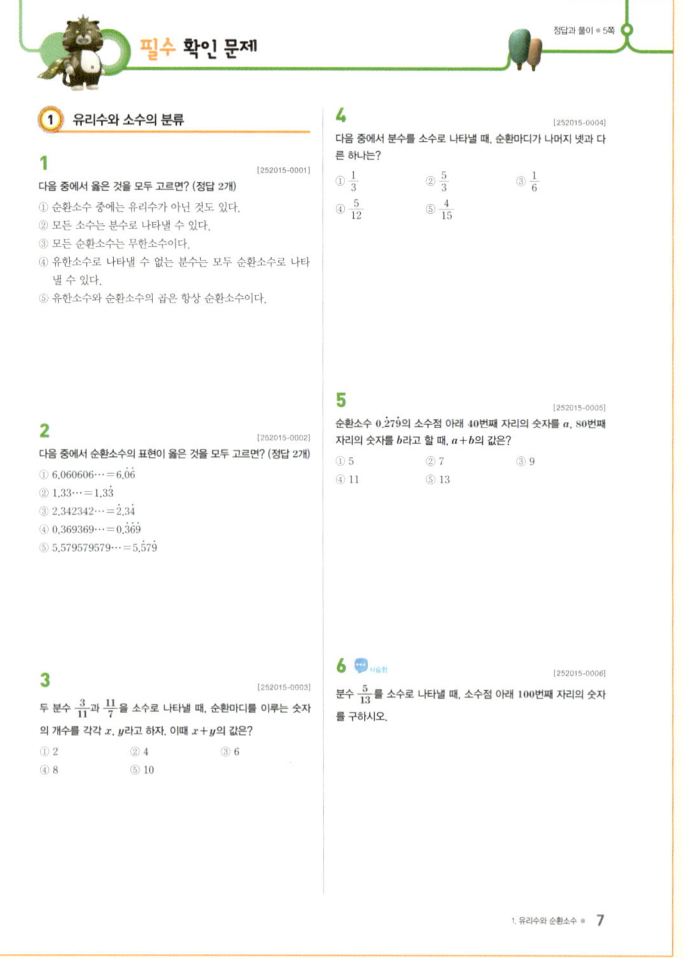

3 고난도 대표 유형

- 시험에 자주 출제되는 고난도 대표 유형 문제
- Σ포인트 풀이 전략 또는 해결 포인트 제시
- 고난도 실전 문제로 가는 브리지 문제

4 고난도 실전 문제

- 개념별 실전 고난도 연습 문제
- 대표 유형 고난도 대표 유형의 유사 문제를 통한 완전 학습
- 고난도 서술형 학습

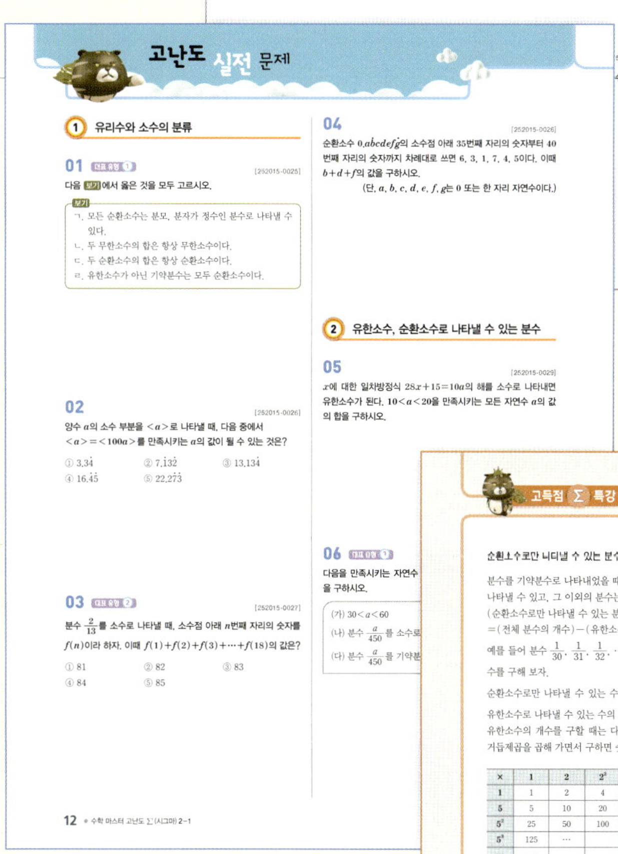

5 고득점 Σ 특강

최상위 수준의 문제를 풀어 내기 위한 상위 과정 맛보기 특강

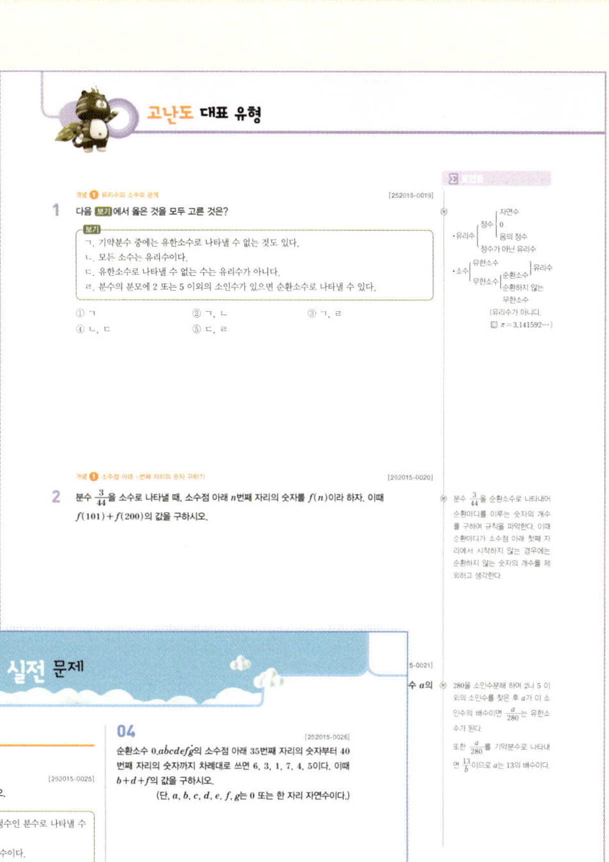

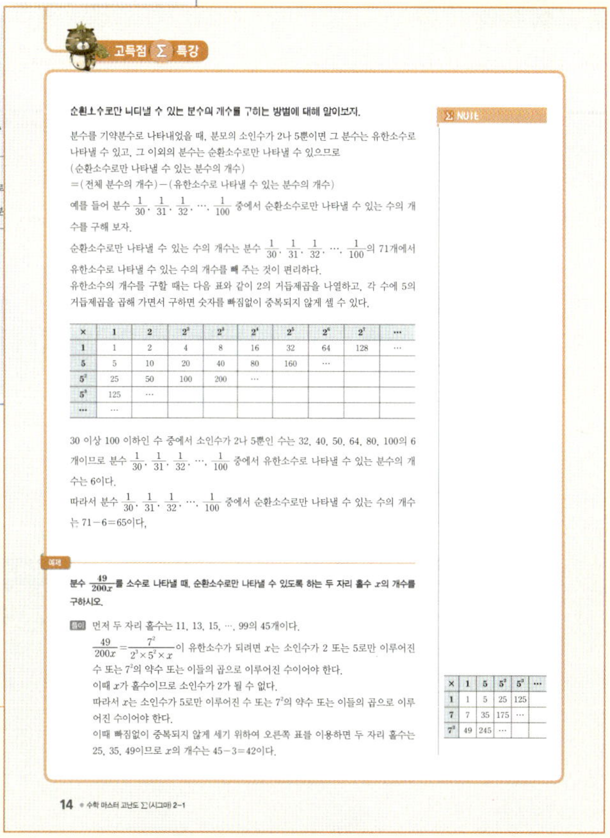

Contents 이 책의 차례

1
유리수와
순환소수

1 유리수와 소수의 분류

(1) 유리수: 분수 $\dfrac{a}{b}$ (a, b는 정수, $b \neq 0$)의 꼴로 나타낼 수 있는 수

(2) 소수의 분류
① 유한소수: 소수점 아래에 0이 아닌 숫자가 유한 번 나타나는 소수
② 무한소수: 소수점 아래에 0이 아닌 숫자가 무한 번 나타나는 소수

(3) 순환소수
① 순환소수: 무한소수 중에서 소수점 아래의 어떤 자리에서부터 일정한 숫자의 배열이 한없이 되풀이되는 소수
② 순환마디: 순환소수의 소수점 아래에서 일정한 숫자의 배열이 한없이 되풀이되는 한 부분
③ 순환소수의 표현: 순환마디의 양 끝의 숫자 위에 점을 찍어 나타낸다.

2 유한소수, 순환소수로 나타낼 수 있는 분수

(1) 유한소수로 나타낼 수 있는 분수
정수가 아닌 분수를 기약분수로 나타내었을 때, 분모의 소인수가 2나 5뿐이면 그 분수는 유한소수로 나타낼 수 있다.

(2) 순환소수로 나타낼 수 있는 분수
정수가 아닌 분수를 기약분수로 나타내었을 때, 분모가 2와 5 이외의 소인수를 가지면 그 분수는 순환소수로 나타낼 수 있다.

3 순환소수를 분수로 나타내기

(1) 순환소수는 다음과 같은 두 가지 방법으로 분수로 나타낼 수 있다.

방법 1 10의 거듭제곱을 이용하기
① 순환소수를 x로 놓는다.
② 양변에 10의 거듭제곱을 곱하여 소수점 아래의 부분이 같은 두 식을 만든다.
③ 두 식을 변끼리 빼어 x의 값을 구한다.

$$
\begin{aligned}
x &= 0.141414\cdots \text{로 놓으면} \\
100x &= 14.141414\cdots \\
-\ )\quad x &= 0.141414\cdots \\
\hline
99x &= 14,\quad x = \frac{14}{99}
\end{aligned}
$$

방법 2 공식을 이용하기
① 분모: 순환마디를 이루는 숫자의 개수만큼 9를 쓰고, 그 뒤에 소수점 아래에서 순환하지 않는 숫자의 개수만큼 0을 쓴다.
② 분자: (전체의 수)
  − (순환하지 않는 부분의 수)

$$
0.b\dot{c}\dot{d} = \frac{abcd - ab}{990}
$$

전체의 수　순환하지 않는 부분의 수
순환마디를 이루는 숫자의 개수
소수점 아래 순환하지 않는 숫자의 개수

(2) 유리수와 소수의 관계
① 정수가 아닌 유리수는 유한소수 또는 순환소수로 나타낼 수 있다.
② 유한소수와 순환소수는 모두 유리수이다.

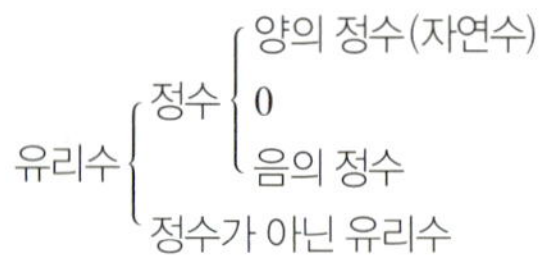 **NOTE**

◉ **유리수의 분류**
$$
\text{유리수}\begin{cases} \text{정수}\begin{cases} \text{양의 정수(자연수)} \\ 0 \\ \text{음의 정수} \end{cases} \\ \text{정수가 아닌 유리수} \end{cases}
$$

◉ 순환마디는 소수점 아래에서 가장 먼저 반복되는 부분이다.

◉ **순환소수의 소수점 아래 n번째 자리의 숫자 구하기**
① 순환마디를 이루는 숫자의 개수를 구한다.
② n을 순환마디를 이루는 숫자의 개수로 나눈 후 나머지를 이용하여 소수점 아래 n번째 자리의 숫자를 구한다.

◉ **순환소수의 사칙계산**
순환소수를 분수로 바꾸어 계산한다.

◉ **순환소수의 대소 비교**
방법 1 순환소수를 풀어 쓴 후 각 자리의 숫자의 대소를 비교한다.
방법 2 순환소수를 분수로 나타낸 후 통분하여 대소를 비교한다.

◉ a, b, c가 0 또는 한 자리 자연수일 때
① $0.\dot{a} = \dfrac{a}{9}$
② $0.\dot{a}\dot{b} = \dfrac{ab}{99}$
③ $0.a\dot{b} = \dfrac{ab - a}{90}$
④ $0.a\dot{b}\dot{c} = \dfrac{abc - ab}{900}$

필수 확인 문제

1 유리수와 소수의 분류

1
[252015-0001]

다음 중에서 옳은 것을 모두 고르면? (정답 2개)

① 순환소수 중에는 유리수가 아닌 것도 있다.
② 모든 소수는 분수로 나타낼 수 있다.
③ 모든 순환소수는 무한소수이다.
④ 유한소수로 나타낼 수 없는 분수는 모두 순환소수로 나타낼 수 있다.
⑤ 유한소수와 순환소수의 곱은 항상 순환소수이다.

2
[252015-0002]

다음 중에서 순환소수의 표현이 옳은 것을 모두 고르면? (정답 2개)

① $6.060606\cdots=6.\dot{0}\dot{6}$
② $1.33\cdots=1.3\dot{3}$
③ $2.342342\cdots=\dot{2}.3\dot{4}$
④ $0.369369\cdots=0.\dot{3}6\dot{9}$
⑤ $5.579579579\cdots=5.\dot{5}7\dot{9}$

3
[252015-0003]

두 분수 $\dfrac{3}{11}$과 $\dfrac{11}{7}$을 소수로 나타낼 때, 순환마디를 이루는 숫자의 개수를 각각 x, y라고 하자. 이때 $x+y$의 값은?

① 2   ② 4   ③ 6
④ 8   ⑤ 10

4
[252015-0004]

다음 중에서 분수를 소수로 나타낼 때, 순환마디가 나머지 넷과 다른 하나는?

① $\dfrac{1}{3}$ ② $\dfrac{5}{3}$ ③ $\dfrac{1}{6}$
④ $\dfrac{5}{12}$ ⑤ $\dfrac{4}{15}$

5
[252015-0005]

순환소수 $0.2\dot{7}\dot{9}$의 소수점 아래 40번째 자리의 숫자를 a, 80번째 자리의 숫자를 b라고 할 때, $a+b$의 값은?

① 5   ② 7   ③ 9
④ 11   ⑤ 13

6 서술형
[252015-0006]

분수 $\dfrac{5}{13}$를 소수로 나타낼 때, 소수점 아래 100번째 자리의 숫자를 구하시오.

2 유한소수, 순환소수로 나타낼 수 있는 분수

7
[252015-0007]

분수 $\dfrac{1}{a}$을 소수로 나타내면 유한소수가 될 때, $1 < a < 45$인 자연수 a의 개수를 구하시오.

8
[252015-0008]

분수 $\dfrac{36}{80}$을 $\dfrac{a}{10^n}$ 꼴로 바꿔서 유한소수로 나타낼 때, $a+n$의 값 중 가장 작은 값을 구하시오. (단, a, n은 자연수이다.)

9
[252015-0009]

두 분수 $\dfrac{1}{5}$과 $\dfrac{3}{7}$ 사이의 분수 중에서 분모가 35이고 소수로 나타내면 순환소수가 되는 것은 몇 개인가?

① 3개   ② 4개   ③ 5개

④ 6개   ⑤ 7개

10
💬 서술형
[252015-0010]

분수 $\dfrac{x}{900}$를 소수로 나타내면 유한소수가 되고, 기약분수로 나타내면 $\dfrac{1}{y}$이 된다. x가 가장 작은 한 자리 자연수일 때, $x+y$의 값을 구하시오.

11
[252015-0011]

두 분수 $\dfrac{25}{180}$와 $\dfrac{13}{143}$에 각각 자연수 a를 곱하여 두 분수 모두 유한소수로 나타내려고 한다. 이때 a의 값이 될 수 있는 가장 작은 자연수를 구하시오.

12
[252015-0012]

분수 $\dfrac{60}{2^4 \times 5^2 \times 7 \times 11} \times a$를 소수로 나타내면 유한소수가 될 때, a의 값이 될 수 있는 가장 작은 세 자리 자연수를 구하시오.

③ 순환소수를 분수로 나타내기

13

[252015-0013]

다음 중에서 순환소수 $x=0.370370370\cdots$에 대한 설명으로 옳지 <u>않은</u> 것을 모두 고르면? (정답 2개)

① x는 무한소수이다.

② x의 순환마디는 037이다.

③ $x=0.\dot{3}7\dot{0}$으로 나타낼 수 있다.

④ 분수로 나타낼 때 이용하면 가장 편리한 식은 $1000x-10x$이다.

⑤ 분수로 나타내면 $x=\dfrac{370}{999}$이다.

14

[252015-0014]

순환소수 x를 분수로 나타낼 때 이용할 수 있는 가장 간단한 식이 바르게 짝 지어진 것을 보기 에서 모두 고르시오.

보기
ㄱ. $x=1.\dot{3} \Rightarrow 10x-x$
ㄴ. $x=5.\dot{2}1\dot{0} \Rightarrow 100x-x$
ㄷ. $x=4.1\dot{2}\dot{4} \Rightarrow 1000x-10x$

15

[252015-0015]

분수 $\dfrac{a}{33}$를 소수로 나타내면 $2.\dot{1}\dot{5}$일 때, 자연수 a의 값은?

① 69   ② 71   ③ 73

④ 75   ⑤ 77

16

[252015-0016]

다음 중에서 두 수의 대소 관계가 옳은 것은?

① $0.3\dot{0}\dot{2}<0.3\dot{0}2$ ② $\dfrac{4}{5}<0.\dot{8}$

③ $\dfrac{1}{15}>0.0\dot{6}$ ④ $2.\dot{5}<2.5$

⑤ $0.\dot{3}<0.\dot{3}\dot{0}$

17

[252015-0017]

$1.6\dot{1}-x=\dfrac{1}{3}\times0.3\dot{6}$일 때, x를 순환소수로 나타내시오.

18

[252015-0018]

기약분수 a를 소수로 나타내는데 아린이는 분자를 잘못 보아 $0.4\dot{1}$로 나타내었고, 하진이는 분모를 잘못 보아 $0.2\dot{3}$으로 나타내었다. 이때 a를 순환소수로 나타내시오.

개념 ❶ 유리수와 소수의 관계　　　　　　　　　　　　　　　[252015-0019]

1 다음 보기 에서 옳은 것을 모두 고른 것은?

> 보기
> ㄱ. 기약분수 중에는 유한소수로 나타낼 수 없는 것도 있다.
> ㄴ. 모든 소수는 유리수이다.
> ㄷ. 유한소수로 나타낼 수 없는 수는 유리수가 아니다.
> ㄹ. 분수의 분모에 2 또는 5 이외의 소인수가 있으면 순환소수로 나타낼 수 있다.

① ㄱ　　　　　　② ㄱ, ㄴ　　　　　　③ ㄱ, ㄹ
④ ㄴ, ㄷ　　　　　　⑤ ㄷ, ㄹ

개념 ❶ 소수점 아래 n번째 자리의 숫자 구하기　　　　　　[252015-0020]

2 분수 $\dfrac{3}{44}$ 을 소수로 나타낼 때, 소수점 아래 n번째 자리의 숫자를 $f(n)$이라 하자. 이때 $f(101)+f(200)$의 값을 구하시오.

개념 ❷ 유한소수가 되도록 하는 미지수의 값 구하기　　　　[252015-0021]

3 분수 $\dfrac{a}{280}$ 를 기약분수로 나타내면 $\dfrac{13}{b}$ 이고 소수로 나타내면 유한소수가 될 때, 두 자리 자연수 a의 값과 그때의 b의 값의 합을 구하시오.

- 유리수 $\begin{cases} \text{정수} \begin{cases} \text{자연수} \\ 0 \\ \text{음의 정수} \end{cases} \\ \text{정수가 아닌 유리수} \end{cases}$

- 소수 $\begin{cases} \text{유한소수} \\ \text{무한소수} \begin{cases} \text{순환소수} \\ \text{순환하지 않는} \\ \text{무한소수} \end{cases} \end{cases}$

  유한소수, 순환소수 → 유리수
  순환하지 않는 무한소수 (유리수가 아니다.)
  예 $\pi = 3.141592\cdots$)

분수 $\dfrac{3}{44}$ 을 순환소수로 나타내어 순환마디를 이루는 숫자의 개수를 구하여 규칙을 파악한다. 이때 순환마디가 소수점 아래 첫째 자리에서 시작하지 않는 경우에는 순환하지 않는 숫자의 개수를 제외하고 생각한다.

280을 소인수분해 하여 2나 5 이외의 소인수를 찾은 후 a가 이 소인수의 배수이면 $\dfrac{a}{280}$ 는 유한소수가 된다.

또한 $\dfrac{a}{280}$ 를 기약분수로 나타내면 $\dfrac{13}{b}$ 이므로 a는 13의 배수이다.

개념 ❸ 순환소수를 분수로 나타내기 [252015-0022]

4 $1+\dfrac{1}{10}+\dfrac{4}{10^3}+\dfrac{4}{10^5}+\dfrac{4}{10^7}+\cdots$ 를 기약분수 $\dfrac{a}{b}$ 로 나타낼 때, $a-b$ 의 값을 구하시오.

분수로 된 각 항을 소수로 바꾸어 분수의 합을 순환소수로 나타낸 후 이 순환소수를 분수로 나타낸다.

개념 ❸ 순환소수가 포함된 식의 계산 [252015-0023]

5 $0.\dot{2}\times0.00\dot{x}=(0.0\dot{y})^2$ 일 때, 한 자리 자연수 x, y 에 대하여 $x-y$ 의 값을 구하시오. (단, $x>y$)

순환소수를 분수로 나타낸 후 식을 계산한다.

개념 ❸ 순환소수에 수를 곱하여 자연수 또는 유한소수 만들기 [252015-0024]

6 순환소수 $1.2\dot{2}\dot{4}$ 에 어떤 자연수를 곱하면 유한소수가 될 때, 곱할 수 있는 가장 큰 두 자리 자연수를 구하시오.

(순환소수)$\times x$ 가 유한소수가 될 때, x 의 값은 다음과 같은 순서대로 구한다.

순환소수를 기약분수로 나타내기	➡	분모를 소인수분해 하기

➡ x 가 어떤 수의 배수이어야 하는지 찾기

고난도 실전 문제

① 유리수와 소수의 분류

01 대표 유형 ①
[252015-0025]

다음 보기에서 옳은 것을 모두 고르시오.

> 보기
> ㄱ. 모든 순환소수는 분모, 분자가 정수인 분수로 나타낼 수 있다.
> ㄴ. 두 무한소수의 합은 항상 무한소수이다.
> ㄷ. 두 순환소수의 합은 항상 순환소수이다.
> ㄹ. 유한소수가 아닌 기약분수는 모두 순환소수이다.

02
[252015-0026]

양수 a의 소수 부분을 $\langle a \rangle$로 나타낼 때, 다음 중에서 $\langle a \rangle = \langle 100a \rangle$를 만족시키는 a의 값이 될 수 있는 것은?

① $3.3\dot{4}$　　② $7.1\dot{3}\dot{2}$　　③ $13.1\dot{3}4$

④ $16.\dot{4}\dot{5}$　　⑤ $22.2\dot{7}\dot{3}$

03 대표 유형 ②
[252015-0027]

분수 $\dfrac{2}{13}$를 소수로 나타낼 때, 소수점 아래 n번째 자리의 숫자를 $f(n)$이라 하자. 이때 $f(1)+f(2)+f(3)+\cdots+f(18)$의 값은?

① 81　　② 82　　③ 83

④ 84　　⑤ 85

04
[252015-0028]

순환소수 $0.\dot{a}bcdef\dot{g}$의 소수점 아래 35번째 자리의 숫자부터 40번째 자리의 숫자까지 차례대로 쓰면 6, 3, 1, 7, 4, 5이다. 이때 $b+d+f$의 값을 구하시오.

(단, a, b, c, d, e, f, g는 0 또는 한 자리 자연수이다.)

② 유한소수, 순환소수로 나타낼 수 있는 분수

05
[252015-0029]

x에 대한 일차방정식 $28x+15=10a$의 해를 소수로 나타내면 유한소수가 된다. $10<a<20$을 만족시키는 모든 자연수 a의 값의 합을 구하시오.

06 대표 유형 ③
[252015-0030]

다음을 만족시키는 자연수 a, b, c에 대하여 $a+b+c$의 최솟값을 구하시오.

> (가) $30<a<60$
> (나) 분수 $\dfrac{a}{450}$를 소수로 나타내면 유한소수가 된다.
> (다) 분수 $\dfrac{a}{450}$를 기약분수로 나타내면 $\dfrac{c}{b}$가 된다.

07

[252015-0031]

길이가 2 m인 실을 남김없이 사용하여 정n각형을 만들려고 한다. 10보다 작은 자연수 n 중에서 정n각형의 한 변의 길이를 순환소수로 나타낼 수 있는 것의 개수를 구하시오.

(단, 정n각형의 한 변의 길이의 단위는 m이다.)

③ 순환소수를 분수로 나타내기

08 대표 유형 ④

[252015-0032]

$\dfrac{9}{10^2}-\dfrac{3}{10^3}+\dfrac{3}{10^4}-\dfrac{3}{10^5}+\dfrac{3}{10^6}-\cdots$을 소수로 나타낼 때, 소수점 아래 100번째 자리의 숫자를 구하시오.

09

[252015-0033]

$1+\dfrac{1}{3}+\dfrac{1}{3\times10}+\dfrac{1}{3\times10^2}+\dfrac{1}{3\times10^3}+\cdots$을 기약분수로 나타내면 $\dfrac{a}{b}$일 때, $a-b$의 값을 구하시오. (단, a, b는 정수이다.)

10 서술형

[252015-0034]

어떤 수 x에 $0.2\dot{1}$을 곱해야 할 것을 잘못하여 $0.2\dot{1}$을 곱하였더니 바르게 계산한 결과보다 $0.\dot{0}\dot{3}$만큼 작게 나왔다. 이때 x의 값을 구하시오.

11

[252015-0035]

한 자리 자연수 a, b에 대하여 두 순환소수 $0.\dot{a}\dot{b}$와 $0.\dot{b}\dot{a}$의 합이 $0.\dot{4}$일 때, $0.\dot{a}\dot{b}-0.\dot{b}\dot{a}$의 값을 순환소수로 나타내시오.

(단, $a>b$)

12 대표 유형 ⑤

[252015-0036]

순환소수 $1.5\dot{1}$에 자연수 a를 곱하여 어떤 자연수의 제곱이 되도록 할 때, 가장 작은 자연수 a의 값은?

① 3   ② 11   ③ 22
④ 33   ⑤ 66

순환소수로만 나타낼 수 있는 분수의 개수를 구하는 방법에 대해 알아보자.

분수를 기약분수로 나타내었을 때, 분모의 소인수가 2나 5뿐이면 그 분수는 유한소수로 나타낼 수 있고, 그 이외의 분수는 순환소수로만 나타낼 수 있으므로

(순환소수로만 나타낼 수 있는 분수의 개수)

＝(전체 분수의 개수)－(유한소수로 나타낼 수 있는 분수의 개수)

예를 들어 분수 $\dfrac{1}{30}$, $\dfrac{1}{31}$, $\dfrac{1}{32}$, $\cdots$, $\dfrac{1}{100}$ 중에서 순환소수로만 나타낼 수 있는 수의 개수를 구해 보자.

순환소수로만 나타낼 수 있는 수의 개수는 분수 $\dfrac{1}{30}$, $\dfrac{1}{31}$, $\dfrac{1}{32}$, $\cdots$, $\dfrac{1}{100}$의 71개에서 유한소수로 나타낼 수 있는 수의 개수를 빼 주는 것이 편리하다.

유한소수의 개수를 구할 때는 다음 표와 같이 2의 거듭제곱을 나열하고, 각 수에 5의 거듭제곱을 곱해 가면서 구하면 숫자를 빠짐없이 중복되지 않게 셀 수 있다.

×	1	2	2^2	2^3	2^4	2^5	2^6	2^7	$\cdots$
1	1	2	4	8	16	32	64	128	$\cdots$
5	5	10	20	40	80	160	$\cdots$		
5^2	25	50	100	200	$\cdots$				
5^3	125	$\cdots$							
$\cdots$	$\cdots$								

30 이상 100 이하인 수 중에서 소인수가 2나 5뿐인 수는 32, 40, 50, 64, 80, 100의 6개이므로 분수 $\dfrac{1}{30}$, $\dfrac{1}{31}$, $\dfrac{1}{32}$, $\cdots$, $\dfrac{1}{100}$ 중에서 유한소수로 나타낼 수 있는 분수의 개수는 6이다.

따라서 분수 $\dfrac{1}{30}$, $\dfrac{1}{31}$, $\dfrac{1}{32}$, $\cdots$, $\dfrac{1}{100}$ 중에서 순환소수로만 나타낼 수 있는 수의 개수는 $71-6=65$이다.

예제

분수 $\dfrac{49}{200x}$를 소수로 나타낼 때, 순환소수로만 나타낼 수 있도록 하는 두 자리 홀수 x의 개수를 구하시오.

풀이 먼저 두 자리 홀수는 11, 13, 15, $\cdots$, 99의 45개이다.

$\dfrac{49}{200x}=\dfrac{7^2}{2^3\times5^2\times x}$이 유한소수가 되려면 x는 소인수가 2 또는 5로만 이루어진 수 또는 7^2의 약수 또는 이들의 곱으로 이루어진 수이어야 한다.

이때 x가 홀수이므로 소인수가 2가 될 수 없다.

따라서 x는 소인수가 5로만 이루어진 수 또는 7^2의 약수 또는 이들의 곱으로 이루어진 수이어야 한다.

이때 빠짐없이 중복되지 않게 세기 위하여 오른쪽 표를 이용하면 두 자리 홀수는 25, 35, 49이므로 x의 개수는 $45-3=42$이다.

×	1	5	5^2	5^3	$\cdots$
1	1	5	25	125	
7	7	35	175	$\cdots$	
7^2	49	245	$\cdots$		

2
식의 계산

1 지수법칙

m, n이 자연수일 때

(1) $a^m \times a^n = a^{m+n}$

(2) $(a^m)^n = a^{mn}$

(3) $a^m \div a^n = \begin{cases} a^{m-n} & (m>n) \\ 1 & (m=n) \\ \dfrac{1}{a^{n-m}} & (m<n) \end{cases}$ (단, $a \neq 0$)

(4) $(ab)^m = a^m b^m$, $\left(\dfrac{a}{b}\right)^m = \dfrac{a^m}{b^m}$ (단, $b \neq 0$)

2 지수법칙의 응용

(1) 같은 수의 덧셈식은 곱셈식으로 바꿀 수 있다.

$$\underbrace{a^x + a^x + \cdots + a^x}_{a \text{개}} = a \times a^x = a^{x+1}$$

예 $2^2 + 2^2 + 2^2 + 2^2 = 4 \times 2^2 = 2^2 \times 2^2 = 2^{2+2} = 2^4$

(2) $a^n = A$이면 $a^{mn} = a^{nm} = (a^n)^m = A^m$

예 $2^2 = A$이면 $8^2 = (2^3)^2 = (2^2)^3 = A^3$

(3) $a^{n-1} = A$이면 $a^n \div a = \dfrac{a^n}{a} = A$ ➡ $a^n = a \times A$

예 $2^{x-1} = A$이면 $2^x \div 2 = A$이므로 $2^x = 2A$

3 거듭제곱의 자릿수

$2^l \times 5^m$ (l, m은 자연수)이 몇 자리 자연수인지는 다음과 같은 순서대로 구한다.

① 주어진 수를 소인수분해한다.

② 2와 5의 지수가 같아지도록 변형하여 $a \times 10^n$ (a, n은 자연수) 꼴로 나타낸다.
이때 2와 5의 지수 중 크지 않은 수를 n으로 하여 10의 거듭제곱 꼴로 만든다.

③ 자릿수를 구한다.

4 단항식의 곱셈과 나눗셈

(1) 단항식의 곱셈

① 계수는 계수끼리, 문자는 문자끼리 곱한다.

② 같은 문자끼리의 곱은 지수법칙을 이용한다.

(2) 단항식의 나눗셈

방법 1 분수 꼴로 바꾸어 계산한다. ➡ $A \div B = \dfrac{A}{B}$

방법 2 나누는 식의 역수를 곱하여 계산한다.

$$\overset{\text{곱셈으로}}{\Rightarrow\, A \div B = A \times \dfrac{1}{B}} = \dfrac{A}{B}$$

역수로

Σ NOTE

다음과 같이 계산하지 않도록 주의한다.

① $a^m \times a^n \neq a^{mn}$

② $a^m + a^n \neq a^{m+n}$

③ $a^m \div a^n \neq a^{m \div n}$

④ $a^m \div a^m \neq 0$

⑤ $(a^m)^n \neq a^m$

l, m, n이 자연수일 때

① $a^l \times a^m \times a^n = a^{l+m+n}$

② $(a^m b^n)^l = a^{ml} b^{nl}$

③ $\left(\dfrac{a^m}{b^n}\right)^l = \dfrac{a^{ml}}{b^{nl}}$ (단, $b \neq 0$)

a가 k자리 자연수이면 $a \times 10^n$은 $(k+n)$자리 자연수이다.

단항식의 곱셈은

부호 결정 ➡ 계수의 곱 ➡ 문자의 곱

의 순서로 계산한다.

나누는 식이 2개 이상이거나 분수 꼴인 경우는 방법 2 를 이용하는 것이 편리하다.

5 단항식의 곱셈과 나눗셈의 혼합 계산

단항식의 곱셈과 나눗셈이 혼합된 식은 다음과 같은 순서대로 계산한다.
① 괄호가 있으면 지수법칙을 이용하여 괄호를 먼저 푼다.
② 나눗셈은 분수 꼴 또는 나누는 식의 역수의 곱셈으로 바꾼다.
③ 계수는 계수끼리, 문자는 문자끼리 계산한다.

6 다항식의 덧셈과 뺄셈

(1) 다항식의 덧셈과 뺄셈: 괄호를 풀고 동류항끼리 모아서 간단히 한다.
　　이때 다항식의 뺄셈은 빼는 식의 각 항의 부호를 바꾸어 더한다.
(2) 이차식의 덧셈과 뺄셈: 괄호를 풀고 동류항끼리 모아서 간단히 한다.
(3) 바르게 계산한 식 구하기
　　다항식의 덧셈과 뺄셈에서 바르게 계산한 식은 다음과 같은 순서대로 구한다.
　　① 어떤 다항식을 A로 놓고 조건에 맞는 식을 세운다.
　　② 등식의 성질을 이용하여 다항식 A를 구한다.
　　③ 바르게 계산한 식을 구한다.

7 단항식과 다항식의 곱셈과 나눗셈

(1) (단항식)×(다항식): 분배법칙을 이용하여 단항식을 다항식의 각 항에 곱한다.
(2) (다항식)÷(단항식)

　　방법 1 분수 꼴로 바꾸어 계산한다.

$$(A+B)\div C=\frac{A+B}{C}=\frac{A}{C}+\frac{B}{C}$$

분수 꼴로 바꾼다.

　　방법 2 나누는 식을 역수의 곱셈으로 바꾸어 계산한다.

$$(A+B)\div C=(A+B)\times\frac{1}{C}=\frac{A}{C}+\frac{B}{C}$$

역수를 곱한다.

8 식의 대입

주어진 식의 문자에 그 문자가 나타내는 다른 식을 대입하여 주어진 식을 다른 문자의 식으로 나타낼 수 있다.
예 $b=a+2$일 때, $2a-3b+1$을 a의 식으로 나타내면
　　$2a-3b+1=2a-3(a+2)+1=2a-3a-6+1=-a-5$

9 등식의 변형

(1) x의 식으로 나타내는 경우
　　➡ 등식을 $y=(x$의 식$)$으로 변형한 후 주어진 식에 대입한다.
(2) y의 식으로 나타내는 경우
　　➡ 등식을 $x=(y$의 식$)$으로 변형한 후 주어진 식에 대입한다.

필수 확인 문제

① 지수법칙

1

[252015-0037]

다음 중에서 옳은 것을 모두 고르면? (정답 2개)

① $\left(-\dfrac{y^2}{x^3}\right)^5=-\dfrac{y^{10}}{x^{15}}$ ② $a^{10}\div a^5=a^2$

③ $(a^3)^3=a^6$ ④ $(x^3y^2)^4=x^{12}y^4$

⑤ $x^3\times y^2\times x^4\times y^8=x^7y^{10}$

2

[252015-0038]

다음 중에서 □ 안에 알맞은 수가 나머지 넷과 다른 하나는?

① $x^6\div x^{\square}=x^2$ ② $a^2\div(a^3)^2=\dfrac{1}{a^{\square}}$

③ $x^{\square}\times x^3\div(x^2)^2=x^3$ ④ $(-x^4y^3)^{\square}=x^8y^6$

⑤ $\left(\dfrac{a}{b^{\square}}\right)^3=\dfrac{a^3}{b^{12}}$

3

[252015-0039]

$(2^3)^4\times(2^a)^5=2^{32}$일 때, 자연수 a의 값을 구하시오.

4

[252015-0040]

$5^{6(x-1)}\div25^{3x-4}$의 값을 구하시오. (단, x는 2 이상의 자연수이다.)

5 서술형

[252015-0041]

$\left(\dfrac{x^ay^2}{bz}\right)^3=\dfrac{x^{12}y^c}{8z^d}$일 때, 자연수 a, b, c, d에 대하여 $a+b+c+d$의 값을 구하시오.

② 지수법칙의 응용

6

[252015-0042]

$5^4+5^4+5^4+5^4+5^4=5^x$, $5^3\times5^3\times5^3\times5^3=5^y$일 때, 자연수 x, y에 대하여 $x+y$의 값을 구하시오.

7

[252015-0043]

$2^7=A$, $3^5=B$일 때, $8^{15}\times9^5$을 A, B를 사용하여 나타내면?

① $8A^2B^6$ ② $12A^2B^6$ ③ A^6B^2
④ $8A^6B^2$ ⑤ $12A^6B^2$

8

[252015-0044]

$A=5^{x-1}$일 때, 25^x을 A를 사용하여 나타내면?

(단, x는 2 이상의 자연수이다.)

① $\dfrac{A}{5}$ ② $5A$ ③ $25A$
④ $5A^2$ ⑤ $25A^2$

9

[252015-0045]

$5^{x+2}+5^{x+1}+5^x=775$일 때, 자연수 x의 값을 구하시오.

③ 거듭제곱의 자릿수

10

[252015-0046]

$2^9\times3^2\times5^7$이 n자리 자연수일 때, n의 값은?

① 5   ② 6   ③ 7
④ 8   ⑤ 9

11

[252015-0047]

$2^6\times4^2\times5^8$이 n자리 자연수일 때, n의 값은?

① 6   ② 7   ③ 8
④ 9   ⑤ 10

12

[252015-0048]

$\dfrac{20^5\times3^9}{6^5}$이 n자리 자연수이고 각 자리의 숫자의 합이 m일 때, $n+m$의 값을 구하시오.

④ 단항식의 곱셈과 나눗셈

13
[252015-0049]

$(-2xy)^3 \times (-xy^2) \times (3x^2y)^2 = ax^by^c$일 때, 상수 a, b, c에 대하여 $a+b+c$의 값은?

① -57 ② -55 ③ 79

④ 85 ⑤ 87

14
[252015-0050]

$-8xy^3 \div (-3x^2y)^2 \div \left(\dfrac{2}{3}xy\right)^3$을 계산하시오.

15
[252015-0051]

오른쪽 그림과 같이 밑면은 한 변의 길이가 $3a^2b^3$인 정사각형이고 높이가 $\dfrac{4a^3}{b}$인 정사각뿔의 부피를 구하시오.

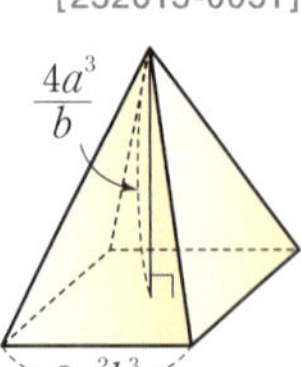

⑤ 단항식의 곱셈과 나눗셈의 혼합 계산

16
[252015-0052]

$\dfrac{2}{3}x^2y \div \dfrac{1}{4}xy^2 \times (-3x^3y^4) = ax^by^c$일 때, 상수 a, b, c에 대하여 $a+b+c$의 값은?

① -5 ② -4 ③ -3

④ -2 ⑤ -1

17
[252015-0053]

$x=-1$, $y=2$일 때, $(x^2y)^3 \times 6xy^2 \div 3x^3$의 값을 구하시오.

18
[252015-0054]

$(-2x^3y^2)^3 \div (3xy^2)^2 \times \boxed{} = 8x^8y^3$일 때, $\square$ 안에 알맞은 식은?

① $-9x^2y$ ② $-9xy$ ③ $8x^2y$

④ $9x^2y^2$ ⑤ $9x^4y^2$

19

[252015-0055]

어떤 식에 $-2x^2y^3$을 곱하였더니 $24x^6y^5$이 되었다. 어떤 식을 구하시오.

20

[252015-0056]

$(2x^2y)^a \div 3x^4y^2 \times 12x^6y^2 = bx^4y^c$일 때, 자연수 a, b, c에 대하여 $a+b+c$의 값은?

① 4 ② 6 ③ 8
④ 10 ⑤ 12

21 서술형

[252015-0057]

다음 그림과 같이 반지름의 길이가 ab인 구와 밑면의 반지름의 길이가 $3ab$, 높이가 $4ab$인 원기둥이 있다. 원기둥의 부피는 구의 부피의 몇 배인지 구하시오.

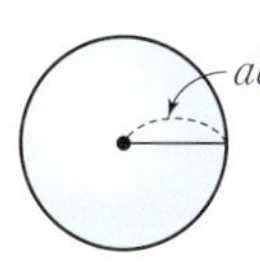
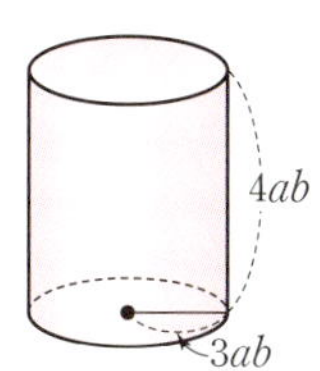

6 다항식의 덧셈과 뺄셈

22

[252015-0058]

$\dfrac{2x-3y}{6} + \dfrac{3x+2y}{4} - \dfrac{5x-7y}{3} = ax+by$일 때, 상수 a, b에 대하여 $a+b$의 값은?

① $\dfrac{1}{12}$ ② $\dfrac{1}{4}$ ③ $\dfrac{2}{3}$
④ $\dfrac{5}{4}$ ⑤ $\dfrac{7}{4}$

23

[252015-0059]

$5x - \{7x+2y-(3x-y)+4y\} = ax+by$일 때, 상수 a, b에 대하여 $a+b$의 값을 구하시오.

24

[252015-0060]

$3(x^2-2x+1) - (2x^2+x-5) = ax^2+bx+c$일 때, 상수 a, b, c에 대하여 $a+b+c$의 값을 구하시오.

25

[252015-0061]

다음 □ 안에 알맞은 식은?

$$\boxed{} - (4x^2 + 3x - 1) = -5x^2 + 2x + 7$$

① $-2x^2 + 3x - 2$ 　② $-x^2 + 5x + 6$

③ $x^2 - 5x + 6$ 　④ $4x^2 + x + 2$

⑤ $9x^2 + 5x + 2$

26

[252015-0062]

어떤 다항식에 $x^2 + x + 4$를 더해야 할 것을 잘못하여 빼었더니 $5x^2 - 2x - 3$이 되었다. 이때 바르게 계산한 식은?

① $-7x^2 + 3x - 4$ 　② $-7x^2 - 3x + 4$

③ $7x^2 + 5$ 　④ $7x^2 - 2x + 5$

⑤ $7x^2 - 3x - 4$

27

[252015-0063]

어떤 다항식에서 $-x^2 - 3x + 2$를 빼야 할 것을 잘못하여 더하였더니 $3x^2 + x - 5$가 되었다. 이때 바르게 계산한 식을 구하시오.

7 단항식과 다항식의 곱셈과 나눗셈

28

[252015-0064]

$4x(x+1) + (3x+5) \times (-2x)$를 간단히 한 식에서 x^2의 계수를 a, x의 계수를 b라 할 때, $a - b$의 값은?

① -8 　② -4 　③ 0

④ 4 　⑤ 8

29

[252015-0065]

어떤 다항식을 $\dfrac{1}{3}xy^2$으로 나누었더니 $-18x^2y^4 + 9x^3y$가 되었을 때, 어떤 다항식을 구하시오.

30

[252015-0066]

다음을 계산하시오.

$$3x(x-y) - (4xy^2 - 6x^2y) \div 2y$$

31

[252015-0067]

오른쪽 그림은 밑면이 정사각형인 직육면체이다. 밑면의 한 변의 길이가 $3xy$이고 높이가 $2x+5y$일 때, 이 직육면체의 부피는?

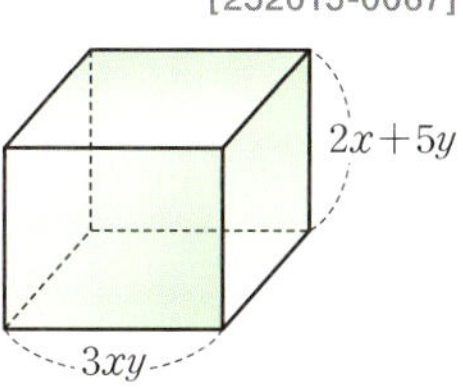

① $6x^2y+15xy^2$ ② $18x^2y^2+45x^2y^2$

③ $6x^3y^2+15x^2y^3$ ④ $18x^3y^2+45x^2y^3$

⑤ $18x^3y^3+45x^3y^3$

⑧ 식의 대입

32

[252015-0068]

$y=7-2x$일 때, $2x-3y+5$를 x의 식으로 나타내시오.

33

[252015-0069]

$A=-x+2y$, $B=-3x+y$일 때, $-3(2A-B)$를 x, y의 식으로 나타내시오.

⑨ 등식의 변형

34

[252015-0070]

$x:y=2:3$일 때, $5x-2y+4$를 x의 식으로 나타내면?

① $-2x-4$ ② $-2x+4$ ③ $2x-4$

④ $2x+4$ ⑤ $4x+2$

35

[252015-0071]

$5x-y=3x+5y$, $\dfrac{x+4y}{x-2y}$의 값을 구하시오. (단, $x\neq0$, $y\neq0$)

36

[252015-0072]

$x+2y=3$일 때, $2x+y+\{x+2y-(4x+y)\}$를 y의 식으로 나타내면?

① $-2y-4$ ② $-2y+4$ ③ $4y-3$

④ $4y+1$ ⑤ $4y+2$

고난도 대표 유형

개념 ① 거듭제곱끼리의 곱셈 [252015-0073]

1 $20 \times 24 \times 28 \times 36 = 2^a \times 3^b \times 5^c \times 7^d$일 때, 자연수 a, b, c, d에 대하여 $a+b+c+d$의 값을 구하시오.

각각의 수를 소인수분해 한 후 지수법칙을 이용하여 주어진 식의 좌변을 간단히 한다.

개념 ① 거듭제곱끼리의 곱셈과 나눗셈 [252015-0074]

2 $(xy^2)^4 \div \left(\dfrac{x}{y^2}\right)^3 \times x^5 \div y^3 = x^a y^b$일 때, 자연수 a, b에 대하여 $a+b$의 값을 구하시오.

(단, $x \neq 0$, $y \neq 0$)

좌변을 지수법칙을 이용하여 괄호를 풀고 앞에서부터 순서대로 계산한다.

개념 ① 거듭제곱의 거듭제곱 [252015-0075]

3 $(x^3)^a \times (y^2)^5 \times y^3 = x^{18} y^b$일 때, 자연수 a, b에 대하여 $a+b$의 값을 구하시오.

좌변을 지수법칙을 이용하여 괄호를 풀고 앞에서부터 순서대로 계산한다.

[252015-0076]

개념 ② 밑이 같은 거듭제곱의 덧셈식

4 $8^{2x}(8^x+8^x+8^x+8^x)=2048$일 때, 자연수 x의 값을 구하시오.

[252015-0077]

개념 ③ 거듭제곱의 수에서 일의 자리의 숫자 구하기

5 자연수 n의 일의 자리의 숫자를 $\langle n\rangle$이라 하자. $a=(3^4)^9$, $b=3^5\times9^8$일 때, $\langle a\rangle+\langle b\rangle$의 값을 구하시오.

[252015-0078]

개념 ③ n자리 자연수

6 $\dfrac{4^6\times15^7}{18^3}$이 n자리 자연수일 때, n의 값을 구하시오.

Σ 포인트

m이 자연수일 때, 다음을 이용하여 주어진 식의 좌변을 간단히 한다.

$$\underbrace{a^m+a^m+a^m+\cdots+a^m}_{a\text{개}}=a\times a^m$$
$$=a^{m+1}$$

거듭제곱의 일의 자리의 숫자를 구할 때는 일의 자리의 숫자에만 밑을 곱하여 쉽게 구할 수 있다. 이때 일의 자리의 숫자가 반복되는 순서의 주기를 파악하여 지수를 구한다.

지수법칙을 이용하여 식을 간단히 한 후 2와 5의 지수가 같아지도록 변형하여 $a\times10^m$ (a, m은 자연수) 꼴로 나타낸다. 이때 2와 5의 지수 중 크지 않은 수를 m으로 하여 10의 거듭제곱 꼴로 만든다.

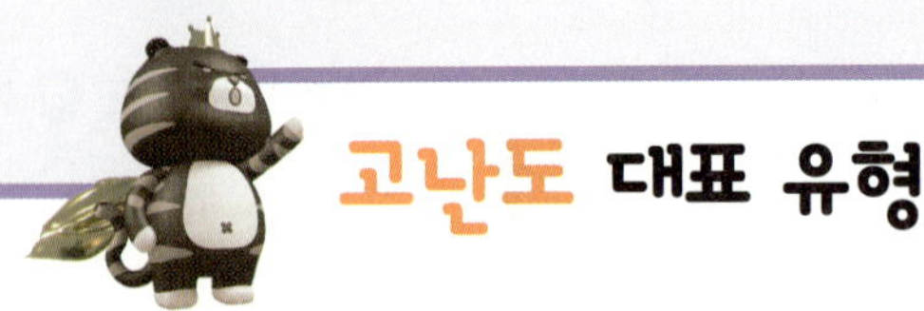

Σ 포인트

개념 ④ 단항식의 곱셈 [252015-0079]

7 $ax^7y^5 \times \left(-\dfrac{xy^2}{2}\right)^b = 24x^9y^c$일 때, 상수 a, b, c에 대하여 $a+b+c$의 값을 구하시오.

좌변을 다음과 같은 순서로 계산하여 간단히 한다.

괄호 풀기

➡ 계수끼리 곱하기

➡ 문자끼리 곱하기

개념 ④ 단항식의 곱셈과 나눗셈의 활용 [252015-0080]

8 오른쪽 그림과 같은 직사각형 ABCD를 변 AB를 회전축으로 하여 1회전 시킬 때 생기는 회전체에 $\dfrac{3}{5}$만큼 물을 채웠다. 이 회전체에 담긴 물의 부피를 구하시오. (단, 회전체의 두께는 생각하지 않는다.)

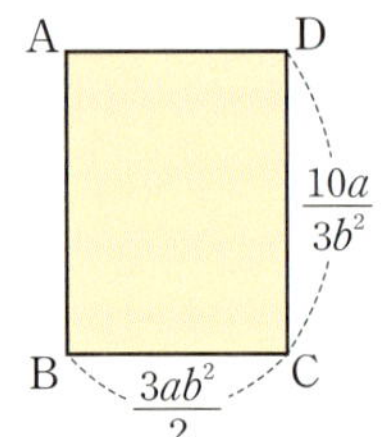

원기둥의 부피
변 AB를 회전축으로 하여 1회전 시키면 변 BC가 반지름, 변 CD가 높이인 원기둥이 만들어진다.

개념 ⑤ 단항식의 곱셈과 나눗셈의 혼합 계산 [252015-0081]

9 $(-2x^3y^2)^a \div 12x^by^5 \times 3x^5y^4 = cx^9y^7$일 때, 상수 a, b, c에 대하여 $a-b+c$의 값을 구하시오.

좌변을 다음과 같은 순서로 계산하여 간단히 한다.
괄호 풀기 ⇨ 나눗셈을 곱셈으로 바꾸기 ⇨ 계수끼리 곱하기 ⇨ 문자끼리 곱하기

개념 **6** 다항식의 덧셈과 뺄셈에서 어떤 식 구하기 [252015-0082]

10 어떤 식에서 $-x^2+3x-5$를 빼야 할 것을 잘못하여 더했더니 $3x^2+x-4$가 되었다. 이때 바르게 계산한 식을 구하시오.

어떤 식을 A라 하고, 잘못 계산한 식을 세워 A를 구한 후 바르게 계산한다.

개념 **6** 다항식의 덧셈과 뺄셈 [252015-0083]

11 두 다항식 A, B에 대하여 $A+(a+5b-3)=-a+4b+1$, $B-(-2a+b-1)=3a-b+5$일 때, $A+B$를 간단히 하시오.

주어진 식에서 좌변의 A (또는 B)를 제외한 모든 항을 우변으로 이항하여 A, B를 각각 구한 후 계산한다.

개념 **6** 여러 가지 괄호가 있는 식의 계산 [252015-0084]

12 $5x^2-[-3x+x^2+\{4x^2-3x-(-x^2+2x)\}]$를 계산하시오.

(소괄호) ⇨ {중괄호} ⇨ [대괄호]의 순서로 괄호를 풀어 식을 간단히 한 후 계산한다.

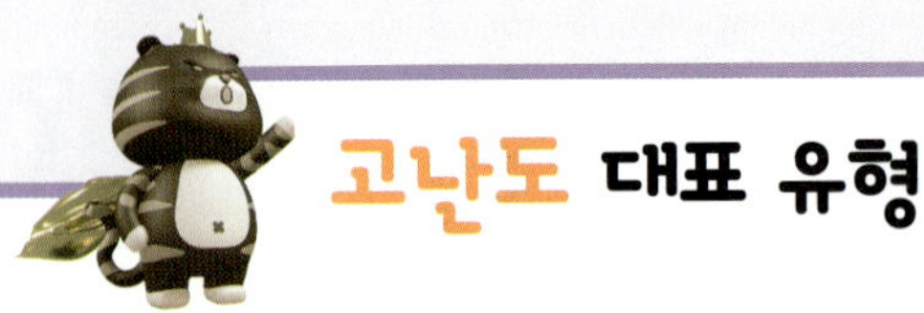

고난도 대표 유형

Σ 포인트

개념 **7** 사칙연산이 혼합된 식의 계산　　　　　　[252015-0085]

13 $2x(x-3xy)-\{12x^4-(-3xy)^2\}\div\dfrac{3}{2}x^2=ax^2+bx^2y+cy^2$일 때, 상수 a, b, c에 대하여 $a+b+c$의 값을 구하시오.

곱셈, 나눗셈을 덧셈, 뺄셈보다 먼저 계산하여 좌변을 간단히 한다.

개념 **7** 단항식과 다항식의 곱셈, 나눗셈에서 어떤 식 구하기　　　　　　[252015-0086]

14 오른쪽 그림과 같은 전개도로 만든 정육면체에서 마주 보는 면에 적힌 두 식의 곱이 모두 같을 때, A, B를 각각 구하시오.

		B	
$-\dfrac{1}{2}x$	$3x^2y$	A	$2y-1$
		$3xy$	

정육면체를 만들었을 때 마주 보는 면에 적힌 두 식의 곱을 먼저 구한다.

개념 **7** 새롭게 정의된 연산　　　　　　[252015-0087]

15 네 식 a, b, c, d에 대하여 연산 $\odot$을 $(a, b)\odot(c, d)=ac+bd$라 할 때, $\{(x+y, 3y)\odot(-x, x-y)\}-\{(2xy, -x+y)\odot(-1, 3x)\}$를 계산하시오.

새롭게 정의된 연산 $\odot$을 주어진 약속대로 계산하여 주어진 식을 간단히 한다.

개념 7 단항식과 다항식의 곱셈의 활용 [252015-0088]

16 오른쪽 그림과 같은 도형의 넓이를 구하시오.

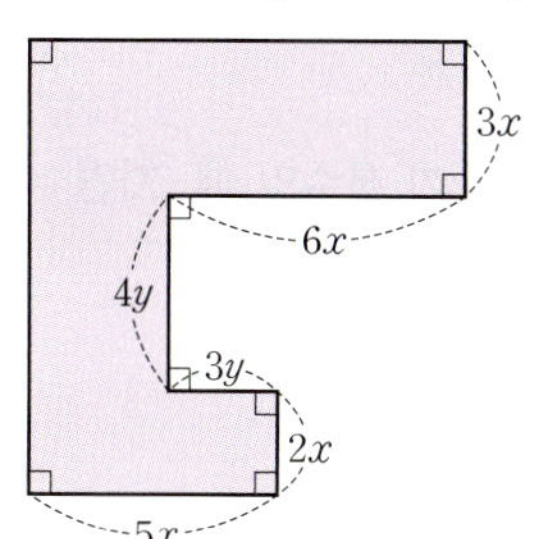

Σ 포인트

보조선을 그어 세 개의 직사각형으로 나눈 다음 각각의 넓이를 구한 후 더한다.

개념 8 식의 대입 [252015-0089]

17 세 다항식 $A=x^2-2x+3$, $B=3x^2-1$, $C=\dfrac{1}{2}x^2-x+2$가 다음 등식을 만족시킬 때, 상수 a, b, c에 대하여 abc의 값을 구하시오.

$$3A-[-A+2B+\{5A-B+C-(2B-C)\}]=ax^2-bx+c$$

주어진 식을 간단히 정리한 후 세 다항식 A, B, C를 대입한다.

개념 9 등식을 변형하여 식의 값 구하기 [252015-0090]

18 $xyz=1$일 때, $\dfrac{1}{xy+x+1}+\dfrac{1}{yz+y+1}+\dfrac{1}{zx+z+1}$의 값을 구하시오.

$xyz=1$임을 이용하도록 $\dfrac{1}{yz+y+1}$, $\dfrac{1}{zx+z+1}$의 분모, 분자에 적당한 식을 각각 곱한 후 세 항의 분모가 같아지도록 정리한다.

고난도 실전 문제

1 지수법칙

01
[252015-0091]

$1 \times 2 \times 3 \times \cdots \times 11 = 2^a \times b$에서 b가 홀수일 때, 자연수 a의 값은?

① 6　　　　② 7　　　　③ 8

④ 9　　　　⑤ 10

02 대표 유형 ❶
[252015-0092]

$2^a \times 3^b = (6^4 \times 6^4 \times 6^4)^2$, $144^3 = 2^c \times 3^d$일 때, 자연수 a, b, c, d에 대하여 $a+b-c-d$의 값을 구하시오.

03
[252015-0093]

$(-1)^n \times (-2)^{m-4} \times (-2)^n = -4^4 \times (-2)^3$을 만족시키는 자연수 m, n에 대하여 모든 순서쌍 (m, n)의 개수를 구하시오.

(단, $m > 4$)

04 대표 유형 ❷
[252015-0094]

자연수 a, b에 대하여 $3^{a+b} = x$, $5^{a+b} = y$일 때, $\left(\dfrac{25}{3}\right)^{a+3b} \times \left(\dfrac{3}{25}\right)^{-a+b}$을 x, y를 사용하여 나타낸 것은?

① $\dfrac{y}{x^2}$　　　　② $\dfrac{y^3}{x^2}$　　　　③ $\dfrac{y^4}{x^2}$

④ $\dfrac{y}{x^3}$　　　　⑤ $\dfrac{y^2}{x^3}$

05 서술형
[252015-0095]

$(x^a y^b z^c)^d = x^{12} y^6 z^9$을 만족시키는 가장 큰 자연수 d에 대하여 $a+b+c+d$의 값을 구하시오. (단, a, b, c는 자연수이다.)

2 지수법칙의 응용

06 대표 유형 ❸
[252015-0096]

$\dfrac{2^5+2^5+2^5+2^5}{27} \times \dfrac{3^4+3^4+3^4}{8^2+8^2+8^2+8^2}$을 간단히 하면?

① $\dfrac{5}{2}$　　　　② 3　　　　③ $\dfrac{7}{2}$

④ 4　　　　⑤ $\dfrac{9}{2}$

07

[252015-0097]

$5^{200} < n^{400} < 3^{600}$을 만족시키는 모든 자연수 n의 값의 합을 구하시오.

08　대표 유형 ④

[252015-0098]

$2^{x+3} + 3 \times 2^x + 2^x = 192$일 때, 자연수 x의 값을 구하시오.

09　대표 유형 ⑤

[252015-0099]

$9^{200} \div 3^{100} + 2^{50}$의 일의 자리의 숫자는?

① 1　　　　② 3　　　　③ 5
④ 7　　　　⑤ 9

③ 거듭제곱의 자릿수

10　대표 유형 ⑥

[252015-0100]

$(2^6 + 2^6 + 2^6 + 2^6 + 2^6) \times (5^8 + 5^8 + 5^8 + 5^8)$이 n자리 자연수일 때, n의 값을 구하시오.

11　💬 서술형

[252015-0101]

$10 \times 15 \times 20 \times 25 \times 30$이 m자리 자연수이고 각 자리의 숫자의 합이 n일 때, $m + n$의 값을 구하시오.

12

[252015-0102]

$2^8 \times 5^6 \times 7^a$이 9자리 자연수일 때, 자연수 a의 값은?

① 1　　　　② 2　　　　③ 3
④ 4　　　　⑤ 5

4 단항식의 곱셈과 나눗셈

13 대표 유형 **7**

[252015-0103]

$ax^4y^3 \times (-3xy)^b = 18x^6y^c$일 때, 자연수 a, b, c에 대하여 $a-b+c$의 값은?

① 3   ② 5   ③ 7

④ 9   ⑤ 11

14

[252015-0104]

$(-2x^3y^6)^2$에 어떤 식을 곱해야 할 것을 잘못하여 나누었더니 $\dfrac{x^4y^3}{3}$이 되었다. 바르게 계산한 식을 구하시오.

15 대표 유형 **8**

[252015-0105]

오른쪽 그림과 같이 $\angle C = 90°$인 직각 삼각형 ABC에서 변 AC를 회전축으로 하여 1회전 시켰을 때 생기는 회전체의 부피는 변 BC를 회전축으로 하여 1회전 시켰을 때 생기는 회전체의 부피의 몇 배인지 구하시오.

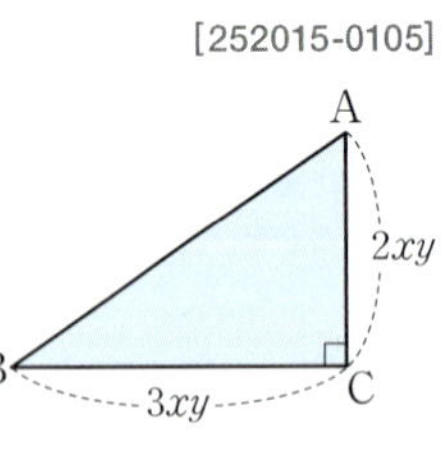

16

[252015-0106]

가로의 길이가 x^3y, 세로의 길이가 xy^2, 높이가 y^2인 직육면체를 일정한 방향으로 빈틈없이 쌓아서 가능한 작은 정육면체를 만들 때, 필요한 직육면체의 개수를 x, y를 사용하여 나타내시오.

(단, x, y는 서로소인 자연수이다.)

17

[252015-0107]

반지름의 길이가 x인 구 모양의 물통에 가득 담긴 물을 오른쪽 그림과 같이 밑면의 반지름의 길이가 $12a^2b^2$, 높이가 $\dfrac{a^2}{3b}$인 원기둥 모양의 물통에 담았더니 $\dfrac{3}{4}$만큼 채워졌다. 구 모양의 물통의 반지름의 길이가 x를 a, b를 사용하여 나타내시오. (단, a, b는 서로소인 자연수이고 물통의 두께는 생각하지 않는다.)

5 단항식의 곱셈과 나눗셈의 혼합 계산

18 대표 유형 **9**

[252015-0108]

$(3x^2y^3)^2 \div (-2xy^2)^3 \times \boxed{} = 9x^6y^3$일 때, $\square$ 안에 알맞은 식은?

① $-9x^5y^3$ ② $-8x^5y^3$ ③ $8x^5y^3$

④ $9x^3y^5$ ⑤ $16x^3y^5$

19

[252015-0109]

다음 □ 안에 알맞은 식을 구하시오.

$$(-2x^5y^4)^3 \div (-3xy^2)^2 \div \boxed{} = \frac{4}{3}x^5y^6$$

22 대표 유형 ⑫

[252015-0112]

다음 □ 안에 알맞은 식을 구하시오.

$$5x-4y-\{-3x+2y-(2x-\boxed{})\}=12x-11y$$

---

⑥ 다항식의 덧셈과 뺄셈

20 대표 유형 ⑩

[252015-0110]

다음 그림은 이웃한 두 칸의 식을 더하여 얻은 결과를 바로 아래 칸에 쓴 것이다. 이때 A에 알맞은 식을 구하시오.

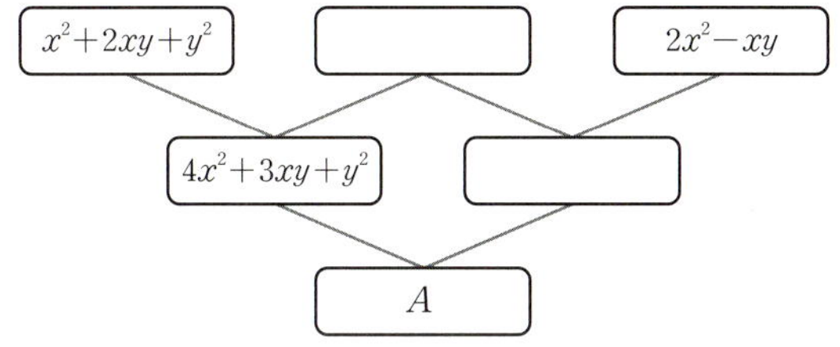

---

⑦ 단항식과 다항식의 곱셈과 나눗셈

23 대표 유형 ⑬

[252015-0113]

$(8x^2y^2-4xy^2+y^2) \div y^2 + (3x+1) \times (-2x)$ 를 간단히 한 식에서 x^2의 계수를 a, 상수항을 b라 할 때. $a+b$의 값을 구하시오.

21 대표 유형 ⑪

[252015-0111]

다음에서 가로 방향으로는 이웃한 두 칸의 식을 더하여 오른쪽 옆 칸에, 세로 방향으로는 위 칸의 식에서 아래 칸의 식을 빼서 맨 아래 칸에 적는 방법으로 표를 완성하려고 할 때, A, B에 알맞은 식을 각각 구하시오.

$4a^2-2a+3$	A	a^2-a-2
	$2a^2-5a$	B
a^3+3a+1		

24 대표 유형 ⑭

[252015-0114]

오른쪽 그림과 같은 전개도로 만든 정육면체에서 마주 보는 면에 적힌 두 식의 곱이 모두 같다. 다항식 A, B에 대하여 $A+2B$에서 a^4b^3의 계수를 구하시오.

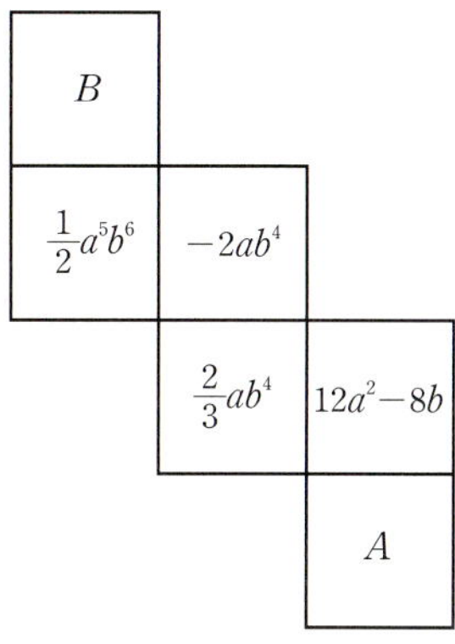

25 대표 유형 ⑮ [252015-0115]

다항식 A, B, C에 대하여 $A \triangle B = AB^2$, $A \bullet C = 2A - C$라 할 때, $P \triangle 2y = 6x^3y^4$이다. $P \bullet Q = 4x^2y^3 - 5x^3y^2$을 만족시키는 다항식 Q를 구하시오.

26 대표 유형 ⑯ [252015-0116]

다음 그림과 같이 세로의 길이가 $2xy$인 직사각형 ABCD가 사다리꼴 ABFE와 사다리꼴 EFCD로 나뉘어져 있다. 사다리꼴 ABFE의 넓이가 $8x^2y^2 - 4xy^2$, 사다리꼴 EFCD의 넓이가 $6xy^2 + 2x^2y$일 때, 직사각형 ABCD의 가로의 길이를 구하시오.

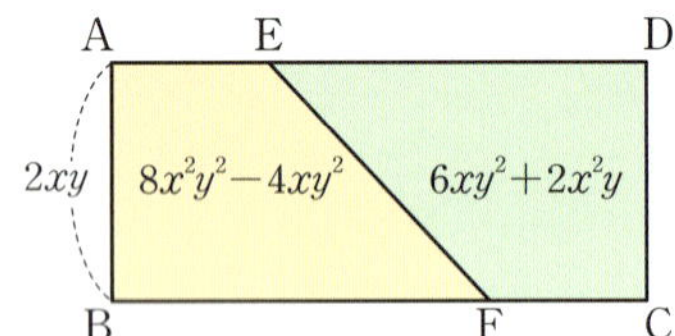

27 💬 서술형 [252015-0117]

오른쪽 그림과 같이 밑면의 가로의 길이가 $4a$, 세로의 길이가 1인 큰 직육면체 위에 밑면의 가로의 길이가 $3a$, 세로의 길이가 1인 작은 직육면체를 쌓았다. 큰 직육면체의 부피가 $12a^2 + 8ab$, 작은 직육면체의 부피가 $6a^2 - 3ab$일 때, 전체 높이 h를 구하시오.

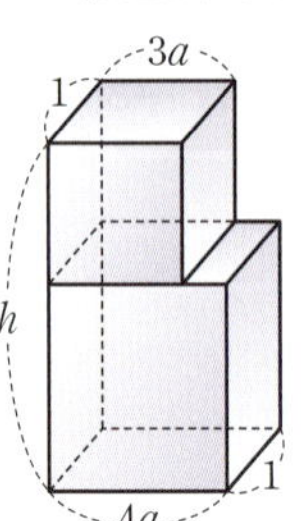

28 [252015-0118]

오른쪽 그림과 같이 가로의 길이가 $5a$, 세로의 길이가 $3b$인 직사각형 ABCD에서 색칠한 부분의 넓이를 구하시오.

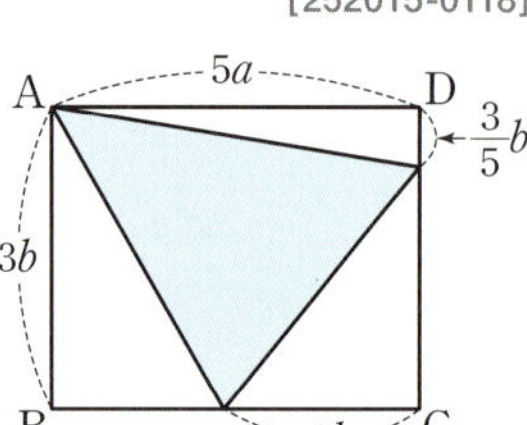

---

8 식의 대입

29 대표 유형 ⑰ [252015-0119]

$A = 1.\dot{6}x + 1.\dot{3}y$, $B = 0.\dot{7}x + 0.\dot{3}y$일 때, $A - \{2B - (2A - 7B)\}$를 x, y의 식으로 나타내시오.

30 [252015-0120]

다항식 A, B에 대하여 $A \blacktriangle B = A(A + B)$, $A \blacktriangledown B = A(A - B)$라 하자. $P = -3x$, $Q = x + 5$일 때, $(P \blacktriangle Q) - (P \blacktriangledown Q)$를 x의 식으로 나타내시오.

 9 등식의 변형

31

$\dfrac{1}{x}+\dfrac{1}{y}=5$일 때, $\dfrac{x+6xy+y}{2x-5xy+2y}$의 값을 구하시오.

32 대표 유형 18

$81^{x}\times27^{2}\div3^{y}=243$을 만족시키는 자연수 x, y에 대하여 $2x-\{x-5y-(3x-7y)\}$를 x의 식으로 나타내면 $ax+b$일 때, $\dfrac{b}{a}$의 값을 구하시오. (단, a, b는 상수이다.)

33

$x:y:z=1:2:3$일 때, $\dfrac{x^{2}+y^{2}+z^{2}}{xyz}$을 x의 식으로 나타내시오.

34

$\dfrac{1}{4a}-\dfrac{1}{4b}=5$일 때, $\dfrac{a^{2}-9a^{2}b-ab}{a^{2}+5a^{2}b-ab}$의 값을 구하시오.

35

$x:y=3:2$, $y:z=1:3$일 때, 다음 식의 값을 구하시오.

$$\left(\dfrac{3}{4}x^{2}yz-\dfrac{1}{4}xy^{2}z+\dfrac{1}{6}xyz^{2}\right)\div\dfrac{3}{4}xyz^{2}$$

36

$2x+3y=4$일 때, $3x+5y-[x+5y-\{y-(3x-2y)\}]$를 x의 식으로 나타내시오.

순환소수를 분수로 나타내는 방법은 다음과 같이 학습했다.

$0.\dot{3}=0.3333\cdots$을 x라 하면 $\qquad x=0.33333\cdots \qquad \cdots\cdots$ ㉠

양변에 10을 곱하면 $\qquad 10x=3.3333\cdots \qquad \cdots\cdots$ ㉡

㉡에서 ㉠을 변끼리 빼면 $\qquad 9x=3$

양변을 9로 나누면 $\qquad x=\dfrac{1}{3}$

이번에는 $0.\dot{3}=0.3333\cdots$을 $0.\dot{3}=0.333333\cdots=0.3+0.03+0.003+0.0003+\cdots$으로 생각하여 분수들의 합을 이용해 보자.

$$0.\dot{3}=0.333333\cdots=0.3+0.03+0.003+0.0003+\cdots$$
$$=\frac{3}{10}+\frac{3}{10^2}+\frac{3}{10^3}+\frac{3}{10^4}+\cdots=3\left(\frac{1}{10}+\frac{1}{10^2}+\frac{1}{10^3}+\frac{1}{10^4}+\cdots\right)$$

$S=\dfrac{1}{10}+\dfrac{1}{10^2}+\dfrac{1}{10^3}+\dfrac{1}{10^4}+\cdots \qquad \cdots\cdots$ ㉢이라 하고, 우변의 수를 차례로 살펴

보면 앞의 수에 $\dfrac{1}{10}$을 곱하면 뒤의 수가 나온다는 것을 알 수 있다.

앞의 수에 곱해서 뒤의 수가 나오게 하는 값인 $\dfrac{1}{10}$을 양변에 곱하면

$$\frac{1}{10}S=\frac{1}{10^2}+\frac{1}{10^3}+\frac{1}{10^4}+\frac{1}{10^5}+\cdots \qquad \cdots\cdots\text{㉣}$$

㉢에서 ㉣을 변끼리 빼면 $\left(1-\dfrac{1}{10}\right)S=\dfrac{1}{10}$, $\dfrac{9}{10}S=\dfrac{1}{10}$, 즉 $S=\dfrac{1}{9}$이므로

$$0.\dot{3}=0.333333\cdots=0.3+0.03+0.003+0.0003+\cdots$$
$$=\frac{3}{10}+\frac{3}{10^2}+\frac{3}{10^3}+\frac{3}{10^4}+\cdots=3\left(\frac{1}{10}+\frac{1}{10^2}+\frac{1}{10^3}+\frac{1}{10^4}+\cdots\right)$$
$$=3S=\frac{3}{9}=\frac{1}{3}$$

고등 과정에서는 이처럼 일정한 규칙에 의해 나열된 수의 합을 구하는 과정을 좀 더 구체적으로 배우게 된다.

예제

순환소수 $0.\dot{1}\dot{2}$를 위의 방법과 같이 분수들의 합을 이용하여 분수로 표현해 보고, 기존에 학습했던 방법과 비교하여 같은 값이 나오는지 확인해 보자.

풀이 $0.\dot{1}\dot{2}=0.1212\cdots=0.12+0.0012+0.000012+\cdots$

$$=\frac{12}{10^2}+\frac{12}{10^4}+\frac{12}{10^6}+\cdots=12\left(\frac{1}{10^2}+\frac{1}{10^4}+\frac{1}{10^6}+\cdots\right)$$

$S=\dfrac{1}{10^2}+\dfrac{1}{10^4}+\dfrac{1}{10^6}+\cdots \qquad \cdots\cdots$ ㉠이라 하고, $\dfrac{1}{100}$을 양변에 곱하면

$$\frac{1}{100}S=\frac{1}{10^4}+\frac{1}{10^6}+\frac{1}{10^8}+\cdots \qquad \cdots\cdots\text{㉡}$$

㉠에서 ㉡을 변끼리 빼면 $\left(1-\dfrac{1}{100}\right)S=\dfrac{1}{100}$, $\dfrac{99}{100}S=\dfrac{1}{100}$, $S=\dfrac{1}{99}$

따라서 $0.\dot{1}\dot{2}=12\left(\dfrac{1}{10^2}+\dfrac{1}{10^4}+\dfrac{1}{10^6}+\cdots\right)=12S=\dfrac{12}{99}=\dfrac{4}{33}$이다.

3
일차부등식

① 부등식과 그 해

(1) **부등식**: 부등호 $<$, $>$, $\leq$, $\geq$를 사용하여 수 또는 식의 대소 관계를 나타낸 식

(2) **부등식의 표현**

$a<b$	$a>b$	$a\leq b$	$a\geq b$
a는 b보다 작다. a는 b 미만이다.	a는 b보다 크다. a는 b 초과이다.	a는 b보다 작거나 같다. a는 b 이하이다. a는 b보다 크지 않다.	a는 b보다 크거나 같다. a는 b 이상이다. a는 b보다 작지 않다.

(3) **부등식의 해**: 부등식을 참이 되게 하는 미지수의 값

(4) **부등식을 푼다**: 부등식의 해를 모두 구하는 것

② 부등식의 성질

(1) 부등식의 양변에 같은 수를 더하거나 양변에서 같은 수를 빼어도 부등호의 방향은 바뀌지 않는다.

➡ $a<b$이면 $a+c<b+c$, $a-c<b-c$

(2) 부등식의 양변에 같은 양수를 곱하거나 양변을 같은 양수로 나누어도 부등호의 방향은 바뀌지 않는다.

➡ $a<b$, $c>0$이면 $ac<bc$, $\dfrac{a}{c}<\dfrac{b}{c}$

(3) 부등식의 ==양변에 같은 음수를 곱하거나 양변을 같은 음수로 나누면 부등호의 방향이 바뀐다.==

➡ $a<b$, $c<0$이면 $ac>bc$, $\dfrac{a}{c}>\dfrac{b}{c}$

③ 일차부등식과 풀이

(1) **일차부등식**: 부등식에서 우변에 있는 모든 항을 좌변으로 이항하여 정리한 식이

==(일차식)<0, (일차식)>0, (일차식)≤ 0, (일차식)≥ 0==

중에서 어느 하나의 꼴로 나타나는 부등식

(2) **일차부등식의 해**: 이항과 부등식의 성질을 이용하여 주어진 부등식을

$$x<(\text{수}),\ x>(\text{수}),\ x\leq(\text{수}),\ x\geq(\text{수})$$

중에서 어느 하나의 꼴로 고쳐서 구한다.

(3) **부등식의 해를 수직선 위에 나타내기**

① $x<a$　　② $x>a$　　③ $x\leq a$　　④ $x\geq a$

부등식의 참, 거짓
좌변과 우변의 값의 대소 관계가 부등호의 방향과 일치하면 참인 부등식이고, 일치하지 않으면 거짓인 부등식이다.

부등식의 성질은 부등호 $<$ 대신 $>$, $\leq$, $\geq$에 대해서도 성립한다.

등식의 성질
$a=b$이면
① $a+c=b+c$
② $a-c=b-c$
③ $ac=bc$
④ $\dfrac{a}{c}=\dfrac{b}{c}$ (단, $c\neq 0$)

수직선에서 ◦에 대응하는 수는 부등식의 해에 포함되지 않고, ●에 대응하는 수는 부등식의 해에 포함된다.

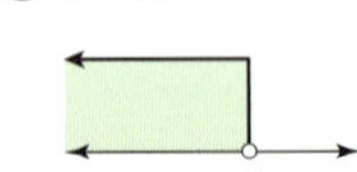

(4) 일차부등식의 풀이

① 계수가 소수 또는 분수이면 양변에 적당한 수를 곱하여 계수를 정수로 고친다.

② 괄호가 있으면 괄호를 풀어 정리한다.

③ 일차항은 좌변으로, 상수항은 우변으로 각각 이항하여

$$ax<b, \ ax>b, \ ax\le b, \ ax\ge b \ (a\ne 0)$$

중에서 어느 하나의 꼴로 정리한다.

④ 양변을 x의 계수 a로 나눈다. 이때 ==$a<0$이면 부등호의 방향이 바뀐다.==

4 일차부등식의 활용

(1) 일차부등식을 활용하여 문제를 해결하는 순서

① 문제의 뜻을 파악하고, 미지수 x를 정한다.

② 수량 사이의 관계를 찾아 일차부등식을 세운다.

③ 일차부등식을 푼다.

④ 구한 해가 문제의 뜻에 맞는지 확인한다.

(2) 수에 대한 문제

① 연속하는 세 정수 ➡ $x-1$, x, $x+1$ 또는 x, $x+1$, $x+2$

② 연속하는 세 홀수(짝수) ➡ $x-2$, x, $x+2$ 또는 x, $x+2$, $x+4$

(3) 원가, 정가에 대한 문제

① 원가 x원에 $a \%$의 이익을 붙인 가격 ➡ $\left(1+\dfrac{a}{100}\right)x$원

② 정가 x원에서 $a \%$를 할인한 가격 ➡ $\left(1-\dfrac{a}{100}\right)x$원

5 도형에 대한 문제

(1) 삼각형의 세 변의 길이가 주어질 때

➡ (가장 긴 변의 길이) < (나머지 두 변의 길이의 합)

(2) (사다리꼴의 넓이) $=\dfrac{1}{2}\times\{($윗변의 길이$)+($아랫변의 길이$)\}\times($높이$)$

(3) (원뿔의 부피) $=\dfrac{1}{3}\times\pi\times($밑면인 원의 반지름의 길이$)^2\times($높이$)$

6 거리, 속력, 시간에 대한 문제

(1) (거리) $=$ (속력) $\times$ (시간)

(2) (속력) $=\dfrac{(\text{거리})}{(\text{시간})}$

(3) ==(시간) $=\dfrac{(\text{거리})}{(\text{속력})}$==

7 농도에 대한 문제

(1) (소금물의 농도) $=\dfrac{(\text{소금의 양})}{(\text{소금물의 양})}\times 100 \ (\%)$

(2) ==(소금의 양) $=\dfrac{(\text{소금물의 농도})}{100}\times($소금물의 양$)$==

1 부등식과 그 해

1
[252015-0127]

다음 중에서 부등식을 모두 고르면? (정답 2개)

① $1-8<-2$
② $3x+1>1$
③ $x-1=5$
④ $2x-(1-x)$
⑤ $x+5=3$

2
[252015-0128]

다음 중에서 문장을 부등식으로 나타낸 것으로 옳지 <u>않은</u> 것은?

① x의 2배에서 5를 빼면 10보다 작다. ➡ $2x-5<10$
② 800원짜리 아이스크림 1개와 x원짜리 사탕 3개의 가격이 3000원을 초과한다. ➡ $800+3x>3000$
③ 토끼 x마리와 닭 y마리의 전체 다리 수가 50 이하이다. ➡ $4x+2y\leq50$
④ 한 변의 길이가 x인 정오각형의 둘레의 길이가 40 이상이다. ➡ $5x>40$
⑤ 시속 60 km로 x시간 동안 자동차로 이동한 거리가 100 km를 넘는다. ➡ $60x>100$

3
[252015-0129]

다음 부등식 중에서 $x=-3$을 해로 갖지 <u>않는</u> 것은?

① $-x+2<6$
② $2x+7\geq1$
③ $x+2<0$
④ $2-3x>10$
⑤ $9-4x\leq20$

2 부등식의 성질

4
[252015-0130]

$a>b$일 때, 다음 중에서 옳지 <u>않은</u> 것은?

① $a+5>b+5$
② $1-a>1-b$
③ $\dfrac{a}{2}+6>\dfrac{b}{2}+6$
④ $\dfrac{a-1}{3}>\dfrac{b-1}{3}$
⑤ $-4a-5<-4b-5$

5
[252015-0131]

다음 ☐ 안에 알맞은 부등호를 차례로 나열한 것은?

- $10-3a<10-3b$이면 $a\ \square\ b$이다.
- $\dfrac{2a-5}{4}\geq\dfrac{2b-5}{4}$이면 $a\ \square\ b$이다.

① $<,\ \leq$
② $<,\ \geq$
③ $>,\ \leq$
④ $>,\ \geq$
⑤ $>,\ <$

6
[252015-0132]

$-3<x\leq4$일 때, $m\leq3-2x<M$이다. $M-m$의 값을 구하시오.

3 일차부등식과 풀이

7

[252015-0133]

다음 보기 에서 일차부등식인 것은 모두 몇 개인가?

> 보기
>
> ㄱ. $6-5 \leq 3$ ㄴ. $\dfrac{1}{x}+2 < 7$
>
> ㄷ. $x+7 \geq 3x-1$ ㄹ. $x^2+x \leq x^2-4$
>
> ㅁ. $2(x-1) > 2x+1$ ㅂ. $5x-8 < x(x+3)$

① 1개   ② 2개   ③ 3개
④ 4개   ⑤ 5개

8

[252015-0134]

다음 중에서 부등식 $ax-1-2x > -x+3$이 일차부등식이 되도록 하는 상수 a의 값이 <u>아닌</u> 것은?

① -2 ② -1 ③ 0
④ 1 ⑤ 2

9

[252015-0135]

부등식 $2(x+4)-3 < 5(x-1)+4$의 해를 수직선 위에 바르게 나타낸 것은?

① 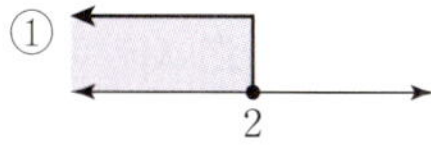

② 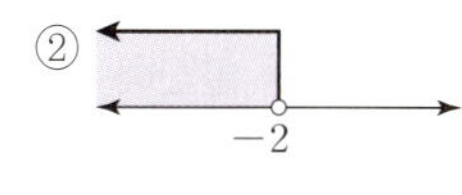

③ 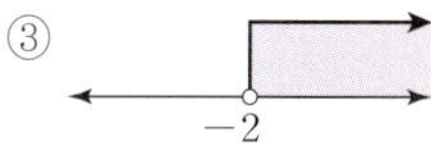

④ 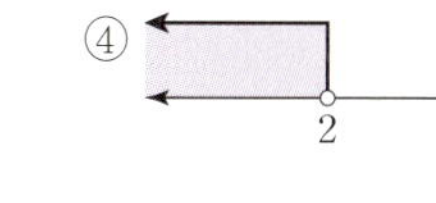

⑤

10

[252015-0136]

일차부등식 $3-x > 5(x-3)$을 만족시키는 모든 자연수 x의 값의 합은?

① 1   ② 3   ③ 6
④ 10   ⑤ 15

11

[252015-0137]

$a < 0$일 때, x에 대한 일차부등식 $3ax-2 > 1$의 해를 구하시오.

12

[252015-0138]

일차부등식 $\dfrac{x}{3}-\dfrac{a-x}{6} \leq \dfrac{3}{2}$의 해가 $x \leq 4$일 때, 상수 a의 값을 구하시오.

(4) 일차부등식의 활용

13
[252015-0139]

연속하는 세 자연수의 합이 57보다 크다고 한다. 이와 같은 수 중 가장 작은 세 자연수를 구하시오.

14
[252015-0140]

시하는 한 개에 800원인 과자와 한 개에 1000원인 아이스크림을 합하여 12개를 사려고 한다. 시하가 가진 돈이 11000원일 때, 아이스크림은 최대 몇 개까지 살 수 있는가?

① 5개 　　② 6개 　　③ 7개
④ 8개 　　⑤ 9개

15
[252015-0141]

아린이는 세 번에 걸친 수학 시험에서 평균 점수가 88점이었다. 네 번에 걸친 수학 시험의 평균 점수가 90점 이상이 되려면 네 번째 수학 시험에서 몇 점 이상을 받아야 하는지 구하시오.

16
[252015-0142]

어느 주차장의 주차 요금은 처음 30분까지는 3500원이고, 30분이 지나면 1분당 60원의 요금이 추가된다고 한다. 주차 요금이 8000원 이하가 되게 하려면 최대 몇 분까지 주차할 수 있는가?

① 95분 　　② 100분 　　③ 105분
④ 110분 　　⑤ 115분

17
[252015-0143]

원가가 6800원인 물건을 정가의 15 %를 할인 판매하여 원가의 20 % 이상의 이익을 얻으려고 한다. 정가를 얼마 이상으로 정해야 하는가?

① 9000원 　　② 9200원 　　③ 9400원
④ 9600원 　　⑤ 9800원

18 ● 서술형
[252015-0144]

어느 전시회의 입장료는 2800원이고 30명 이상의 단체에 대해서는 입장료의 25 %를 할인해 준다고 한다. 30명 미만의 사람들이 입장할 때, 몇 명 이상이면 30명의 단체 입장료를 내는 것이 유리한지 구하시오.

5 도형에 대한 문제

19
[252015-0145]

삼각형의 세 변의 길이가 각각 $x+2$, $x+4$, $x+8$일 때, 다음 중에서 x의 값이 될 수 없는 것은?

① 2 ② 3 ③ 4

④ 5 ⑤ 6

20
[252015-0146]

둘레의 길이가 60 cm인 직사각형을 만들려고 한다. 세로의 길이가 가로의 길이보다 6 cm 이상 길게 하려고 할 때, 가로의 길이는 몇 cm 이하이어야 하는지 구하시오.

6 거리, 속력, 시간에 대한 문제

21
[252015-0147]

혜정이는 영화관 앞에서 친구들과 만나기로 하였는데 약속 시간보다 50분 일찍 도착하여 가게에 가서 음료수를 사오려고 한다. 갈 때는 분속 90 m로, 올 때는 같은 길을 분속 110 m로 걷고 음료수를 사는 데 10분이 걸린다고 할 때, 약속 시간에 늦지 않으려면 영화관에서 최대 몇 m 떨어져 있는 가게에 갔다 올 수 있는가?

① 1960 m ② 1980 m ③ 2000 m

④ 2020 m ⑤ 2040 m

22
[252015-0148]

하진이는 집에서 2 km 떨어진 도서관에서 6시 10분에 친구와 만나기로 했다. 하진이가 5시 30분에 집에서 출발하여 처음에는 분속 40 m로 걷다가 도중에 늦을 것 같아서 분속 80 m로 뛰어갔더니 약속 시간에 늦지 않게 도착했을 때, 하진이가 분속 40 m로 걸어간 거리는 최대 몇 km인지 구하시오.

7 농도에 대한 문제

23
[252015-0149]

12 %의 소금물 150 g과 7 %의 소금물을 섞어서 10 % 이상의 소금물을 만들려고 한다. 7 %의 소금물을 최대 몇 g까지 섞을 수 있는가?

① 100 g ② 120 g ③ 150 g

④ 180 g ⑤ 200 g

24 서술형
[252015-0150]

15 %의 소금물 420 g에 소금을 더 넣어 30 % 이상의 소금물을 만들려고 한다. 소금을 몇 g 이상 넣어야 하는지 구하시오.

고난도 대표 유형

개념 ② 부등식의 성질을 이용하여 수의 대소 관계 구하기 [252015-0151]

1 네 수 a, b, c, d에 대응하는 점을 수직선 위에 나타내면 오른쪽 그림과 같을 때, 다음 중에서 옳지 <u>않은</u> 것은?

① $ab > ad$

② $\dfrac{b}{a} > \dfrac{c}{a}$

③ $\dfrac{b-c}{a} > \dfrac{d-c}{a}$

④ $\dfrac{a+d}{c-b} > \dfrac{b+d}{c-b}$

⑤ $\dfrac{a+b}{a-d} > \dfrac{c+d}{a-d}$

수직선 위에서 각 수에 대응하는 점이 0의 왼쪽에 있는지 오른쪽에 있는지를 확인하여 a, b, c, d의 대소 관계를 파악하고, 부등식의 성질을 이용한다.

개념 ② 부등식의 성질을 이용하여 식의 값의 범위 구하기 [252015-0152]

2 $\dfrac{x-1}{2}$ 을 소수점 아래 첫째 자리에서 반올림한 수가 3 이상이 되도록 하는 x의 값 중에서 가장 작은 정수를 구하시오.

a를 소수점 아래 첫째 자리에서 반올림한 수가 3 이상이 되려면 $a \geq 2.5$이다.

개념 ③ x의 계수가 문자인 일차부등식의 풀이 [252015-0153]

3 $a < 3$일 때, $a(x-3) > 3(x-2a+3)$을 만족시키는 x의 값 중에서 가장 큰 정수를 구하시오.

일차항은 좌변으로, 상수항은 우변으로 이항하여 정리한 식에서 x의 계수의 부호를 파악한다.
이때 x의 계수가 음수이면 부등식의 양변을 x의 계수로 나눌 때 부등호의 방향이 바뀐다.

개념 ③ 두 일차부등식의 해가 같은 경우 [252015-0154]

4 두 일차부등식 $3(x-8)<5(x-3)+3$, $0.3(x-a)+2<0.4(x+1)$의 해가 서로 같을 때, 상수 a의 값을 구하시오.

> **Σ 포인트**
>
> 두 일차부등식의 해를 각각 구하여 비교한다.

개념 ③ $x=a$가 부등식의 해가 아닌 경우 [252015-0155]

5 $x=4$가 일차부등식 $x-a\leq\dfrac{5x-3a}{4}$의 해가 아닐 때, 상수 a의 값의 범위를 구하시오.

> $x=a$가 부등식
> (x에 대한 일차식)≤0의 해가 아니면 $x=a$는 부등식
> (x에 대한 일차식)>0의 해이다.

개념 ③ 자연수인 해의 개수가 주어진 경우 [252015-0156]

6 일차부등식 $\dfrac{x-a}{2}\leq1-\dfrac{2}{3}x$를 만족시키는 자연수 x가 3개일 때, 상수 a의 값 중 가장 작은 수를 구하시오.

> 일차부등식을 만족시키는 자연수 x가 3개가 되도록 부등식의 해를 수직선 위에 나타내어 본다.

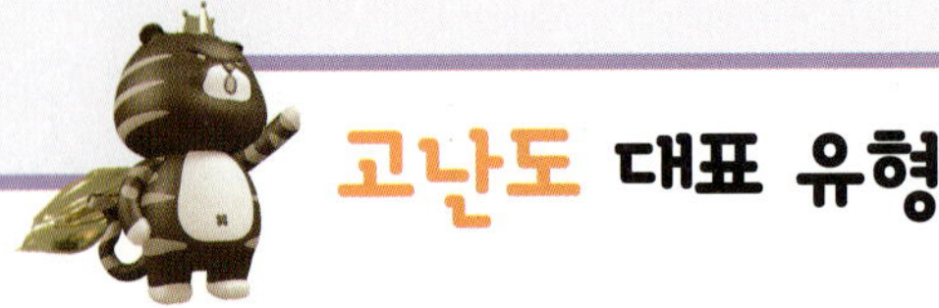

---

7 개념 **4** 수, 가격에 대한 문제　　　　　　　　　　　　　　　[252015-0157]

어떤 동아리 남학생 20명의 평균 키가 165 cm, 여학생의 평균 키가 155 cm이다. 이 동아리 학생 전체의 평균 키가 160 cm 초과일 때, 여학생은 최대 몇 명인지 구하시오.

(전체 평균 키)
$=\dfrac{\text{(남학생 키의 합)}+\text{(여학생 키의 합)}}{\text{(남학생 수)}+\text{(여학생 수)}}$

---

8 개념 **4** 유리한 방법을 선택하는 문제　　　　　　　　　　　[252015-0158]

어느 지역의 버스 요금은 거리에 상관없이 1명마다 1700원이다. 택시 요금은 출발 후 2 km까지는 기본 요금인 4000원이고, 2 km를 초과하면 125 m마다 100원씩 추가된다고 한다. 네 사람이 함께 이동할 때, 버스를 타는 것보다 택시를 타는 것이 유리한 것은 몇 km 미만까지 이동할 때인지 구하시오. (단, 버스와 택시가 이동하는 길은 같다.)

택시가 2 km를 초과할 때 추가되는 요금을 구하여
(4명의 버스 요금)과 택시의
{(기본 요금)+(추가 요금)}을 비교하여 일차부등식을 세운다.

---

9 개념 **4** 정가, 원가, 할인에 대한 문제　　　　　　　　　　[252015-0159]

성준이네 학급은 인터넷 쇼핑몰에서 한 장에 10000원인 단체 티셔츠 30장을 사려고 한다. 두 인터넷 쇼핑몰 A, B에서는 정가에서 다음과 같이 할인하여 판매하다가 일주일 동안 추가 할인 행사를 하기로 하였다. B 쇼핑몰에서는 아직 추가 할인율이 정해지지 않았는데 추가 할인율이 a %보다 높으면 A 쇼핑몰보다 B 쇼핑몰에서 사는 것이 유리하다고 할 때, a의 값을 구하시오.

(단, 추가 할인은 기본 할인이 적용된 후에 적용된다.)

	A 쇼핑몰	B 쇼핑몰
기본 할인	전체 금액의 8 % 할인	장당 1000원 할인
추가 할인	20만원 이상 구매시 19500원 할인	

두 쇼핑몰에 대하여 티셔츠 30장의 가격을 각각 계산한 후 가격이 저렴한 쪽이 유리함을 이용하여 일차부등식을 세운다.

개념 ⑤ 도형에 대한 문제 [252015-0160]

10 오른쪽 그림과 같은 직사각형 ABCD에서 $\overline{AB}$의 중점을 M이라 하고, 점 P는 점 B를 출발하여 초속 2 cm로 점 C까지 변 $\overline{BC}$ 위를 움직인다. 삼각형 MPD의 넓이가 40 cm² 이상이 될 때, 점 P가 움직인 시간의 범위를 구하시오.

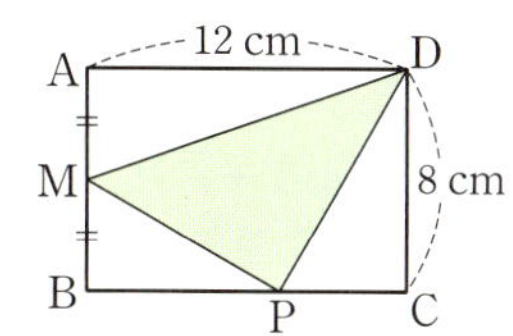

$\overline{BP}$, $\overline{PC}$의 길이를 점 P가 점 B를 출발한 후 시간의 경과 x를 사용하여 나타내고, 삼각형 MPD의 넓이를 구한다.

개념 ⑥ 거리, 속력, 시간에 대한 문제 [252015-0161]

11 아린이와 소윤이가 같은 지점에서 출발하여 호수의 둘레를 서로 반대 방향으로 돌면 20분 만에 처음 만나고, 같은 방향으로 돌면 늦어도 40분 이내에 처음으로 만난다. 소윤이의 속력은 시속 2 km이고 아린이가 소윤이보다 빠를 때, 아린이의 속력은 시속 몇 km 이상인지 구하시오.

두 사람이 같은 지점에서 동시에 출발하여 호수의 둘레를 돌 때, 반대 방향으로 돌다가 처음으로 만나면 두 사람이 움직인 거리의 합이 호수의 둘레의 길이와 같고, 같은 방향으로 돌다가 처음으로 만나면 두 사람이 움직인 거리의 차가 호수의 둘레의 길이와 같다.

개념 ⑦ 소금을 더 넣는 경우의 소금물의 농도에 대한 문제 [252015-0162]

12 농도가 6 %인 소금물 300 g에서 물을 증발시켰더니 농도가 10 % 이상인 소금물이 되었다. 최소 몇 g의 물을 증발시켜야 하는지 구하시오.

소금물에서 물을 증발시킬 때, 소금의 양에는 변화가 없지만 소금물의 양과 소금물의 농도는 변한다.

고난도 실전 문제

① 부등식과 그 해

01
[252015-0163]

절댓값이 2보다 크지 않은 정수 x에 대하여 부등식 $-2(x+3)<-5$를 만족시키는 x의 값을 모두 구하시오.

02
[252015-0164]

다음 부등식 중에서 방정식 $3x+2=8$을 만족시키는 x의 값을 해로 갖는 것은?

① $7-2x<3$

② $\dfrac{x}{2}+5>7$

③ $4(x+1)\leq9$

④ $0.6x-0.2\geq1$

⑤ $16-3x<5x$

② 부등식의 성질

03 대표 유형 ①
[252015-0165]

네 수 a, b, c, d에 대응하는 점을 수직선 위에 나타내면 아래 그림과 같을 때, 다음 중에서 옳지 <u>않은</u> 것을 모두 고르면? (정답 2개)

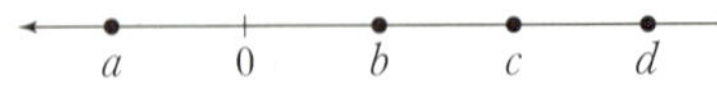

① $ab<bd$

② $a-c<a-d$

③ $\dfrac{b}{a}>\dfrac{c}{a}$

④ $a(b-d)<d(b-d)$

⑤ $\dfrac{b}{c-a}<\dfrac{d}{c-a}$

04
[252015-0166]

$-2a+3<-2b+3$, $a+b<0$, $a>0$일 때, 다음 중에서 옳지 <u>않은</u> 것은?

① $a>b$

② $a^2<b^2$

③ $b<0$

④ $\dfrac{b}{a}>1$

⑤ $|a|<|b|$

05
[252015-0167]

$a>b$, $d<c$, $cd<0$일 때, $\dfrac{ad}{c}$, $\dfrac{bd}{c}$의 대소 관계를 부등호로 나타내시오.

06 대표 유형 ②
[252015-0168]

양수 a를 소수점 아래 첫째 자리에서 반올림한 수를 $\langle a\rangle$로 나타내기로 하자. $\left\langle\dfrac{x-5}{2}\right\rangle=7$일 때, $\left\langle\dfrac{x-3}{5}\right\rangle$의 값을 구하시오.

 3 일차부등식과 풀이

07

[252015-0169]

부등식 $-3(x+1)-1>8-x$를 만족시키는 x에 대하여 $A=-2x+1$일 때, A의 값의 범위를 구하시오.

08 대표 유형 3

[252015-0170]

$a<0<b$일 때, $a(x-3)<b(x-2)-a$를 만족시키는 x의 값 중에서 가장 작은 정수를 구하시오.

09

[252015-0171]

일차부등식 $0.\dot{3}(ax-2)\geq0.5(x-3)+b$의 해를 수직선 위에 나타내면 다음 그림과 같을 때, 상수 a, b에 대하여 $a+3b$의 값을 구하시오.

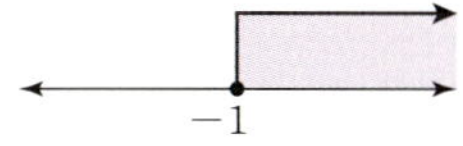

10 대표 유형 4

[252015-0172]

다음 두 일차부등식의 해가 같을 때, 상수 a의 값을 구하시오.

$$\frac{x-7}{4}-\frac{4x-9}{3}<1-x$$
$$-7+5(x+a)>5x+3a(1+x)$$

11 대표 유형 5

[252015-0173]

일차부등식 $\dfrac{a(x+3)}{2}+3>5a+\dfrac{x-2}{3}$를 $x=-1$이 만족시키지 않을 때, 상수 a의 값의 범위를 구하시오.

12 대표 유형 6

[252015-0174]

일차부등식 $0.2(x+3)+\dfrac{3}{5}>0.3(x-a)$를 만족시키는 자연수 x가 11개일 때, 상수 a의 값 중에서 가장 큰 수를 구하시오.

13
[252015-0175]

일차부등식 $\dfrac{x-2a}{5} \geq 0.7x+3.5$ 를 만족시키는 자연수 x가 존재하지 않을 때, 상수 a의 값의 범위는?

① $a < -10$ ② $a > -10$ ③ $a > -4$
④ $a < 10$ ⑤ $a > 10$

 **4 일차부등식의 활용**

14
[252015-0176]

어느 물탱크에 물을 가득 채우는 데 A 호스만으로는 3시간, B 호스만으로는 4시간이 걸린다고 한다. 이 물탱크에 A 호스로 물을 채우다가 중간에 두 호스 A와 B를 동시에 사용하여 2시간 이내로 가득 채우려고 할 때, 두 호스 A, B를 동시에 사용한 시간은 최소 몇 분 이상이어야 하는지 구하시오.

15 대표 유형 ⑦
[252015-0177]

오른쪽 그림과 같은 과녁에 A, B 두 사람이 각각 한 발의 화살을 쏘아 맞힌 점수를 비교하여 높은 점수가 나오는 사람은 5점을 얻고, 낮은 점수가 나오는 사람은 2점을 감점한다고 한다. 두 사람이 총 30번의 대결을 하고 같은 점수를 맞히는 경우는 없다고 할

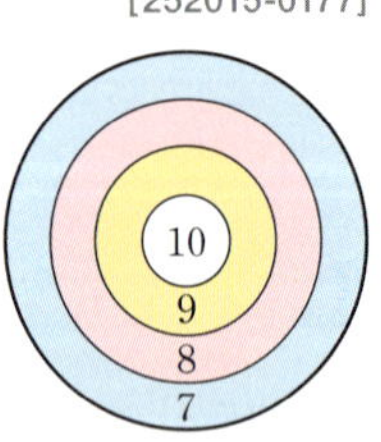

때, A가 얻은 점수의 총합이 B가 얻은 점수의 총합의 2배보다 크려면 A가 B보다 높은 점수가 몇 번 이상 나와야 하는가?

(단, 화살이 경계에 맞거나 과녁을 벗어나는 경우는 없다.)

① 14번 ② 15번 ③ 16번
④ 17번 ⑤ 18번

16 대표 유형 ⑧
[252015-0178]

대호네 가족은 경주로 여행을 가는데, 경주 기차역까지는 기차를 타고 가고, 경주 시내에서는 자동차를 빌려서 다니기로 하였다. 기차 요금은 13세 이상은 1명마다 편도 50000원이고, 13세 미만은 50 %가 할인된다. 자동차를 빌리는 비용은 기본 24시간이 125000원이고 24시간을 초과하면 1시간마다 기본 요금의 5 %씩 추가된다고 한다. 대호네 가족 구성원은 13세 이상이 3명, 13세 미만이 1명이라고 할 때, 왕복 교통비가 600000원 이하가 되게 하려면 최대 몇 시간 동안 자동차를 빌릴 수 있는지 구하시오. (단, 자동차 사용 추가 요금은 1시간 단위로 계산하고, 기차 요금과 자동차를 빌리는 비용 외의 교통비는 생각하지 않는다.)

17 대표 유형 ⑨
[252015-0179]

다음은 종민이가 가입한 통신사의 A, B 두 종류의 휴대폰 요금제를 비교한 표이다. 종민이는 지금까지 A 요금제를 사용하다가 기본료가 더 저렴한 B 요금제로 바꾸려고 알아보았더니 A 요금제는 다음 달부터 기본료에 한하여 장기 고객 할인을 받을 수 있다고 한다. 종민이가 B 요금제로 바꾸는 것이 유리하려면 한 달 통화 시간이 몇 분 미만이어야 하는지 구하시오.

	A 요금제	B 요금제
기본료	19000원	14000원
장기 고객 할인	5 % 할인	없음
통화료(1초당)	1.5원	3원

18
[252015-0180]

어떤 상품을 원가의 20 %의 이익을 붙여 정가를 정하였다. 세일 기간에 정가에서 3000원을 할인하여 판매하였더니 원가의 15 % 이상의 이익을 얻었다고 할 때, 이 상품의 원가는 얼마 이상인지 구하시오.

5 도형에 대한 문제

19 대표 유형 ⑩

[252015-0181]

한 변의 길이가 $8\,\text{cm}$인 정사각형 모양의 색종이를 오른쪽 그림과 같 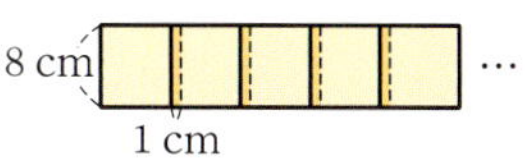
이 $1\,\text{cm}$의 일정한 폭으로 겹쳐서 이어 붙여 직사각형 모양의 띠를 만들려고 한다. 직사각형 모양의 띠의 넓이가 $400\,\text{cm}^2$ 이상이 되도록 할 때, 색종이는 최소 몇 장이 필요한지 구하시오.

20

[252015-0182]

오른쪽 그림과 같은 삼각형 ABC는 $\angle\text{C}=90^\circ$, $\overline{\text{AC}}=40\,\text{cm}$, $\overline{\text{BC}}=x\,\text{cm}$ 인 직각삼각형이다. $\overline{\text{AD}}=\overline{\text{EB}}=8\,\text{cm}$ 가 되도록 변 AC 위의 점 D와 변 BC 의 연장선 위의 점 E를 잡고, $\overline{\text{AB}}$와 $\overline{\text{DE}}$의 교점을 F라 하자. 삼각형 AFD의 넓이가 삼각형 FEB의 넓이보다 크기 위한 가장 작은 자연수 x의 값을 구하시오.

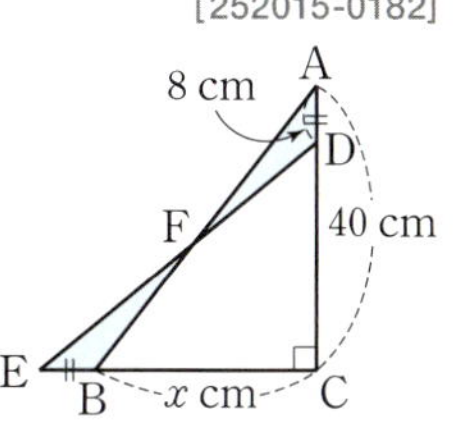

6 거리, 속력, 시간에 대한 문제

21 대표 유형 ⑪

[252015-0183]

도윤이와 하진이가 같은 지점에서 출발하여 같은 방향으로 가고 있다. 도윤이는 하진이보다 먼저 출발하여 분속 $20\,\text{m}$로 걸어가고, 하진이는 도윤이가 $400\,\text{m}$를 앞서 있을 때 출발하여 분속 $70\,\text{m}$로 걸어갔다. 도윤이와 하진이 사이의 거리가 처음으로 $100\,\text{m}$ 이하가 되는 것은 하진이가 출발한 지 몇 분 후인지 구하시오.

22

[252015-0184]

윤재는 오후 4시에 출발하는 기차를 타기 위해 오후 2시에 역에 도착하였다. 출발 시간까지 남은 시간을 이용하여 물건을 사기 위해 상점에 다녀오려고 한다. 물건을 사는 데 15분이 걸리고, 갈 때는 시속 $3\,\text{km}$, 올 때는 시속 $2\,\text{km}$로 걷는다고 할 때, 윤재는 몇 km 이내의 상점을 이용해야 하는지 구하시오.

7 농도에 대한 문제

23 대표 유형 ⑫

[252015-0185]

소금물 $500\,\text{g}$에서 물 $140\,\text{g}$을 증발시킨 다음 $30\,\%$의 소금물 $80\,\text{g}$을 넣었더니 농도가 처음 소금물의 농도의 1.5배 이상이 되었다. 처음 소금물의 농도는 몇 $\%$ 이하인지 구하시오.

24

[252015-0186]

소금물 $300\,\text{g}$에 $90\,\text{g}$의 물을 더 넣은 다음 $10\,\%$의 소금물 $60\,\text{g}$을 넣었더니 농도가 처음 소금물의 $\dfrac{4}{3}$배 이하가 되었다. 처음 소금물의 농도는 몇 $\%$ 이상인지 구하시오.

부등식은 서로 다른 두 수 또는 식의 크기를 비교할 때 유용하게 쓰이며, 크기 비교에 관한 실생활의 여러 가지 문제들을 해결하는 데에도 자주 활용된다.

중학교 1학년에서 우리는 부등호를 사용하여 수의 범위를 나타내는 방법에 대해 배웠다.

어떤 수 a에 대하여 'a는 4 이상이다.' 또는 'a는 4보다 크거나 같다.'를 기호로 $a \geq 4$와 같이 나타냈고,

어떤 수 a에 대하여 'a는 -3 이하이다.' 또는 'a는 -3보다 작거나 같다.'를 기호로 $a \leq -3$과 같이 나타냈다.

마찬가지로 세 수의 대소 관계도 부등호를 사용하여

'a는 -1 이상 2 미만이다.' 또는 'a는 -1보다 크거나 같고 2보다 작다.'를 기호로 $-1 \leq a < 2$와 같이 나타냈다.

이처럼 세 수의 대소 관계를 표현한 것과 같이 중학교 2학년에서 배운 부등식을 표현할 수 있을까?

예를 들어 미지수 x에 대하여 'x는 -1 이상 2 미만이다.' 또는 'x는 -1보다 크거나 같고 2보다 작다.'는 기호로 $-1 \leq x < 2$와 같이 나타낼 수 있다.

따라서 $-1 \leq x < 2$는 $x \geq -1$ ······ ㉠과 $x < 2$ ······ ㉡를 모두 만족시키는 값이다.

그렇다면 우리가 배운 부등식의 성질을 ㉠, ㉡에 각각 적용하여 $2x+3$의 값의 범위를 부등식으로 표현해 보자.

㉠에서 $x \geq -1$, $2x \geq -2$, $2x+3 \geq 1$이고, ㉡에서 $x < 2$, $2x < 4$, $2x+3 < 7$이다.

이를 모두 만족시키는 $2x+3$의 값의 범위를 부등호를 사용하여 표현하면 $1 \leq 2x+3 < 7$이다.

이는 $-1 \leq x < 2$의 양변에 2를 곱하여 $-2 \leq 2x < 4$, $-2 \leq 2x < 4$의 양변에 3을 더하여 $1 \leq 2x+3 < 7$로 나타내는 것과 같다는 것을 알 수 있다.

이처럼 부등식 $A < B < C$는 $A < B$, $B < C$를 모두 만족시키는 범위이며, 부등식의 성질 또한 성립한다. 이는 $\begin{cases} A < B \\ B < C \end{cases}$와 같이 두 식을 한 쌍으로 묶어서 나타내는 연립부등식으로 고등학교 1학년 과정에서 학습하게 된다.

이를 이용하여 일차부등식 $3a+x > 5x+2a+1$을 만족시키는 자연수 x가 3개일 때, a의 값의 범위를 구해 보자.

$3a+x > 5x+2a+1$에서 $-4x > -a+1$, $x < \dfrac{a-1}{4}$

부등식을 만족시키는 자연수 x가 3개라는 것은 $\dfrac{a-1}{4} > 3$이어야 하고, $\dfrac{a-1}{4} \leq 4$이어야 한다는 것을 알 수 있다.

따라서 $3 < \dfrac{a-1}{4} \leq 4$이므로 $12 < a-1 \leq 16$, $13 < a \leq 17$이다.

초2 (수의 대소 비교)	중1 (수의 범위 나타내기)	중2 (일차부등식)	고1 (연립부등식)
부등호를 사용하여 두 수의 대소 관계 나타내기	부등호를 사용하여 수의 범위 나타내기	부등식의 성질을 이용하여 일차부등식을 만족시키는 미지수의 범위 구하기	연립부등식으로 확장하여 좌표평면에서 해 영역을 시각화하여 해석하기

4

연립방정식

1 미지수가 2개인 일차방정식

(1) 미지수가 2개인 일차방정식: 미지수가 2개이고, 차수가 모두 1인 방정식
$$ax+by+c=0\ (a,\,b,\,c\text{는 상수},\ a\neq0,\ b\neq0)$$

(2) 미지수가 2개인 일차방정식의 해(근): 미지수가 $x,\,y$의 2개인 일차방정식을 참이 되게 하는 $x,\,y$의 값 또는 그 순서쌍 $(x,\,y)$

(3) 일차방정식을 푼다: 일차방정식의 해를 모두 구하는 것

2 미지수가 2개인 연립일차방정식

(1) 미지수가 2개인 연립일차방정식(연립방정식): 미지수가 2개인 두 일차방정식을 한 쌍으로 묶어 놓은 것

(2) 연립방정식의 해(근): 연립방정식에서 두 일차방정식을 동시에 참이 되게 하는 $x,\,y$의 값 또는 그 순서쌍 $(x,\,y)$

(3) 연립방정식을 푼다: 연립방정식의 해를 구하는 것

3 연립방정식의 풀이

(1) 대입법: 미지수가 2개인 연립방정식의 한 방정식을 하나의 미지수에 대하여 정리하고 이를 다른 일차방정식에 대입하여 한 미지수를 없앤 후 연립방정식의 해를 구하는 방법

(2) 가감법: 미지수가 2개인 연립방정식의 두 일차방정식을 변끼리 더하거나 빼어서 한 미지수를 없앤 후 연립방정식의 해를 구하는 방법

4 여러 가지 연립방정식의 풀이

(1) 괄호가 있는 경우: 분배법칙을 이용하여 괄호를 풀어 정리한 후 푼다.

(2) 계수가 분수인 경우: 양변에 분모의 최소공배수를 곱하여 계수를 정수로 바꾼 후 푼다.

(3) 계수가 소수인 경우: 양변에 10의 거듭제곱을 적당히 곱하여 계수를 정수로 바꾼 후 푼다.

(4) $A=B=C$ 꼴의 방정식: 세 연립방정식 $\begin{cases}A=B\\A=C\end{cases}$, $\begin{cases}A=B\\B=C\end{cases}$, $\begin{cases}A=C\\B=C\end{cases}$ 중 하나로 고쳐서 푼다.

5 해가 특수한 연립방정식의 풀이

(1) 해가 무수히 많은 경우: 두 일차방정식을 변형하였을 때, 미지수의 계수와 상수항이 모두 각각 같다.
→ 한 미지수를 없앴을 때, $0\times x=0$ 또는 $0\times y=0$의 꼴

(2) 해가 없는 경우: 두 일차방정식을 변형하였을 때, 미지수의 계수는 각각 같고 상수항은 다르다.
→ 한 미지수를 없앴을 때, $0\times x=k$ 또는 $0\times y=k$의 꼴 ($k\neq0$인 상수)

미지수가 2개인 일차방정식을 찾는 방법
식을 간단히 정리한 후
① 등식인지
② 미지수가 2개인지
③ 미지수의 차수가 모두 1인지
를 모두 확인한다.

미지수가 1개인 일차방정식은 해가 하나뿐이지만 미지수가 2개인 일차방정식은 해를 여러 개 가질 수 있다.

연립방정식의 두 일차방정식 중 어느 하나가 $x=(y$의 식$)$ 또는 $y=(x$의 식$)$으로 되어 있으면 대입법이 편리하다.

가감법으로 연립방정식을 풀 때에는 각 방정식의 양변에 적당한 수를 곱하여 없애려는 미지수의 계수의 절댓값을 같게 만든다.

C가 상수일 때에는 $\begin{cases}A=C\\B=C\end{cases}$가 가장 간단하다.

해가 특수한 연립방정식의 해
두 일차방정식을 변형하였을 때, $x,\,y$의 계수가 각각 같고 상수항이
┌ 같으면 → 해가 무수히 많다.
└ 다르면 → 해가 없다.

6 연립방정식의 활용

(1) 연립방정식을 활용한 문제 해결 순서

① 문제의 뜻을 파악하고, 미지수 x, y를 정한다.

② 수량 사이의 관계를 찾아 연립방정식을 세운다.

③ 연립방정식을 푼다.

④ 구한 해가 문제의 뜻에 맞는지 확인한다.

(2) 수의 연산, 자릿수, 나이에 대한 문제

① x를 y로 나눈 몫이 a, 나머지가 b ➡ $x=ay+b$ (단, $0 \le b < y$)

② 십의 자리의 숫자가 x, 일의 자리의 숫자가 y인 두 자리 자연수 ➡ $10x+y$

③ 현재 x살인 사람의 a년 후의 나이 ➡ $(x+a)$살

현재 x살인 사람의 a년 전의 나이 ➡ $(x-a)$살

7 비율에 대한 문제

(1) x의 $\dfrac{b}{a}$ ➡ $x \times \dfrac{b}{a}$, x의 $a\,\%$ ➡ $x \times \dfrac{a}{100}$

(2) x가 $a\,\%$ 증가 또는 x에서 $a\,\%$ 감소 ➡ (증가량 또는 감소량)$=\dfrac{a}{100}x$

(3) x원에 $a\,\%$의 이익을 붙이거나 x원에서 $a\,\%$를 할인

➡ (이익 또는 할인 금액)$=\dfrac{a}{100}x$원

증가량은 $+$, 감소량은 $-$를 붙인다.

(정가)$=$(원가)$+$(이익)

(판매 가격)$=$(정가)$-$(할인 금액)

8 일에 대한 문제

(1) 일을 완성하는 데 x일이 걸릴 때, 전체 일의 양을 1이라 하면

➡ 하루 동안 할 수 있는 일의 양은 $\dfrac{1}{x}$

(2) 물을 가득 채우는 데 x시간이 걸릴 때, 가득 채운 물의 양을 1이라 하면

➡ 1시간 동안 채울 수 있는 물의 양은 $\dfrac{1}{x}$

9 거리, 속력, 시간에 대한 문제

(1) (거리)$=$(속력)$\times$(시간)

(2) (속력)$=\dfrac{(거리)}{(시간)}$

(3) (시간)$=\dfrac{(거리)}{(속력)}$

두 사람이 같은 지점에서 동시에 출발하여 호수의 둘레를 돌다가 처음으로 만날 때

① 반대 방향으로 돌면

　(이동한 거리의 합)

　$=$(호수의 둘레의 길이)

② 같은 방향으로 돌면

　(이동한 거리의 차)

　$=$(호수의 둘레의 길이)

10 농도에 대한 문제

(1) (소금물의 농도)$=\dfrac{(소금의 양)}{(소금물의 양)} \times 100\ (\%)$

(2) (소금의 양)$=\dfrac{(소금물의 농도)}{100} \times (소금물의 양)$

(합금에 들어 있는 금속의 양)

$=$(금속이 차지하는 비율)

　$\times$(합금의 양)

필수 확인 문제

① 미지수가 2개인 일차방정식

1
[252015-0187]

다음 중에서 미지수가 2개인 일차방정식을 모두 고르면? (정답 2개)

① $x+\dfrac{1}{3}y=-1$ ② $\dfrac{1}{x}-\dfrac{1}{y}=4$

③ $x+2=-y+3$ ④ $2x+y=2(x+1)$

⑤ $x^2+y=x^2-3$

2
[252015-0188]

다음 중에서 등식 $(3-a)x+2y-1=2x-y+4$가 미지수가 2개인 일차방정식일 때, 다음 중에서 상수 a의 값이 될 수 <u>없는</u> 것은?

① 1 ② 2 ③ 3

④ 4 ⑤ 5

3
[252015-0189]

두 순서쌍 $(a,\,-1)$, $(5,\,b)$가 모두 일차방정식 $\dfrac{1}{5}x-y=3$의 해일 때, $a+b$의 값을 구하시오.

② 미지수가 2개인 연립일차방정식

4
[252015-0190]

다음 보기의 일차방정식 중에서 두 방정식을 한 쌍으로 하는 연립방정식을 만들 때, 해가 $(-2,\,5)$가 되는 것은?

보기

ㄱ. $4x+y=-3$ ㄴ. $x+2y=9$

ㄷ. $6x-y-7=0$ ㄹ. $8x+5y=9$

① ㄱ과 ㄴ ② ㄱ과 ㄹ ③ ㄴ과 ㄷ

④ ㄴ과 ㄹ ⑤ ㄷ과 ㄹ

5
[252015-0191]

$x,\,y$가 자연수일 때, 연립방정식 $\begin{cases} x+4y=12 \\ 5x+2y=24 \end{cases}$ 의 해를 순서쌍 $(x,\,y)$로 나타내시오.

6 서술형
[252015-0192]

연립방정식 $\begin{cases} 2x+7y=a \\ 3x-by=-5 \end{cases}$ 의 해가 $(-4,\,2)$일 때, 상수 $a,\,b$에 대하여 ab의 값을 구하시오.

③ 연립방정식의 풀이

7

[252015-0193]

연립방정식 $\begin{cases} 4x+5y=a \\ -2x+y=-9 \end{cases}$ 의 해가 일차방정식 $x-2y=6$을 만족시킬 때, 상수 a의 값을 구하시오.

8

[252015-0194]

일차방정식 $3x+2y=84$의 해 중에서 $x:y=5:3$을 만족시키는 x, y에 대하여 $(x-y)^2$의 값을 구하시오.

9

[252015-0195]

다음 보기 에서 연립방정식 $\begin{cases} x-y=3 & \cdots\ ㉠ \\ 3x+2y=4 & \cdots\ ㉡ \end{cases}$ 의 풀이에 대한 설명으로 옳은 것을 모두 고르시오.

보기

ㄱ. ㉠을 $x=y+3$으로 변형한 후 ㉡에 대입하여 풀 수 있다.

ㄴ. ㉠을 $y=x-3$으로 변형한 후 ㉡에 대입하면 y의 값을 먼저 구할 수 있다.

ㄷ. ㉠의 양변에 2를 곱한 식과 ㉡을 변끼리 빼면 y를 없앨 수 있다.

ㄹ. ㉠의 양변에 3을 곱한 식과 ㉡을 변끼리 빼면 y의 값을 구할 수 있다.

ㅁ. 이 연립방정식의 해는 $x=2$, $y=1$이다.

10

[252015-0196]

연립방정식 $\begin{cases} 3x+2y=7 & \cdots\ ㉠ \\ 5x-ay=11 & \cdots\ ㉡ \end{cases}$ 에서 ㉠$\times3+$㉡$\times2$를 하였더니 y가 없어졌다. 이때 상수 a의 값은?

① -6 ② -3 ③ 2

④ 3 ⑤ 6

11

[252015-0197]

연립방정식 $\begin{cases} 4x-y=13 \\ 2x+7y=-1 \end{cases}$ 의 해가 $x=a$, $y=b$일 때,

연립방정식 $\begin{cases} ax-by=16 \\ bx+ay=-12 \end{cases}$ 의 해는?

① $x=-6$, $y=-2$ ② $x=-2$, $y=6$

③ $x=-1$, $y=3$ ④ $x=3$, $y=-1$

⑤ $x=6$, $y=-2$

12

[252015-0198]

세 일차방정식 $3x-4(x+2y)=5$, $ax-4y=13$, $2(x-y)=3-5y$가 모두 같은 해를 가질 때, 상수 a의 값을 구하시오.

④ 여러 가지 연립방정식의 풀이

13
[252015-0199]

연립방정식 $\begin{cases} 3(x-2y)=x-(y+7) \\ 5x+6y=4(x+y+2)+2 \end{cases}$ 의 해는?

① $x=-4,\ y=7$　　　　② $x=-2,\ y=4$

③ $x=2,\ y=4$　　　　④ $x=4,\ y=-3$

⑤ $x=4,\ y=3$

14　💬서술형
[252015-0200]

연립방정식 $\begin{cases} \dfrac{x}{5}+\dfrac{y}{2}=1 \\ 0.2x-1.3y=4.6 \end{cases}$ 의 해가 일차방정식

$x+ay=6$을 만족시킬 때, 상수 a의 값을 구하시오.

15
[252015-0201]

방정식 $\dfrac{x+4y}{3}=\dfrac{2x-y+1}{5}=\dfrac{7}{2}$ 의 해가 $x=a,\ y=b$일 때,

$a+b$의 값은?

① 5　　　　② 7　　　　③ 9

④ 11　　　　⑤ 13

⑤ 해가 특수한 연립방정식의 풀이

16
[252015-0202]

연립방정식 $\begin{cases} ax-2y=2 \\ \dfrac{1}{2}x-\dfrac{1}{3}y=b \end{cases}$ 의 해가 무수히 많을 때, 상수 $a,\ b$의

값을 구하시오.

17
[252015-0203]

연립방정식 $\begin{cases} (2a-1)x+3y=1 \\ \dfrac{x+3}{3}-\dfrac{y+1}{2}=b \end{cases}$ 의 해가 없을 때, 상수 $a,\ b$의

조건은?

① $a=-\dfrac{1}{2},\ b\neq\dfrac{1}{3}$　　　　② $a\neq-\dfrac{1}{2},\ b=\dfrac{1}{3}$

③ $a=-\dfrac{1}{2},\ b=\dfrac{1}{3}$　　　　④ $a=\dfrac{3}{2},\ b\neq\dfrac{1}{3}$

⑤ $a=\dfrac{3}{2},\ b\neq\dfrac{2}{3}$

18
[252015-0204]

다음 보기 에서 연립방정식 $\begin{cases} ax-4(y+3)=5x \\ \dfrac{1}{2}x-\dfrac{2}{3}y=b+1 \end{cases}$ 의 해에 대한 설

명으로 옳은 것을 모두 고른 것은? (단, $a,\ b$는 상수이다.)

보기
ㄱ. $a=\dfrac{1}{2},\ b=1$이면 해가 없다.

ㄴ. $a=\dfrac{1}{2}$이면 해가 1개이다.

ㄷ. $a=8,\ b\neq1$이면 해가 무수히 많다.

ㄹ. $a=8,\ b=1$이면 해가 무수히 많다.

① ㄱ, ㄴ　　　　② ㄱ, ㄹ　　　　③ ㄴ, ㄷ

④ ㄴ, ㄹ　　　　⑤ ㄷ, ㄹ

6 연립방정식의 활용

19

[252015-0205]

어떤 두 자리 자연수의 각 자리의 숫자의 합은 10이고 이 수의 십의 자리의 숫자와 일의 자리의 숫자를 바꾼 수는 처음 수보다 36만큼 작다고 한다. 이때 처음 두 자리의 자연수를 구하시오.

20

[252015-0206]

민호는 한 개에 2000원 하는 왕만두와 한 개에 1800원 하는 찐빵을 합하여 8개를 사려고 했는데 왕만두와 찐빵의 개수가 서로 바뀌어 예상했던 금액보다 400원이 적게 들었다. 처음 사려던 왕만두는 몇 개인가?

① 3개 ② 4개 ③ 5개
④ 6개 ⑤ 7개

21

[252015-0207]

문항의 배점이 3점, 4점, 5점인 수학 시험에서 수연이는 20개를 맞혀 79점을 받았다. 5점짜리 문항을 맞힌 개수가 4점짜리 문항을 맞힌 개수보다 4개 더 작다고 할 때, 수연이가 맞힌 3점짜리 문항의 개수를 구하시오.

22

[252015-0208]

가로의 길이가 세로의 길이보다 10 cm 더 긴 직사각형이 있다. 이 직사각형의 둘레의 길이가 140 cm일 때, 이 직사각형의 넓이는?

① 900 cm^2 ② 1000 cm^2 ③ 1100 cm^2
④ 1200 cm^2 ⑤ 1300 cm^2

23 서술형

[252015-0209]

현재 세훈이와 아버지의 나이의 합은 53살이고, 10년 후에는 아버지의 나이가 세훈이의 나이의 2배보다 1살이 많아진다고 한다. 현재 세훈이와 아버지의 나이의 차를 구하시오.

24

[252015-0210]

현정이와 동하가 가위바위보를 해서 이긴 사람은 계단을 세 칸 올라가고 진 사람은 계단을 두 칸 내려가기로 했다. 처음보다 현정이는 30칸을, 동하는 5칸을 올라가 있을 때, 현정이가 이긴 횟수를 구하시오. (단, 비긴 경우는 없다.)

7 비율에 대한 문제

25
[252015-0211]

어느 주민 회의에서는 안건에 대하여 찬성과 반대를 다수결로 정하기로 하였다. 이번 달 회의에 A, B 두 동에서 40명이 참석하였고, 안건에 대해 참석자 중 A동의 $\frac{2}{5}$와 B동의 $\frac{1}{3}$이 반대하여 모두 15명이 반대하였다고 할 때, A동의 참석자는 몇 명인지 구하시오. (단, 기권한 사람은 없다.)

26
[252015-0212]

도담이네 중학교 작년 2학년 학생은 180명이었다. 올해는 작년에 비하여 남학생 수는 6 % 감소하고 여학생 수는 5 % 증가하여 전체적으로 2명이 감소하였다고 한다. 작년 남학생 수와 여학생 수를 각각 구하시오.

27
[252015-0213]

두 제품 A, B를 합하여 52000원에 사서 A 제품은 원가의 30 %의 이익을 붙이고, B 제품은 원가에서 원가의 20 %를 할인하여 판매하였더니 9600원의 이익이 생겼다. A, B 두 제품의 원가를 각각 구하시오.

8 일에 대한 문제

28
[252015-0214]

한솔이와 다정이가 함께 작업하면 9일 만에 완성할 수 있는 일을 한솔이가 혼자 6일 동안 작업한 후 나머지를 다정이가 혼자 10일 동안 작업하여 모두 완성하였다. 이 일을 한솔이가 혼자 작업하면 며칠이 걸리는지 구하시오.

29
[252015-0215]

어떤 물통에 물을 가득 채우려고 한다. A, B 두 호스를 모두 사용하여 8분 동안 넣었더니 물통이 가득 찼다. 이 물통에 물을 A 호스로 4분 동안 넣은 후 B 호스로 10분 동안 넣었더니 물통이 가득 찼을 때, A 호스만으로 이 물통을 가득 채우는 데 걸리는 시간은 몇 분인지 구하시오.

9 거리, 속력, 시간에 대한 문제

30
[252015-0216]

정현이는 집에서 10 km 떨어진 서점에 가는데 처음에는 버스를 타고 시속 48 km로 가다가 내려서 나머지 거리는 시속 4 km로 걸었더니 40분이 걸렸다. 정현이가 버스를 타고 간 거리는?

① 4 km ② 5 km ③ 6 km
④ 7 km ⑤ 8 km

31

[252015-0217]

누나가 집을 출발하여 분속 80 m로 도서관을 향해 걸어간 지 30분 후 동생이 자전거를 타고 분속 200 m로 누나를 따라갔다. 두 사람이 동시에 도서관에 도착했을 때, 누나가 도서관까지 가는 데 걸린 시간은 몇 분인지 구하시오.

32

[252015-0218]

둘레의 길이가 800 m인 트랙을 현우와 석주가 같은 지점에서 동시에 출발하여 서로 반대 방향으로 돌면 5분 후에 처음으로 만나고, 같은 방향으로 돌면 16분 후에 처음으로 만난다고 한다. 현우가 석주보다 빠르다고 할 때, 현우와 석주의 속력을 각각 구하면?

(단, 두 사람의 속력은 각각 일정하다.)

① 현우: 분속 100 m, 석주: 분속 55 m
② 현우: 분속 105 m, 석주: 분속 55 m
③ 현우: 분속 105 m, 석주: 분속 60 m
④ 현우: 분속 110 m, 석주: 분속 55 m
⑤ 현우: 분속 110 m, 석주: 분속 60 m

33

[252015-0219]

일정한 속력으로 달리는 기차가 1.3 km 길이의 터널을 완전히 통과하는 데 50초가 걸리고, 700 m 길이의 다리를 완전히 통과하는 데 30초가 걸린다고 한다. 이 기차의 길이는 몇 m인지 구하시오.

10 농도에 대한 문제

34

[252015-0220]

7 %의 소금물과 12 %의 소금물을 섞어서 9 %의 소금물 500 g을 만들었다. 이때 섞어야 하는 7 %의 소금물의 양은?

① 150 g   ② 200 g   ③ 250 g
④ 300 g   ⑤ 350 g

35 서술형

[252015-0221]

농도가 다른 두 소금물 A, B가 있다. 소금물 A를 100 g, 소금물 B를 300 g 섞으면 7 %의 소금물이 되고, 소금물 A를 300 g, 소금물 B를 100 g 섞으면 11 %의 소금물이 된다. 이때 소금물 A, B의 농도를 각각 구하시오.

36

[252015-0222]

구리가 30 %, 아연이 20 % 들어 있는 합금 A와 구리가 10 %, 아연이 30 % 들어 있는 합금 B가 있다. 두 합금 A, B를 녹여서 구리 85 g, 아연 115 g이 들어 있는 합금을 만들려고 할 때, 합금 A는 몇 g이 필요한지 구하시오.

개념 ❶ 미지수가 2개인 일차방정식이 되기 위한 조건 [252015-0223]

1 등식 $ax-3(y+2x)+b=2(5x-by)+3y-2a$가 미지수 x, y의 2개인 일차방정식이 되기 위한 두 상수 a, b의 조건을 구하시오.

> 미지수가 x, y의 2개인 일차방정식은 x, y의 계수가 각각 0이 아니어야 한다.

개념 ❶ 미지수가 2개인 일차방정식 [252015-0224]

2 다음 조건을 만족시키는 정수 x, y의 순서쌍 (x, y)의 개수를 구하시오.

> (가) $xy<0$
> (나) $4x-3y+51=0$

> 주어진 조건에 의해 $x>0$, $y<0$인 경우와 $x<0$, $y>0$인 경우로 나누어 만족시키는 순서쌍을 구한다.

개념 ❷ 연립방정식의 계수 또는 상수항을 잘못 보고 해를 구한 경우 [252015-0225]

3 하진이와 도윤이가 연립방정식 $\begin{cases} ax-2y=8 \\ 3x+by=-2 \end{cases}$를 푸는데 하진이는 a를 잘못 보고 풀어서 $x=3$, $y=-1$을 얻었고, 도윤이는 b를 잘못 보고 풀어서 $x=-2$, $y=5$를 얻었을 때, 상수 a, b의 값을 구하시오.

> 잘못 보고 구한 해를 제대로 본 일차방정식에 대입하여 a, b의 값을 구한다.

Σ 포인트

개념 ❷ 새로운 기호가 주어진 경우   [252015-0226]

4   기호 ●를 $a \bullet b = 3a - b$로 약속할 때, $(5-2x) \bullet (3x+y) = -24$를 만족시키는 10보다 작은 자연수 x, y에 대하여 $x+y$의 값을 구하시오.

> 약속된 기호에 따라 일차방정식을 구한다.

개념 ❸ 연립방정식의 해가 주어진 경우   [252015-0227]

5   연립방정식 $\begin{cases} 5x - 2y = a \\ 3x + y = 7 \end{cases}$ 의 해가 $(b, 4)$일 때, $\begin{cases} ax + by = 13 \\ bx - ay = 19 \end{cases}$ 의 해를 구하시오.

(단, a, b는 상수이다.)

> 연립방정식의 해가 (p, q)일 때, $x=p$, $y=q$를 연립방정식에 각각 대입하면 등식이 성립한다.

개념 ❸ 연립방정식의 해에 대한 조건이 주어진 경우   [252015-0228]

6   연립방정식 $\begin{cases} 2x + y = 16 \\ 3x - ay = a - 2 \end{cases}$ 를 만족시키는 x와 y의 값의 비가 $3 : 2$일 때, 상수 a의 값을 구하시오.

> $x : y = 3 : 2$에서 x와 y 사이의 관계식을 먼저 구하고 연립방정식을 세워 해를 구한다.

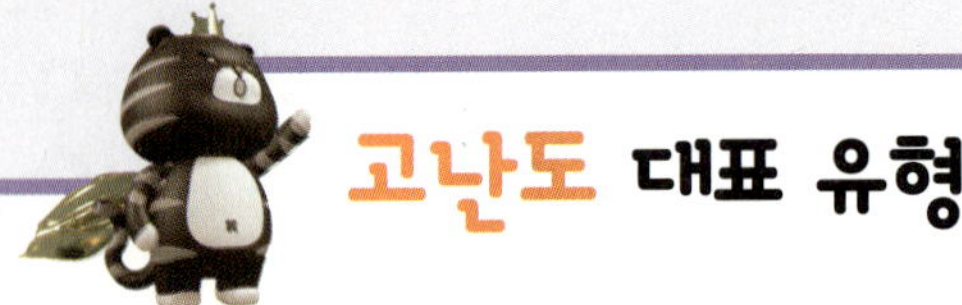

개념 ③ 해가 서로 같은 두 연립방정식이 주어진 경우　　　　　　　　　　　　　　　[252015-0229]

7 연립방정식 $\begin{cases} x+5y=17 \\ ax+y=b \end{cases}$ 의 해가 $\begin{cases} 2x-3y=-18 \\ x+by=a \end{cases}$ 의 해와 같을 때, 상수 a, b에 대하여 $2a-3b$ 의 값을 구하시오.

네 일차방정식 중에서 계수와 상수항이 모두 수로 주어진 두 일차방정식으로 연립방정식을 세워 해를 구한다.

개념 ④ 계수가 소수 또는 분수인 연립방정식의 풀이　　　　　　　　　　　　　　　[252015-0230]

8 연립방정식 $\begin{cases} \dfrac{2x-y+a}{3}=\dfrac{1}{5}x \\ 0.3\dot{1}x+0.7\dot{y}=7 \end{cases}$ 을 만족시키는 x의 값이 y의 값의 2배일 때, 상수 a의 값을 구하시오.

순환소수를 분수로 나타내어 정리하고, x의 값이 y의 값의 2배이므로 $x=2y$임을 이용하여 연립방정식을 세워 해를 구한다.

개념 ④ 비례식을 포함한 연립방정식의 풀이　　　　　　　　　　　　　　　[252015-0231]

9 연립방정식 $\begin{cases} (9x-2):(3x+4y)=1:3 \\ \dfrac{x-y}{3}+\dfrac{y}{2}=\dfrac{5}{12} \end{cases}$ 의 해가 $x=m$, $y=n$일 때, m^2-mn+n^2의 값을 구하시오.

비례식 $a:b=m:n$이 주어지면 $an=bm$임을 이용하여 방정식으로 고친다.

개념 ④ $A=B=C$ 꼴의 방정식의 풀이 [252015-0232]

10 방정식 $\dfrac{4x-3y-1}{2}=\dfrac{1}{5}y-5=\dfrac{4x-y-23}{5}$ 의 해가 일차방정식 $x-ay=-13$을 만족시킬 때, 상수 a의 값을 구하시오.

$A=B=C$ 꼴의 방정식은 다음 세 연립방정식 중 하나로 바꾸어 푼다.
$$\begin{cases} A=B \\ A=C \end{cases} \begin{cases} A=B \\ B=C \end{cases} \begin{cases} A=C \\ B=C \end{cases}$$

개념 ④ 해가 서로 관계 있는 두 연립방정식의 풀이 [252015-0233]

11 연립방정식 $\begin{cases} 8x-5y=20 \\ 3x+ay=-1 \end{cases}$ 의 해가 연립방정식 $\begin{cases} 4x-y=10 \\ bx-2y=1 \end{cases}$ 의 해보다 x, y의 값이 모두 2만큼 클 때, 상수 a, b에 대하여 $\dfrac{a}{b}$의 값을 구하시오.

연립방정식 A의 해가 연립방정식 B의 해보다 모두 2만큼 클 때, 연립방정식 B의 해가 (x, y)이면 연립방정식 A의 해는 $(x+2, y+2)$임을 이용하여 방정식을 푼다.

개념 ⑤ 해가 특수한 연립방정식의 풀이 [252015-0234]

12 연립방정식 $\begin{cases} \dfrac{x}{3}-\dfrac{y+1}{2}=-2 \\ 2(x+y)=7-by \end{cases}$ 의 해가 없고, 연립방정식 $\begin{cases} 4x-5y=6 \\ 0.2x-(a+1)y=0.3 \end{cases}$ 의 해가 무수히 많을 때, 상수 a, b에 대하여 $4a+b$의 값을 구하시오.

식을 정리하고 한 일차방정식에 적당한 수를 곱하였을 때, 두 일차방정식의 x, y의 계수가 각각 같고 상수항은 다르면 연립방정식의 해가 없으며 x, y의 계수가 각각 같고 상수항이 같으면 연립방정식의 해는 무수히 많다.

개념 6 수에 대한 문제 [252015-0235]

13 어떤 두 자연수의 합은 67이고 큰 수를 작은 수로 나누면 몫은 3이고 나머지가 7일 때, 이 두 수의 차를 구하시오.

> x를 y로 나누었을 때 몫이 a, 나머지가 b이면 $x=ay+b$이다.

개념 6 계단에 대한 문제 [252015-0236]

14 윤재와 은영이가 가위바위보를 하여 이긴 사람은 5계단을 올라가고, 진 사람은 3계단을 내려가고, 비기는 경우에는 두 사람 모두 2계단을 내려가기로 하였다. 가위바위보를 총 19회 하여 윤재는 처음 위치보다 3계단을, 은영이는 처음 위치보다 11계단을 올라가 있었을 때, 윤재가 이긴 횟수를 구하시오.

> A, B 두 사람이 가위바위보를 할 때,
> (A가 이긴 횟수)=(B가 진 횟수)
> (A가 진 횟수)=(B가 이긴 횟수)

개념 7 증감, 비율에 대한 문제 [252015-0237]

15 어느 중학교의 작년 전체 학생은 600명이었다. 올해는 작년에 비하여 여학생은 4 % 감소하고 남학생은 14 % 증가하여 전체 학생이 612명일 때, 올해 여학생 수를 구하시오.

> x가 a % 증가하면 증가한 후의 양은 $x+\dfrac{a}{100}x$이고,
> x가 b % 감소하면 감소한 후의 양은 $x-\dfrac{b}{100}x$이다.

개념 **8** 일의 양에 대한 문제　　　　　　　　　　　[252015-0238]

16 A가 혼자 하면 18시간 걸리는 일을 A, B, C가 함께 하면 2시간이 걸리고, 이 일을 A, B가 1시간 30분 동안 함께 한 다음 나머지 일을 A, C가 2시간 동안 함께 하면 끝낼 수 있다고 한다. B가 이 일을 혼자서 할 때, 걸리는 시간을 구하시오.

일의 양이 주어지지 않은 경우 전체 양을 1로 놓고 연립방정식을 세운다.

1일 동안 하는 일의 양이 x일 때, a일 동안 할 수 있는 일의 양은 ax임을 이용한다.

개념 **9** 강물에서의 거리, 속력, 시간에 대한 문제　　　　　[252015-0239]

17 강물과 배의 속력이 각각 일정할 때, 배를 타고 길이가 1.5 km인 강을 거슬러 올라가는 데 15분, 강을 따라 내려오는 데 10분이 걸렸다. 정지한 물에서의 배의 속력은 분속 몇 m인지 구하시오.

- (강을 거슬러 올라가는 배의 속력)
  ＝(정지한 물에서의 배의 속력)
  　－(강물의 속력)
- (강을 따라 내려오는 배의 속력)
  ＝(정지한 물에서의 배의 속력)
  　＋(강물의 속력)

개념 **10** 소금물의 농도에 대한 문제　　　　　　　　　[252015-0240]

18 12 %의 소금물과 20%의 소금물을 섞은 후 물을 더 넣어서 11 %의 소금물의 600 g을 만들었다. 12 % 소금물과 더 넣은 물의 양의 비가 2 : 1일 때, 12 %의 소금물의 양을 구하시오.

- (섞기 전 두 소금물의 양의 합)
  ＋(추가한 물의 양)
  ＝(섞은 후 소금물의 양)
- (섞기 전 두 소금물에 들어 있는 소금의 양의 합)
  ＝(섞은 후 소금물에 들어 있는 소금의 양)

고난도 실전 문제

---

① 미지수가 2개인 일차방정식

01 대표 유형 ①
[252015-0241]

등식 $ax^2+bx-y+c=2x^2+\dfrac{2b-1}{3}x+\dfrac{c+1}{2}$ 이 미지수 x, y의 2개인 일차방정식이 되기 위한 상수 a, b, c의 조건으로 옳은 것을 보기 에서 모두 고르시오.

보기

ㄱ. $a=2$ ㄴ. $a\neq2$ ㄷ. $b=-1$
ㄹ. $b\neq-1$ ㅁ. $c=1$ ㅂ. $c\neq1$

02 서술형 대표 유형 ②
[252015-0242]

일차방정식 $(4a+b)x-(a-2b)y=0$의 한 해가 $x=1$, $y=-2$이다. x, y가 자연수일 때, 일차방정식 $ax+by=5a$의 해의 개수를 구하시오. (단, a, b는 상수, $a\neq0$, $b\neq0$)

03 대표 유형 ③
[252015-0243]

기호 ▲에 대하여 $x▲y=(x, y$ 중 큰 수$)$로 약속할 때, $x▲y=2x-3y+5$를 만족시키는 10보다 작은 자연수 x, y의 순서쌍 (x, y)의 개수를 구하시오.

---

② 미지수가 2개인 연립일차방정식

04
[252015-0244]

순서쌍 $(2a, a-1)$이 연립방정식 $\begin{cases} x+3y=7 \\ bx-4ay=12 \end{cases}$의 해일 때, $a-b$의 값은? (단, a, b는 상수이다.)

① -5 ② -3 ③ -1
④ 3 ⑤ 5

05 서술형
[252015-0245]

연립방정식 $\begin{cases} 2x+9y=a \\ 3x-y=-7 \end{cases}$에서 x와 y를 서로 바꾸어 풀었더니 해가 $x=-2$, $y=b$이었다. 상수 a, b에 대하여 $a+b$의 값을 구하시오.

06 대표 유형 ④
[252015-0246]

나현이가 연립방정식 $\begin{cases} 2x-3y=-10 \\ 3x+y=12 \end{cases}$를 푸는데 두 다항식의 상수항 -10, 12를 모두 잘못 보고 풀어서 해로 $x=5$를 얻었다. 나현이가 잘못 보고 푼 두 방정식의 상수항의 합이 29일 때, 잘못 보고 푼 두 방정식의 상수항의 차를 구하시오.

 3 연립방정식의 풀이

07 대표 유형 5
[252015-0247]

연립방정식 $\begin{cases} ax+by=14 \\ by=(a-1)x-1 \end{cases}$ 의 해가 $x=3$, $y=1$일 때, 연립

방정식 $\begin{cases} (a+2)x-by=9 \\ bx+ay=-7 \end{cases}$ 의 해는 $x=p$, $y=q$이다. 이때 $5pq$

의 값은? (단, a, b는 상수이다.)

① -5 ② -2 ③ 1

④ 2 ⑤ 5

08
[252015-0248]

일차방정식 $(a+b)x+(a-2b)y=0$의 해가 $(2, -1)$일 때, 일차방정식 $ax-2b=12by-4a$를 만족시키는 x, y에 대하여 $x+3y$의 값을 구하시오. (단, a, b는 상수이고 $b \neq 0$)

09 대표 유형 6
[252015-0249]

연립방정식 $\begin{cases} ax+y=10 \\ x-3y=12 \end{cases}$ 를 만족시키는 x, y에 대하여 x의 절댓값이 y의 절댓값의 3배일 때, 상수 a의 값을 구하시오.

(단, $y<0$)

10 대표 유형 7
[252015-0250]

다음 네 일차방정식이 한 쌍의 공통인 해를 가질 때, 상수 a, b에 대하여 $a+b$의 값을 구하시오.

$$-4x+y=8, \qquad 5x+by=3$$
$$ax-3y=-6, \qquad x+2y=7$$

11
[252015-0251]

연립방정식 $\begin{cases} ax+by=3 \\ bx+ay=17 \end{cases}$ 에서 a와 b를 서로 바꾸어 놓고 풀었더니 해가 $x=6$, $y=-1$이었다. 처음 연립방정식의 해를 구하시오. (단, a, b는 상수이다.)

12 💬 서술형
[252015-0252]

연립방정식 $\begin{cases} 3x-y=2 \\ ax+by=17 \end{cases}$ 의 해가 연립방정식

$\begin{cases} bx+ay=7 \\ 5x-2y=-5 \end{cases}$ 의 해보다 x, y의 값이 모두 2만큼 클 때, 상수 a, b에 대하여 $a+b$의 값을 구하시오.

④ 여러 가지 연립방정식의 풀이

13 대표 유형 ❽
[252015-0253]

연립방정식 $\begin{cases} 0.\dot{3}x+0.\dot{5}y=1 \\ \dfrac{x+2}{5}-\dfrac{y-1}{2}=a \end{cases}$ 를 만족시키는 x, y에 대하여

$xy<0$이고 $|x|:|y|=8:3$일 때, 상수 a의 값을 구하시오.

14 대표 유형 ❾
[252015-0254]

연립방정식 $\begin{cases} (3x+2y+7):5=(y+3):2 \\ 0.15x-0.07y=0.1 \end{cases}$ 의 해가

$x=m$, $y=n$일 때, $9(m-n)$의 값은?

① 10 ② 12 ③ 14
④ 16 ⑤ 18

15
[252015-0255]

x, y가 자연수일 때, 연립방정식 $\begin{cases} 8^{x+y}\times 4^{x+3y}=2 \\ 5^{3x-y}\div 5^7=1 \end{cases}$ 의 해가 일차

방정식 $2x+ay=6$을 만족시킨다. 이때 상수 a의 값은?

① -3 ② -2 ③ -1
④ 2 ⑤ 3

16 대표 유형 ❿
[252015-0256]

방정식 $\dfrac{3x-y}{2}=\dfrac{5x+y-2}{3}=\dfrac{x-5y-4}{5}$ 를 풀면?

① $x=-1$, $y=1$ ② $x=-1$, $y=3$
③ $x=1$, $y=5$ ④ $x=5$, $y=9$
⑤ $x=9$, $y=5$

17 💬 서술형
[252015-0257]

방정식 $2x+y=ax+3y+5=8$을 만족시키는 x와 y의 값의
비가 $3:2$일 때, 상수 a의 값을 구하시오.

18 대표 유형 ⓫
[252015-0258]

연립방정식 $\begin{cases} 5x-2y=6 \\ ax+by=-21 \end{cases}$ 을 만족시키는 x, y의 값은 각각 연

립방정식 $\begin{cases} 3ax+by=1 \\ 2x-y=3 \end{cases}$ 을 만족시키는 x, y의 값의 3배이다. 이

때 a^2+b^2의 값을 구하시오. (단, a, b는 상수이다.)

5 해가 특수한 연립방정식의 풀이

19
[252015-0259]

연립방정식 $\begin{cases} \dfrac{7}{2}x - \dfrac{5}{6}y = -\dfrac{2}{3} \\ 21x - 5y = k+1 \end{cases}$ 의 해가 없을 때, 다음 중에서 상

수 k의 값이 될 수 <u>없는</u> 것은?

① -5　　　　　② -4　　　　　③ 2
④ 4　　　　　⑤ 5

20
[252015-0260]

연립방정식 $\begin{cases} 5(2a-b+1)x + 2(b-a)y = 4 \\ (3a-5)x + (a-2b)y = 1 \end{cases}$ 의 해가 무수히 많

을 때, 상수 a, b에 대하여 $a-b$의 값을 구하시오.

21 대표 유형 ⑫
[252015-0261]

연립방정식 $\begin{cases} 6ax + 3y = 1 \\ 12x + by = 1 \end{cases}$ 의 해가 무수히 많을 때의 자연수 a, b

에 대하여 $a+b$의 값을 A, 해가 없을 때의 자연수 a, b의 순서쌍
(a, b)의 개수를 B라 하자. 이때 $A+B$의 값을 구하시오.

6 연립방정식의 활용

22 대표 유형 ⑬
[252015-0262]

일의 자리의 숫자가 8인 세 자리 자연수가 있다. 이 수의 각 자리
의 숫자의 합이 16이고 백의 자리의 숫자와 십의 자리의 숫자를
바꾼 수는 처음 수의 4배보다 6만큼 크다고 한다. 처음 세 자리 자
연수를 구하시오.

23
[252015-0263]

윤재가 퀴즈 대회에서 한 문제를 풀어 맞히면 100점을 얻고 틀리
면 60점을 감점한다고 한다. 윤재가 맞힌 문제 수는 틀린 문제 수
의 3배이고 얻은 점수는 1680점일 때, 윤재가 맞힌 문제 수를 구
하시오.

24 대표 유형 ⑭
[252015-0264]

서현이와 지연이가 가위바위보를 해서 이긴 사람은 계단을 다섯
칸 올라가고 진 사람은 계단을 세 칸 내려가기로 하였다. 얼마 후
서현이가 처음보다 49칸을 올라가 있고, 지연이가 처음보다 7칸
을 내려가 있다고 할 때, 두 사람이 가위바위보를 한 총 횟수는?
（단, 비기는 경우는 없다.）

① 7　　　　　② 14　　　　　③ 17
④ 21　　　　　⑤ 25

25
[252015-0265]

다음은 어머니가 장을 보고 받은 영수증의 내역을 표로 정리한 것인데 일부가 찢어져 보이지 않는다. 어머니가 구입한 오이의 개수를 구하시오.

상품	단가(원)	수량(개)	금액(원)
대파	1700	2	3400
당근	800		
오이	1200		
양배추	2500	1	
합계(원)		12	14700

---

7 비율에 대한 문제

26
[252015-0266]

어떤 주제에 대한 찬반투표에서 반대표가 찬성표의 $\dfrac{1}{3}$배보다 6표 적어서 전체 투표 수의 16 %를 차지하였다. 투표에 참여한 사람은 모두 몇 명인지 구하시오.

(단, 무효표나 기권은 없으며 1인 1표의 투표권이 있다.)

27 대표 유형 15
[252015-0267]

하랑이는 유산소 운동과 근력 운동을 하고 있다. 오늘은 어제에 비해 유산소 운동 시간은 12 %, 근력 운동 시간은 20 % 늘려서 전체 운동 시간을 15 % 늘렸다고 한다. 오늘 운동 시간이 92분일 때, 어제 유산소 운동 시간은 몇 분인지 구하시오.

28
[252015-0268]

어느 가게에서 A, B 두 제품을 합하여 50000원에 사서 A 제품은 20 %, B 제품은 10 %의 이익을 붙여 정가를 정하였다. 명절 특가로 두 제품을 정가에서 각각 5 %씩 할인 판매하여 5100원의 이익을 얻었을 때, A 제품의 원가는?

① 20000원　　② 22000원　　③ 25000원
④ 28000원　　⑤ 30000원

---

8 일에 대한 문제

29 대표 유형 16
[252015-0269]

성준이와 민수가 함께 3시간 동안 일을 한 다음 성준이만 5시간 동안 일을 해야 완성할 수 있는 일이 있다. 이 일을 성준이와 민수가 함께 4시간 동안 일한 다음 민수만 7시간 동안 일하여 완성했을 때, 민수가 혼자 이 일을 하여 완성하는 데 걸리는 시간을 구하시오.

30
[252015-0270]

어떤 물통에 물이 가득 차 있다. 이 물통의 물을 A, B 호스를 함께 사용하여 4시간 동안 모두 뺀 다음 A 호스만으로 2시간을 더 빼면 모두 뺄 수 있다. 이 물통에 A 호스만 사용하여 물을 빼려면 B 호스만으로 물을 뺄 때보다 3배의 시간이 걸린다고 한다. A 호스만으로 이 물통의 물을 모두 뺀다면 몇 시간이 걸리는지 구하시오.

9 거리, 속력, 시간에 대한 문제

31

[252015-0271]

둘레의 길이가 1.1 km인 트랙에서 연서와 윤아가 인라인스케이트를 타고 각각 일정한 속력으로 돌고 있다. 연서가 4 m 가는 동안 윤아는 7 m를 간다고 할 때, 같은 지점에서 두 사람이 동시에 출발하여 서로 반대 방향으로 돌면 50초 후에 처음 만난다고 한다. 이때 연서의 속력은?

① 초속 4 m   ② 초속 6 m   ③ 초속 8 m
④ 초속 12 m   ⑤ 초속 14 m

32

[252015-0272]

근영이와 정훈이가 둘레의 길이가 270 m인 트랙에서 달리기를 하였다. 근영이가 먼저 출발하고, 1분 후에 정훈이가 같은 지점에서 같은 방향으로 출발하여 5분 후에 앞에 가던 근영이를 따라잡고, 따라잡은 지 15분 만에 근영이를 다시 만났다. 이때 근영이의 속력은? (단, 두 사람의 속력은 각각 일정하다.)

① 분속 90 m   ② 분속 95 m   ③ 분속 100 m
④ 분속 105 m   ⑤ 분속 110 m

33 **대표 유형 17**

[252015-0273]

상류 선착장과 하류 선착장을 왕복하는 유람선이 강을 따라 내려오는 데 30분, 강을 거슬러 올라가는 데 45분이 걸린다. 이 유람선이 분속 20 m로 일정하게 움직일 때, 두 선착장 사이의 거리는? (단, 유람선의 속력은 흐르지 않는 물에서의 속력이고, 강물의 속력은 일정하다.)

① 400 m   ② 480 m   ③ 640 m
④ 720 m   ⑤ 800 m

34

[252015-0274]

길이가 250 m인 화물 열차가 어느 다리를 완전히 통과하는 데 20초가 걸리고, 길이가 160 m인 특급 열차가 화물 열차의 2배의 속력으로 이 다리를 완전히 통과하는 데 9초가 걸린다고 한다. 다리의 길이를 구하시오. (단, 두 열차의 속력은 각각 일정하다.)

10 농도에 대한 문제

35 서술형

[252015-0275]

농도가 다른 두 소금물 A, B가 있다. 두 소금물 A, B를 1 : 4의 비율로 섞었더니 농도가 14 %인 소금물이 되었고, 2 : 3의 비율로 섞었더니 농도가 13 %인 소금물이 되었다. 이때 소금물 A의 농도를 구하시오.

36 **대표 유형 18**

[252015-0276]

2 %의 소금물과 9 %의 소금물을 섞은 후 물과 소금을 더 넣어 7 %의 소금물 1300 g을 만들었다. 2 %의 소금물과 더 넣은 물의 양의 비가 3 : 2이고, 더 넣은 물의 양은 더 넣은 소금의 양의 8배일 때, 2 %의 소금물의 양을 구하시오.

미지수가 n개인 방정식의 정확한 값을 구하기 위해서는 n개의 일차방정식이 필요할까?

미지수가 x의 1개일 때, 방정식 $2x+3=9$를 풀면 $2x=6$, 즉 $x=3$이므로
미지수가 1개이면 방정식 1개로 정확한 값을 구할 수 있다.
미지수가 x, y의 2개일 때, 방정식이 1개뿐이라면 정확한 값을 구할 수 없다.
예를 들어 $x+y=10$을 만족시키는 x, y의 값은 무수히 많기 때문이다.
방정식이 $x+y=10$, $2x-y=2$의 2개이면 2개의 방정식을 묶어 나타낸 연립방정식
$\begin{cases} x+y=10 \\ 2x-y=2 \end{cases}$ 를 풀면 $x=4$, $y=6$이므로 미지수가 2개이면 2개의 일차방정식을 동시에
만족시키는 x, y의 값을 구할 수 있다.
이번에는 미지수가 x, y, z의 3개인 경우를 생각해 보자.
예를 들어 $\begin{cases} x+y+z=10 & \cdots\cdots \ \unicode{x29F8} \\ 2x-y+z=5 & \cdots\cdots \ \unicode{x24C1} \end{cases}$ 를 만족시키는 x, y, z의 값을 구해 보자.

$\unicode{x29F8}$에서 $z=10-x-y$, 이를 $\unicode{x24C1}$에 대입하면 $2x-y+(10-x-y)=5$, 즉 $x-2y=-5$
(i) $y=1$이라 하면 $x-2y=-5$에 $y=1$을 대입하면 $x-2\times1=-5$, $x=-3$이고
  $z=10-x-y$에 $x=-3$, $y=1$을 대입하면 $z=10-(-3)-1=12$이다.
(ii) $y=2$라 하면 $x-2y=-5$에 $y=2$를 대입하면 $x-2\times2=-5$, $x=-1$이고
  $z=10-x-y$에 $x=-1$, $y=2$를 대입하면 $z=10-(-1)-2=9$이다.
이처럼 방정식이 부족한 경우 미지수 간의 관계만 나타낼 수 있으므로 만족하는 x, y,
z의 값은 무수히 많다.

미지수가 x, y, z의 3개인 연립방정식 $\begin{cases} x+y+z=4 & \cdots\cdots \ \unicode{x29F8} \\ 2x-y+z=9 & \cdots\cdots \ \unicode{x24C1} \\ x-2y+3z=11 & \cdots\cdots \ \unicode{x24B8} \end{cases}$ 을 풀어 보자.

$\unicode{x29F8}$을 z에 대하여 정리하면 $z=4-x-y$ $\cdots\cdots$ $\unicode{x24E1}$
$\unicode{x24E1}$을 $\unicode{x24C1}$에 대입하면 $2x-y+(4-x-y)=9$, $x-2y=5$
$\unicode{x24E1}$을 $\unicode{x24B8}$에 대입하면 $x-2y+3(4-x-y)=11$, $2x+5y=1$
따라서 $\begin{cases} x-2y=5 \\ 2x+5y=1 \end{cases}$ 을 풀면 $x=3$, $y=-1$이다.
$x=3$, $y=-1$을 $z=4-x-y$에 대입하면 $z=4-3-(-1)=2$이므로
$x=3$, $y=-1$, $z=2$이다.
이처럼 미지수가 3개이면 위와 같은 방법으로 3개의 일차방정식을 동시에 만족시키는
x, y, z의 값을 구할 수 있다.

연립방정식 $\begin{cases} x+y+z=0 \\ 2x-y+3z=16 \\ x-2y+z=9 \end{cases}$ 를 푸시오.

풀이 $z=-x-y$를 $2x-y+3z=16$에 대입하면 $2x-y+3(-x-y)=16$
  즉, $x+4y=-16$ $\cdots\cdots$ $\unicode{x29F8}$
  $z=-x-y$를 $x-2y+z=9$에 대입하면 $x-2y+(-x-y)=9$, 즉 $y=-3$
  $y=-3$을 $\unicode{x29F8}$에 대입하면 $x-12=-16$, $x=-4$
  $x=-4$, $y=-3$을 $z=-x-y$에 대입하면 $z=4+3=7$

5
일차함수와
그 그래프

1 함수

(1) 두 변수 x, y에 대하여 x의 값이 변함에 따라 y의 값이 오직 하나씩 정해지는 대응 관계가 있을 때, y를 x에 대한 함수라고 한다.

(2) 두 변수 x, y에서 y가 x에 대한 함수인 것을 기호로 $y=f(x)$와 같이 나타낸다.

x의 값 하나에 대하여 y의 값이 정해져 있지 않거나 두 개 이상의 값으로 정해지면 y는 x에 대한 함수가 아니다.

2 함숫값

(1) 함숫값: 함수 $y=f(x)$에서 x의 값에 따라 하나씩 정해지는 y의 값 $f(x)$를 x에 대한 함숫값이라고 한다.

예 함수 $f(x)=\dfrac{3}{x}$에서 $x=2$일 때의 함숫값은 $f(2)=\dfrac{3}{2}$이다.

함수 $f(x)=-2x$에서 $x=-1$일 때의 함숫값은 $f(-1)=-2\times(-1)=2$이다.

(2) 함수의 그래프: 함수 $y=f(x)$에서 x와 그 함숫값 $f(x)$로 이루어진 순서쌍 $(x, f(x))$를 좌표로 하는 점 전체를 그 함수의 그래프라고 한다.

3 일차함수와 그 그래프

(1) 일차함수: 함수 $y=f(x)$에서 $y=ax+b$ $(a, b$는 상수, $a\neq0)$와 같이 y가 x에 대한 일차식으로 나타내어질 때, 이 함수 $y=f(x)$를 x에 대한 일차함수라고 한다.

예 함수 $y=2x$, $y=-x+5$, $y=\dfrac{1}{3}x+1$은 모두 일차함수이다.

함수 $y=3$, $y=\dfrac{2}{x}$, $y=x^2-1$은 모두 일차함수가 아니다.

(2) 평행이동: 한 도형을 일정한 방향으로 일정한 거리만큼 이동하는 것

(3) 일차함수 $y=ax+b$의 그래프

일차함수 $y=ax+b$의 그래프는 일차함수 $y=ax$의 그래프를 y축의 방향으로 b만큼 평행이동한 직선이다.

예 일차함수 $y=2x+5$의 그래프는 일차함수 $y=2x$의 그래프를 y축의 방향으로 5만큼 평행이동한 직선이다.

a, b가 상수이고 $a\neq0$일 때
① $ax+b$ ➡ 일차식
② $ax+b=0$ ➡ 일차방정식
③ $ax+b>0$ ➡ 일차부등식
④ $y=ax+b$ ➡ 일차함수

평행이동하여도 그래프의 모양에는 변화가 없다.

특별한 말이 없으면 일차함수 $y=ax+b$에서 x의 값의 범위는 수 전체로 생각한다.

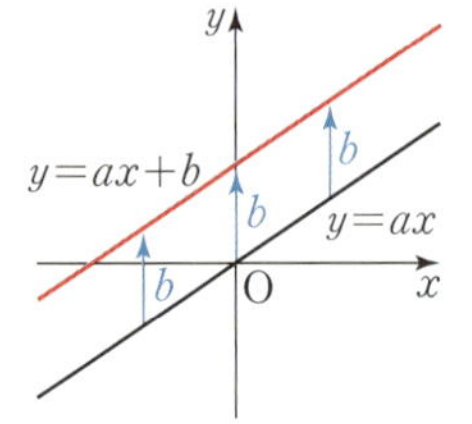

4 일차함수의 그래프의 x절편과 y절편

(1) x절편과 y절편: 일차함수의 그래프가 x축과 만나는 점의 x좌표를 이 그래프의 x절편, y축과 만나는 점의 y좌표를 이 그래프의 y절편이라고 한다.

예 일차함수 $y=ax+b$의 그래프의 x절편은 $-\dfrac{b}{a}$이고, y절편은 b이다.

(2) x절편과 y절편을 이용하여 그래프 그리기

① x절편과 y절편을 구한다.

② ①을 이용하여 그래프가 x축, y축과 만나는 두 점의 좌표를 구한다.

③ 두 점을 직선으로 연결한다.

일차함수 $y=ax+b$의 그래프의 x절편은 $y=0$일 때의 x의 값이고, y절편은 $x=0$일 때의 y의 값이다.

특히, 일차함수 $y=ax+b$의 그래프의 y절편은 항상 b이다.

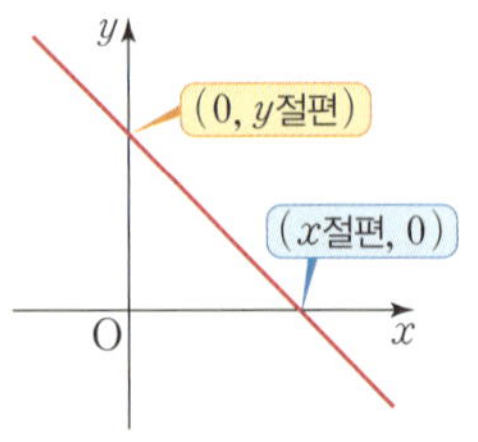

5 일차함수의 그래프의 기울기

(1) 기울기: 일차함수 $y=ax+b$에서 x의 값의 증가량에 대한 y의 값의 증가량의 비율은 항상 일정하고, 그 비율은 x의 계수 a와 같다. 이 증가량의 비율 a를 일차함수 $y=ax+b$의 그래프의 기울기라고 한다.

$$(\text{기울기})=\frac{(y\text{의 값의 증가량})}{(x\text{의 값의 증가량})}=a$$

예 일차함수 $y=-\dfrac{3}{2}x+1$의 그래프의 기울기는 $-\dfrac{3}{2}$이고, 이것은 x의 값이 2만큼 증가할 때, y의 값은 3만큼 감소한다는 뜻이다.

참고 두 점 (p, q), (r, s)를 지나는 일차함수의 그래프의 기울기는

$$\frac{s-q}{r-p}=\frac{q-s}{p-r} \ (\text{단, } p\neq r)$$

(2) 기울기와 y절편을 이용하여 그래프 그리기

① y절편을 이용하여 그래프가 y축과 만나는 점의 좌표를 구한다.

② 기울기를 이용하여 다른 한 점을 찾는다.

③ 두 점을 직선으로 연결한다.

6 일차함수의 그래프의 성질

일차함수 $y=ax+b$의 그래프에서

(1) $a>0$이면 x의 값이 증가할 때 y의 값도 증가하므로 오른쪽 위로 향하는 직선이다.

(2) $a<0$이면 x의 값이 증가할 때 y의 값은 감소하므로 오른쪽 아래로 향하는 직선이다.

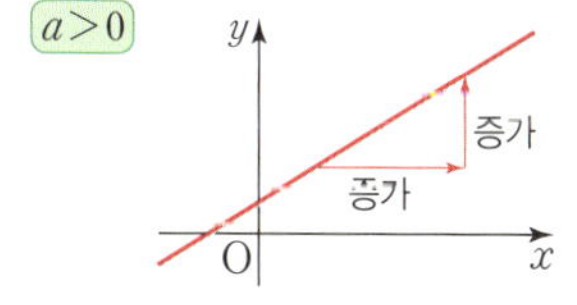

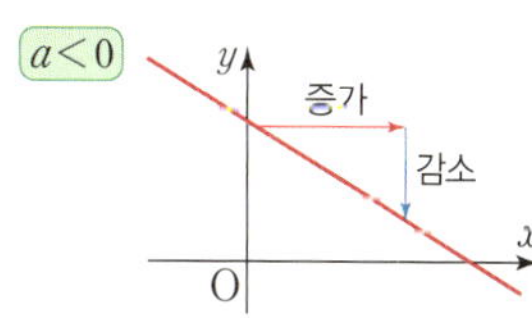

참고 일차함수 $y=ax+b$의 그래프가 지나는 사분면

① $a>0$, $b>0$일 때, 제1, 2, 3사분면 ② $a>0$, $b<0$일 때, 제1, 3, 4사분면

③ $a<0$, $b>0$일 때, 제1, 2, 4사분면 ④ $a<0$, $b<0$일 때, 제2, 3, 4사분면

7 일차함수의 그래프의 평행, 일치

(1) 기울기가 같은 두 일차함수의 그래프는 평행하거나 일치한다.

두 일차함수 $y=ax+b$, $y=cx+d$에서

① $a=c$, $b\neq d$ ➡ 두 그래프는 평행

② $a=c$, $b=d$ ➡ 두 그래프는 일치

예 두 일차함수 $y=3x+2$, $y=3x-2$의 그래프는 평행하다.

(2) 서로 평행한 두 일차함수의 그래프의 기울기는 같다.

예 두 일차함수 $y=-2x+1$, $y=ax+5$의 그래프가 평행하면 상수 a의 값은 -2이다.

8 기울기가 주어진 일차함수의 식 구하기

(1) 기울기와 y절편을 알 때

기울기가 a이고, y절편이 b인 직선을 그래프로 하는 일차함수의 식은 $y=ax+b$이다.

예 기울기가 -1이고, y절편이 3인 직선을 그래프로 하는 일차함수의 식은
$y=-x+3$이다.

(2) 기울기와 한 점의 좌표를 알 때

기울기가 a이고 점 $(x_1,\ y_1)$을 지나는 직선을 그래프로 하는 일차함수의 식은

① 기울기가 a인 일차함수의 식을 $y=ax+b$로 나타낸다.

② 한 점의 좌표 $(x_1,\ y_1)$을 이용하여 y절편 b의 값을 구한다.

즉, $x=x_1$, $y=y_1$을 $y=ax+b$에 대입하여 b의 값을 구한다.

③ 일차함수의 식을 구한다.

예 기울기가 -3이고, 점 $(1,\ 2)$를 지나는 직선을 그래프로 하는 일차함수의 식을
$y=-3x+b$라 하면 이 그래프가 점 $(1,\ 2)$를 지나므로 $x=1$, $y=2$를 대입하면
$2=-3+b$에서 $b=5$
따라서 일차함수의 식은 $y=-3x+5$이다.

9 두 점의 좌표가 주어진 일차함수의 식 구하기

두 점 $(x_1,\ y_1)$, $(x_2,\ y_2)(x_1\neq x_2)$를 지나는 직선을 그래프로 하는 일차함수의 식은

① 두 점 $(x_1,\ y_1)$, $(x_2,\ y_2)$의 좌표를 이용하여 기울기 a의 값을 구한다.

$$\Rightarrow a=\frac{y_2-y_1}{x_2-x_1}=\frac{y_1-y_2}{x_1-x_2}$$

② 일차함수의 식을 $y=ax+b$로 나타낸다.

③ 한 점의 좌표를 이용하여 y절편 b의 값을 구한다.

즉, 두 점 중 한 점의 좌표를 $y=ax+b$에 대입하여 b의 값을 구한다.

④ 일차함수의 식을 구한다.

예 두 점 $(-1,\ 3)$, $(2,\ -3)$을 지나는 직선을 그래프로 하는 일차함수의 식을
$y=ax+b$라 하면 기울기 a는 $a=\dfrac{-3-3}{2-(-1)}=-2$
즉, 일차함수 $y=-2x+b$의 그래프가 점 $(-1,\ 3)$을 지나므로
$3=-2\times(-1)+b$에서 $b=1$
따라서 일차함수의 식은 $y=-2x+1$이다.

10 일차함수의 활용

실생활 문제를 해결하려고 할 때, 두 양 사이의 관계가 일차함수임을 알면 두 변수 사이의 관계를 식으로 나타내어 다음과 같은 순서로 문제를 해결할 수 있다.

① 변수 정하기: 변하는 두 양을 x와 y로 놓는다.

② 함수 구하기: x와 y 사이의 관계를 일차함수 $y=ax+b$로 나타낸다.

③ 답 구하기: 일차함수의 식이나 그래프를 이용하여 문제를 푸는 데 필요한 값을 찾는다.

④ 확인하기: 구한 답이 문제의 뜻에 맞는지 확인한다.

Σ NOTE

기울기가 a이고 점 $(x_1,\ y_1)$을 지나는 직선을 그래프로 하는 일차함수의 식은
$$y-y_1=a(x-x_1)$$

두 점 $(x_1,\ y_1)$, $(x_2,\ y_2)$를 지나는 직선을 그래프로 하는 일차함수의 식은
$$y-y_1=\frac{y_2-y_1}{x_2-x_1}(x-x_1)$$
$$(\text{단},\ x_1\neq x_2)$$

x절편이 m, y절편이 n인 직선을 그래프로 하는 일차함수의 식은
$$y=-\frac{n}{m}x+n\ (\text{단},\ m\neq 0)$$

먼저 변하는 양을 변수 x로 놓고 x의 값에 따라서 변하는 양을 변수 y로 놓는다.

두 변수에 대한 식을 세울 때에는 단위에 주의한다.

필수 확인 문제

1 함수

1
[252015-0277]

다음 중에서 y가 x에 대한 함수가 <u>아닌</u> 것을 모두 고르면?

(정답 2개)

① 자연수 x의 약수 y
② 넓이가 $30\ \mathrm{cm}^2$인 직사각형의 가로의 길이가 $x\ \mathrm{cm}$일 때, 세로의 길이 $y\ \mathrm{cm}$
③ 우유 $500\ \mathrm{mL}$가 들어 있는 병에서 $x\ \mathrm{mL}$를 마셨을 때 남은 우유의 양 $y\ \mathrm{mL}$
④ 한 변의 길이가 $x\ \mathrm{cm}$인 정사각형의 넓이 $y\ \mathrm{cm}^2$
⑤ 우리 반 학생 30명 중 x월에 태어난 학생의 번호 y

2
[252015-0278]

다음 보기에서 y가 x의 함수인 것의 개수를 구하시오.

보기

ㄱ. 시속 $x\ \mathrm{km}$의 속력으로 $10\ \mathrm{km}$를 걸어 갔을 때, 걸린 시간 y시간
ㄴ. 둘레의 길이가 $x\ \mathrm{cm}$인 사각형의 넓이 $y\ \mathrm{cm}^2$
ㄷ. $10\ \%$의 설탕물 $y\ \mathrm{g}$에 들어 있는 설탕 $x\ \mathrm{g}$
ㄹ. 자연수 x의 배수 y
ㅁ. 한 권에 x원인 노트 3권의 가격 y원
ㅂ. 키가 $x\ \mathrm{cm}$인 사람의 몸무게 $y\ \mathrm{kg}$
ㅅ. 정가가 x원인 바지를 $30\ \%$ 할인한 가격 y원

2 함숫값

3
[252015-0279]

$[x]$를 x보다 크지 않은 최대의 정수라 하자. 자연수 n에 대하여 함수 $f_n(x)=\left[\dfrac{x}{n}\right]$라 할 때, $f_1(a)=1$, $f_2(b)=a$를 만족시키는 모든 정수 b의 값의 합을 구하시오. (단, a는 정수이다.)

4 서술형
[252015-0280]

자연수 x보다 작은 소수의 개수를 y라 하자. $y=f(x)$라 할 때, $f(5)+f(10)+f(15)$의 값을 구하시오.

3 일차함수와 그 그래프

5
[252015-0281]

함수 $y=x(2ax+3)-3bx+2$가 x에 대한 일차함수가 되기 위한 상수 a, b의 조건은?

① $a=0$, $b=0$ ② $a=0$, $b=1$
③ $a=0$, $b\ne1$ ④ $a\ne0$, $b=0$
⑤ $a\ne0$, $b\ne1$

6
[252015-0282]

다음 중에서 y가 x에 대한 일차함수인 것은?

① 반지름의 길이가 $x\ \mathrm{cm}$인 원의 넓이 $y\ \mathrm{cm}^2$
② 넓이가 $20\ \mathrm{cm}^2$인 직사각형의 가로의 길이가 $x\ \mathrm{cm}$일 때, 세로의 길이 $y\ \mathrm{cm}$
③ 총 $100\ \mathrm{km}$의 거리를 시속 $x\ \mathrm{km}$로 달리는 자동차가 주행한 시간 y시간
④ 한 변의 길이가 $\dfrac{x}{2}\ \mathrm{cm}$인 정사각형의 넓이 $y\ \mathrm{cm}^2$
⑤ 아랫변, 윗변의 길이가 각각 $2x\ \mathrm{cm}$, $x\ \mathrm{cm}$이고, 높이가 $2\ \mathrm{cm}$인 사다리꼴의 넓이 $y\ \mathrm{cm}^2$

7

[252015-0283]

일차함수 $f(x)=-3x+2a$에 대하여 $f(a)=-3$일 때, $f(2)$의 값을 구하시오. (단, a는 상수이다.)

8

[252015-0284]

일차함수 $f(x)=ax+b$에 대하여 $f(-1)=2$, $f(2)=8$일 때, $f(k)=6$을 만족시키는 k의 값을 구하시오.

(단, a, b는 상수이다.)

9 서술형

[252015-0285]

일차함수 $y=ax-\dfrac{1}{4}$의 그래프는 점 $\left(\dfrac{1}{2}, \dfrac{3}{4}\right)$을 지나고, 이 그래프를 y축의 방향으로 2만큼 평행이동하면 점 $\left(k, -\dfrac{1}{4}\right)$을 지날 때, $a+k$의 값을 구하시오. (단, a는 상수이다.)

---

④ 일차함수의 그래프의 x절편과 y절편

10

[252015-0286]

일차함수 $y=3x$의 그래프를 y축의 방향으로 9만큼 평행이동한 그래프의 x절편을 a, y절편을 b라 할 때, $b-a$의 값을 구하시오.

11

[252015-0287]

일차함수 $y=ax+b$의 그래프가 오른쪽 그림과 같을 때, 상수 a, b에 대하여 ab의 값을 구하시오.

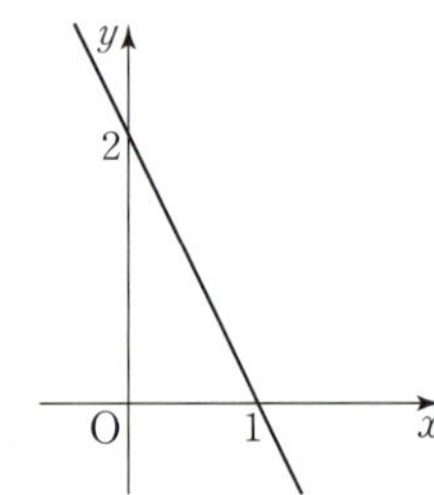

12

[252015-0288]

일차함수 $y=ax+3$의 그래프의 x절편이 $\dfrac{3}{2}$이다. 이 그래프가 점 $(k, 3k)$를 지날 때, $a+5k$의 값은? (단, a는 상수이다.)

① -5 ② -1 ③ 0

④ 1 ⑤ 5

5 일차함수의 그래프의 기울기

13
[252015-0289]

세 점 $(1, 2)$, $(2, a)$, $(3, -4)$가 한 직선 위에 있을 때, a의 값을 구하시오.

14
[252015-0290]

일차함수 $y=2x+b$의 그래프에서 x의 값이 3만큼 증가할 때, y의 값이 $2a$만큼 증가한다. y절편이 -1일 때, $a+b$의 값을 구하시오.

15
[252015-0291]

두 점 $(m+2, 2m-1)$, $(3m-2, m+1)$을 지나는 일차함수의 그래프의 기울기는? (단, $m \neq 2$)

① -1 ② $-\dfrac{1}{2}$ ③ $\dfrac{1}{2}$

④ 1 ⑤ $\dfrac{3}{2}$

6 일차함수의 그래프의 성질

16
[252015-0292]

일차함수의 그래프가 오른쪽 그림과 같을 때, 다음 보기 에서 옳은 것을 모두 고르시오.

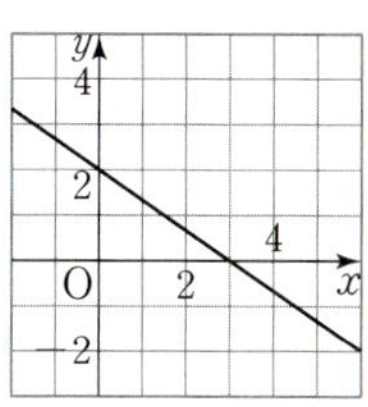

보기

ㄱ. 점 $(0, 2)$를 지난다.

ㄴ. 기울기는 $-\dfrac{2}{3}$이다.

ㄷ. $y=-\dfrac{2}{3}x$의 그래프를 y축의 방향으로 -2만큼 평행이동한 그래프이다.

ㄹ. $y=-\dfrac{1}{2}x+2$의 그래프보다 x축에 가깝다.

17
[252015-0293]

일차함수 $y=ax+b$의 그래프의 x절편이 -1이고 y절편이 4일 때, 일차함수 $y=-bx+a$의 그래프가 지나지 않는 사분면을 구하시오. (단, a, b는 상수이다.)

18
[252015-0294]

오른쪽 그림과 같은 두 일차함수 $y=ax+b$, $y=mx+n$의 그래프에 대하여 다음 중에서 옳은 것은?
(단, a, b, m, n은 상수이다.)

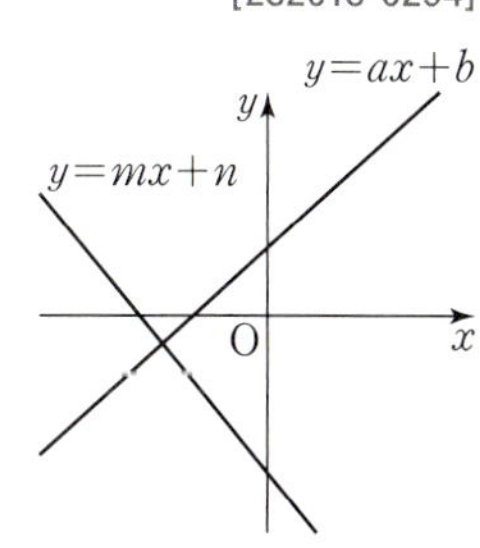

① $m+n>0$ ② $a+b<0$

③ $bm>0$ ④ $b-n<0$

⑤ $m-a<0$

(7) 일차함수의 그래프의 평행, 일치

19
[252015-0295]

오른쪽 그림과 같은 일차함수의 그래프와 평행한 일차함수 $y=2ax-4$의 그래프의 x절편을 b라 할 때, ab의 값을 구하시오. (단, a는 상수이다.)

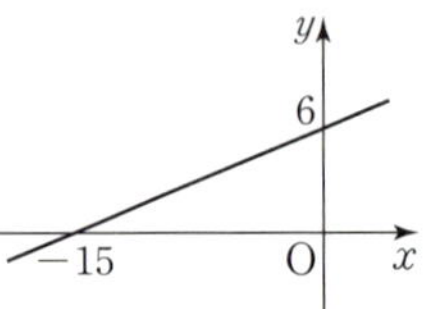

20
[252015-0296]

두 점 $(-3,\ a)$, $(4,\ -4-a)$를 지나는 일차함수의 그래프가 일차함수 $y=-2x+1$의 그래프와 평행할 때, 두 점을 지나는 일차함수의 그래프의 x절편을 구하시오.

21  서술형
[252015-0297]

일차함수 $y=ax-6$의 그래프가 일차함수 $y=2x+1$의 그래프와 평행할 때, 일차함수 $y=ax-6$의 그래프와 x축 및 y축으로 둘러싸인 도형의 넓이를 구하시오. (단, a는 상수이다.)

22
[252015-0298]

일차함수 $y=-5x$의 그래프를 y축의 방향으로 2만큼 평행이동하면 점 $(-1,\ a)$를 지난다. 평행이동한 그래프와 일차함수 $y=mx+2a+b$의 그래프가 일치할 때, $a+b+m$의 값은? (단, b, m은 상수이다.)

① -15　　② -10　　③ -5
④ 0　　⑤ 5

(8) 기울기가 주어진 일차함수의 식 구하기

23
[252015-0299]

x의 값이 2만큼 증가할 때 y의 값은 6만큼 증가하고, 점 $(-2,\ -3)$을 지나는 일차함수의 그래프의 x절편을 구하시오.

24
[252015-0300]

y절편을 알 수 없는 일차함수의 그래프의 기울기가 -5이고 x절편이 2일 때, y절편을 구하시오.

25
[252015-0301]

다음 조건을 만족시키는 일차함수의 그래프에 대한 설명으로 옳은 것은?

> (가) 일차함수 $y=-3x-7$의 그래프와 평행하다.
> (나) 일차함수 $y=2x+6$의 그래프와 y축에서 만난다.

① x절편은 6이다.
② 점 $(1,\ -3)$을 지난다.
③ 제3사분면을 지나지 않는다.
④ x의 값의 증가량이 3일 때, y의 값의 증가량은 9이다.
⑤ y축의 방향으로 6만큼 평행이동하면 원점을 지난다.

9 두 점의 좌표가 주어진 일차함수의 식 구하기

26

[252015-0302]

두 점 $(-2, -3)$, $(1, 6)$을 지나는 일차함수의 그래프가 점 $(m, m-1)$을 지날 때, m의 값은?

① -4 ② -2 ③ 0

④ 2 ⑤ 4

27

[252015-0303]

일차함수 $y=ax+b$의 그래프가 점 $(1, 2)$를 지나고 x절편과 y절편의 비가 $2 : 1$일 때, 상수 a, b에 대하여 $a-b$의 값을 구하시오.

28

[252015-0304]

오른쪽 그림과 같은 일차함수의 그래프가 두 점 A, B에서 각각 x축, y축과 만날 때, 삼각형 AOB의 넓이를 구하시오.
(단, O는 원점이다.)

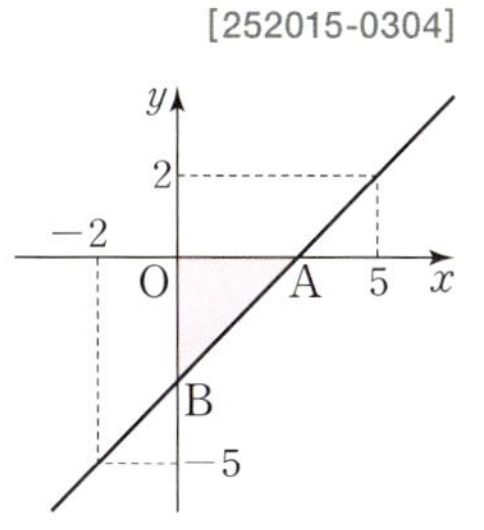

10 일차함수의 활용

29

[252015-0305]

길이가 15 cm인 용수철에 6 g인 물체를 매달 때마다 2 cm씩 일정하게 늘어난다고 한다. 무게가 21 g인 물체를 매달았을 때의 용수철의 길이를 구하시오.

30

[252015-0306]

물이 각각 31 L, 46 L씩 들어 있는 A, B 두 수조가 있다. A, B 두 수조의 아랫쪽 마개를 열면 각각 2분에 4 L, 6 L씩 물이 흘러나온다고 한다. 동시에 마개를 연 지 x분 후에 수조에 남아 있는 물의 양을 y L라 할 때, 두 수조에 남아 있는 물의 양이 같아지는 것은 몇 분 후인지 구하시오.

31

[252015-0307]

오른쪽 그림과 같은 직사각형 ABCD에서 점 P가 점 B를 출발하여 변 BC를 따라 매초 2 cm의 속력으로 점 C까지 움직일 때, 삼각형 ABP의 넓이가 240 cm^2가 되는 것은 점 P가 점 B를 출발한 지 몇 초 후인지 구하시오.

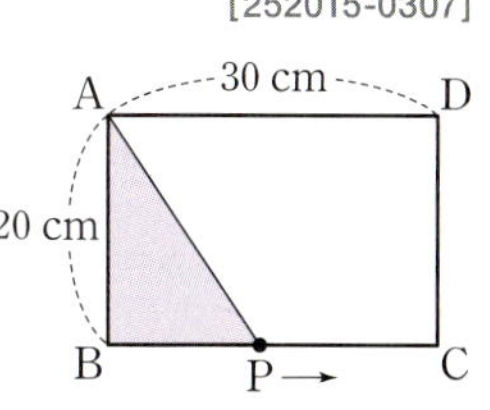

고난도 대표 유형

  [252015-0308]

1 함수 $y=f(x)$가 두 유리수 a, b에 대하여 다음 조건을 만족시킬 때, $f(0)$의 값을 구하시오.

> (가) $f\left(\dfrac{a+b}{2}\right)=\dfrac{f(a)+f(b)}{2}$
>
> (나) $f(2)=5$, $f(10)=3$

주어진 조건을 이용하여 적당한 유리수를
$$f\left(\frac{a+b}{2}\right)=\frac{f(a)+f(b)}{2}$$
에 대입하여 생각한다.

  [252015-0309]

2 함수 $f(x)=$(자연수 x 이하의 소수의 개수)라 하고 두 자연수 a, b 중에서 작지 않은 수를 $m(a,b)$라 할 때, $m(4,f(x))=4$를 만족시키는 모든 x의 값의 합을 구하시오.

$m(4,f(x))=4$에서 $f(x)$는 $1\le f(x)\le 4$임을 이해한다.

  [252015-0310]

3 상수 a, b, c에 대하여 함수 $2x(3-3ax)+3bx-5cy=0$이 x에 대한 일차함수가 되도록 하는 a, b, c의 조건은?

① $a=0$, $b=-2$, $c=0$ 　② $a=0$, $b=-2$, $c\neq0$ 　③ $a=0$, $b\neq-2$, $c\neq0$

④ $a\neq0$, $b=-2$, $c\neq0$ 　⑤ $a\neq0$, $b\neq-2$, $c\neq0$

상수 a, b, c, d에 대하여 함수 $ay=bx^2+cx+d$가 x에 대한 일차함수가 되려면 $a\neq0$, $b=0$, $c\neq0$이어야 한다.

개념 ③ 일차함수의 함숫값 [252015-0311]

4 두 일차함수 $f(x)=ax+3$, $g(x)=4x+2b$에 대하여 $f(2)=-1$, $g(-1)=2$일 때, $f(k)+1=g(k)$를 만족시키는 k의 값을 구하시오. (단 a, b는 상수이다.)

$f(2)=-1$, $g(-1)=2$를 이용하여 $f(x)$, $g(x)$를 구한다.

개념 ③ 평행이동한 그래프 위의 점 [252015-0312]

5 일차함수 $y=3x-2$의 그래프를 y축의 방향으로 a만큼 평행이동한 그래프가 두 점 $(-2, -3)$, $(3-b, b)$를 지날 때, ab의 약수의 개수를 구하시오.

일차함수 $y=ax+b$의 그래프를 y축의 방향으로 m만큼 평행이동한 그래프의 식은 $y=ax+b+m$이다.

개념 ④ x절편과 y절편을 이용하여 미지수의 값 구하기 [252015-0313]

6 오른쪽 그림과 같이 일차함수 $y=ax+3$의 그래프가 정사각형 OABC의 변 OC, 변 AB와 만나는 점을 각각 D, E라 하자. 사각형 OAED와 사각형 CDEB의 넓이의 비가 9 : 7일 때, 상수 a의 값을 구하시오.

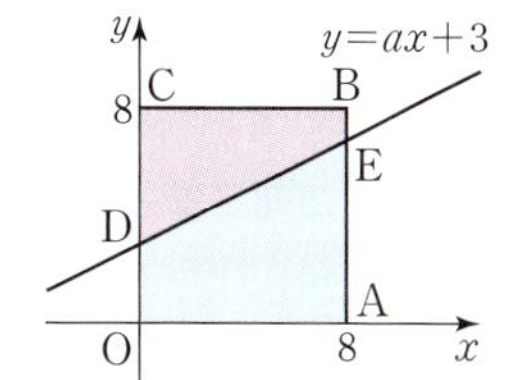

넓이의 비를 이용하여 사각형 OAED와 사각형 CDEB의 넓이를 알아낸다.

고난도 대표 유형

개념 4 일차함수의 그래프와 좌표축으로 둘러싸인 도형의 넓이

[252015-0314]

7 오른쪽 그림과 같이 두 직선 $y=ax+b$와 $y=bx+a$가 y축과 만나는 점을 각각 B, A라 하고, 이 두 직선이 만나는 점을 C라 하자. 점 C의 y좌표가 6이고, 삼각형 ABC의 넓이가 1일 때, $3a-b$의 값을 구하시오. (단, $0<b<a$)

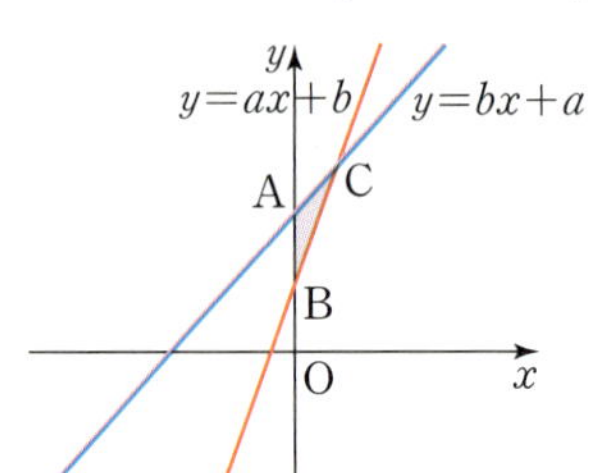

두 일차함수의 x절편, y절편을 각각 구하고 삼각형의 넓이와의 관계를 생각한다.

개념 5 세 점이 한 직선 위에 있을 조건

[252015-0315]

8 세 점 $(-1, -2a+1)$, $(3, 4a+3)$, $(1, 3)$을 꼭짓점으로 하는 삼각형이 만들어지지 않도록 하는 a의 값을 구하시오.

세 점이 한 직선 위에 있으면 삼각형이 만들어지지 않으므로 어느 두 점을 잇는 직선의 기울기는 모두 같아야 한다.

개념 5 일차함수의 그래프의 기울기와 x절편, y절편

[252015-0316]

9 성준이는 일차함수 $y=ax+b$의 그래프를 그리는데 기울기 a를 잘못 보고 그려서 그래프가 두 점 $(-2, 3)$, $(2, -5)$를 지나는 직선이 되었고, 하진이는 y절편 b를 잘못 보고 그려서 그래프가 두 점 $(-2, -3)$, $(3, 7)$을 지나는 직선이 되었다. 원래의 일차함수의 그래프가 점 (c, c)를 지날 때, $a-b+c$의 값을 구하시오. (단 a, b는 상수이다.).

b는 두 점 $(-2, 3)$, $(2, -5)$를 지나는 직선의 y절편이고, a는 두 점 $(-2, -3)$, $(3, 7)$을 지나는 직선의 기울기이다.

개념 6 a, b의 부호와 $y=ax+b$의 그래프   [252015-0317]

10 상수 a, b, c에 대하여 $a^2bc>0$일 때, 일차함수 $y=-\dfrac{b}{a}x+\dfrac{c}{a}$의 그래프가 반드시 지나는 사분면을 모두 구하시오.

$a^2bc>0$이므로 $bc>0$이다. 이때 b와 c의 부호는 같다.

개념 6 $y=ax+b$의 그래프의 성질   [252015-0318]

11 일차함수 $y=ax+b$의 그래프를 y축의 방향으로 $-c$만큼 평행이동한 그래프에 대한 다음 설명 중에서 옳지 <u>않은</u> 것을 모두 고르면? (정답 2개)

① 오른쪽 위로 향하는 직선이다.

② a의 절댓값이 클수록 x축에서 멀어진다.

③ 점 $(2, 2a+b+c)$를 지난다.

④ x절편은 $-\dfrac{b-c}{a}$이다.

⑤ y절편은 $b-c$이다.

일차함수 $y=ax+b$의 그래프를 y축의 방향으로 $-c$만큼 평행이동한 그래프의 식은 $y=ax+b-c$이다.

개념 7 일차함수의 그래프의 평행   [252015-0319]

12 일차함수 $y=-(2k-1)x+2$의 그래프는 일차함수 $y=3x+1$의 그래프와 평행하고 일차함수 $y=ax-3$의 그래프와 x축 위에서 만날 때, 상수 a에 대하여 $2a$의 값을 구하시오. (단, k는 상수이다.)

두 일차함수의 그래프가 평행하면 기울기가 같고, x축 위에서 만나면 x절편이 같다.

개념 8 기울기의 뜻을 이용한 일차함수의 식 구하기 [252015-0320]

13 일차함수 $f(x)=ax+b$의 그래프 위의 두 점 $(p, f(p))$, $(q, f(q))$에 대하여
$\dfrac{f(q)-f(p)}{q-p}=5$, $f(2)=2$일 때, $f(3)$의 값을 구하시오. (단, a, b는 상수이다.)

$\dfrac{f(q)-f(p)}{q-p}$가 나타내는 것이 무엇인지 생각해 본다.

개념 9 두 점의 좌표를 알 때 일차함수의 식 구하기 [252015-0321]

14 두 점 $A(3, 10)$, $B(38, 101)$을 양 끝 점으로 하는 선분 AB 위에 x좌표와 y좌표가 모두 정수인 점의 개수를 구하시오.

두 점을 지나는 일차함수의 식을 $y=ax+b$ 꼴로 나타내어 본다.

개념 9 세 점을 지나는 일차함수의 식 구하기 [252015-0322]

15 세 점 $(0, 5)$, $(a, -10)$, $(8, b)$가 한 직선 위의 점이고 이 직선과 x축, y축으로 둘러싸인 도형의 넓이가 10일 때, $a+b$의 값을 구하시오. (단, $a>0$)

세 점이 한 직선 위의 점이면 어느 두 점을 지나는 직선이 다른 한 점을 지난다.

개념 **10** 일차함수의 활용(도형)

[252015-0323]

16 오른쪽 그림에서 점 P는 점 B를 출발하여 $\overline{BC}$를 따라 점 C까지 매초 4 cm의 속력으로 움직인다. 삼각형 ABP와 삼각형 DPC의 넓이의 합이 256 cm^{2}가 되는 것은 점 P가 점 B를 출발한 지 몇 초 후인지 구하시오. (단, $0 < x \leq 7$)

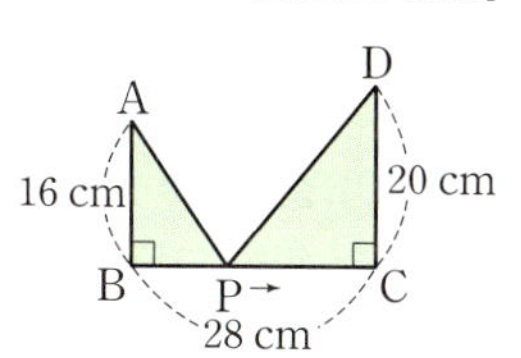

점 P가 출발한 지 x초 후의 삼각형 ABP와 삼각형 DPC의 넓이의 합을 y라 하고 x와 y 사이의 관계식을 구한다.

개념 **10** 일차함수의 활용(속력)

[252015-0324]

17 오른쪽 그림은 각각 아린이와 하진이가 자전거를 타고 움직인 거리와 시간과의 관계를 그래프로 나타낸 것이다. 같은 코스를 두 사람이 동시에 출발했을 때, 두 사람 사이의 거리가 2 km가 되는 순간부터 아린이가 속력을 시속 3 km만큼 올린다면 아린이가 하진이를 추월하게 되는 것은 두 사람이 출발한 지 몇 시간 후인지 구하시오.

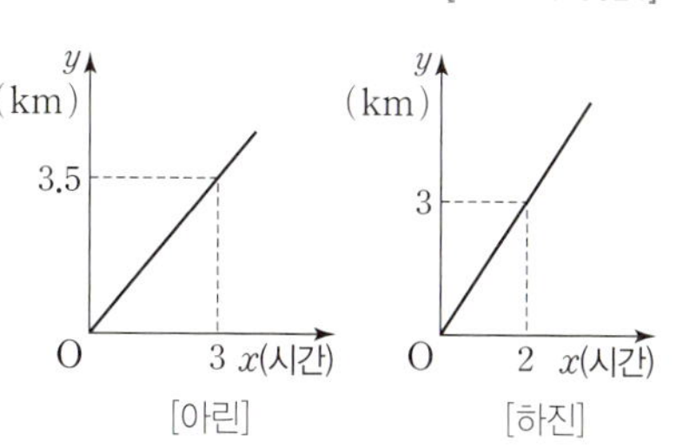

• 속력은 주어진 그래프의 기울기와 같다.
• (거리)=(속력)×(시간)

개념 **10** 일차함수의 활용(물의 양)

[252015-0325]

18 용량이 600 mL인 욕조에 물을 400 mL까지 채우고 목욕을 한 후 욕조의 물을 모두 빼내려고 한다. 1분에 100 mL씩 욕조에 물을 채우고 물이 다 찬 상태에서 20분 동안 목욕을 한 후 2분에 50 mL씩 물을 빼낸다. 욕조에 물을 채우기 시작할 때부터 물을 모두 빼낼 때까지의 시간을 x분이라 하고 욕조에 들어 있는 물의 양을 $f(x)$라 할 때, $f(x)$의 그래프와 x축으로 둘러싸인 도형의 넓이를 구하시오.

시간에 범위에 따른 $f(x)$를 구하여 그래프를 그려 본다.

고난도 실전 문제

① 함수

01
[252015-0326]

변수 x, y에 대하여 $x=k$이고 $y=2$, 3일 때, $x+y$가 소수가 되도록 y에 대응시킨다. 이때 함수가 되기 위한 모든 정수 k의 값의 합을 구하시오. (단, $3 \le k \le 6$)

② 함숫값

02
[252015-0327]

두 함수 $f\left(\dfrac{x}{2}\right)=x-3$, $g(2x+1)=x+5$에 대하여 $f(3)-g(-2)$의 값은?

① $-\dfrac{3}{2}$ ② $-\dfrac{1}{2}$ ③ $\dfrac{1}{2}$

④ $\dfrac{3}{2}$ ⑤ $\dfrac{5}{2}$

03 대표 유형 ①
[252015-0328]

x에 대한 함수 $f(x)$가 임의의 x, y에 대하여 $f(x)f(y)=f(x+y)+f(x-y)$, $f(1)=2$를 만족시킬 때, $f(0)-f(2)$의 값을 구하시오.

04 대표 유형 ②
[252015-0329]

자연수 x에 대하여 두 함수 $f(x)$, $g(x)$를 $f(x)=(4^x$의 일의 자리의 숫자$)$, $g(x)=(7^x$의 일의 자리의 숫자$)$ 라 할 때, $f(x)+g(x)$의 최댓값을 구하시오.

③ 일차함수와 그 그래프

05
[252015-0330]

다음 중에서 y가 x에 대한 일차함수인 것을 모두 고르면?

(정답 2개)

① 반지름의 길이가 6 cm, 중심각의 크기가 $x°$인 부채꼴의 넓이 y cm^2
② 넓이가 10 cm^{2}이고 밑변의 길이가 x cm인 삼각형의 높이 y cm
③ 길이가 20 cm인 양초가 5분에 1 cm씩 줄어들 때, x분 후에 남아 있는 양초의 길이 y cm
④ x명의 학생이 우유 2000 mL를 똑같이 나누어 마실 때, 학생 한 명이 마시는 우유의 양 y mL
⑤ x각형의 대각선의 총수 y개

06 대표 유형 ③
[252015-0331]

상수 a, b, c에 대하여 함수 $2x(5-2ax)-b(5x+1)+cy=0$이 x에 대한 일차함수가 되도록 하는 a, b, c의 조건은?

① $a=0$, $b \ne 2$, $c \ne 0$ ② $a=0$, $b \ne 2$, $c=0$
③ $a=0$, $b=2$, $c \ne 0$ ④ $a \ne 0$, $b \ne 2$, $c \ne 0$
⑤ $a \ne 0$, $b \ne 2$, $c=0$

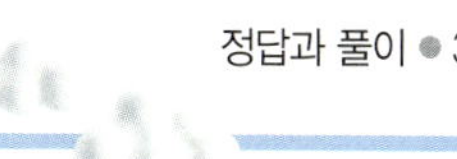

07 대표 유형 ④

[252015-0332]

일차함수 $y=f(x)$에 대하여 $f(x)=(a-1)x+b$일 때, $f\left(\dfrac{3}{-a+1}\right)=3$, $f(-2)=8$이다. 이때 $f(k)=11$을 만족시키는 k의 값을 구하시오. (단, a, b는 상수이다.)

08 대표 유형 ⑤

[252015-0333]

일차함수 $y=f(x)$에 대하여 $f(x)=-3x+6$의 그래프를 y축의 방향으로 a만큼 평행이동한 그래프가 점 $(a-2,\ a+3)$을 지날 때, $f(a)$의 값을 구하시오.

09

[252015-0334]

오른쪽 그림과 같이 일차함수 $y=2x$의 그래프 위의 한 점 A에서 x축에 평행하게 그은 선분과 일차함수 $y=-\dfrac{4}{3}x+12$ 의 그래프의 교점을 D라 하고, 두 점 A, D에서 x축에 내린 수선의 발을 각각 B, C라 하자. 사각형 ABCD가 정사각형일 때, 이 사각형의 넓이를 구하시오.

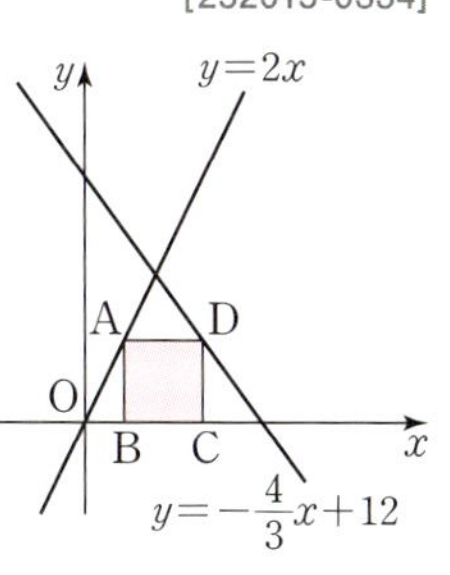

$$\left(\text{단, } 0<(\text{점 A의 } x\text{좌표})<\dfrac{18}{5}\right)$$

10

[252015-0335]

두 일차함수 $y=ax+b$, $y=-2x+1$의 그래프가 x축 위에서 만나고, 두 일차함수 $y=bx+a$, $y=3x-1$의 그래프가 y축 위에서 만날 때, 상수 a, b에 대하여 $a+b$의 값을 구하시오.

11

[252015-0336]

일차함수 $y=ax+3$의 그래프를 y축의 방향으로 b만큼 평행이동한 그래프의 x절편이 1일 때, 일차함수 $y=2bx+3$의 그래프를 y축의 방향으로 a만큼 평행이동한 그래프의 x절편은?

① $-\dfrac{3}{2}$ ② $-\dfrac{1}{2}$ ③ $\dfrac{1}{2}$

④ $\dfrac{3}{2}$ ⑤ $\dfrac{5}{2}$

12

[252015-0337]

일차함수 $y=-ax+5$의 그래프는 두 점 $(3,\ -4)$, $(b,\ -1)$을 지난다. 이때 일차함수 $y=-bx+2a$의 그래프의 x절편은?

(단, a는 상수이다.)

① 5 ② 4 ③ 3

④ 2 ⑤ 1

13
[252015-0338]

일차함수 $y=-ax+1$의 그래프를 y축의 방향으로 $-b$만큼 평행이동한 그래프의 x절편이 -1일 때, 일차함수 $y=bx-1$의 그래프를 y축의 방향으로 $-a$만큼 평행이동한 그래프의 x절편을 구하시오.

14 대표 유형 ⑥
[252015-0339]

오른쪽 그림과 같이 일차함수

$y=\dfrac{1}{2}x-m$의 그래프가 x축, y축과 만나는 점을 각각 D, B라 하고 일차함수 $y=-4x+n$의 그래프가 x축, y축과 만나는 점을 각각 C, A라 하자.

$\overline{\mathrm{AO}}:\overline{\mathrm{BO}}=2:1$이고 $\overline{\mathrm{CD}}=6$일 때, 상수 m, n에 대하여 $m-n$의 값을 구하시오.

(단, O는 원점이고 $m>0$, $n>0$)

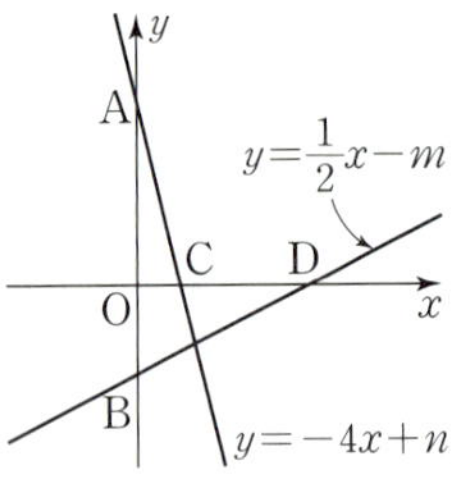

15 대표 유형 ⑦
[252015-0340]

두 일차함수 $y=x+2$, $y=ax$의 그래프와 y축으로 둘러싸인 도형의 넓이가 4가 되도록 하는 모든 양수 a의 값의 합을 구하시오.

(단, $a\neq1$)

⑤ 일차함수의 그래프의 기울기

16 서술형
[252015-0341]

일차함수 $y=f(x)$에 대하여 $f(4)-f(-2)=-18$이고 $f\left(\dfrac{2}{3}\right)=1$일 때, $f(-1)$의 값을 구하시오.

17 대표 유형 ⑧
[252015-0342]

세 점 $(0, 0)$, $(3, 2)$, $(a+1, 2)$를 다음 규칙에 따라 이동시켰더니 이동시킨 세 점이 한 직선 위에 있을 때, a의 값을 구하시오.

> 규칙1: $x>y$이면 점 (x, y)를 점 $(x+y, x-y)$로 이동시킨다.
>
> 규칙2: $x\leq y$이면 점 (x, y)를 점 $(x+2y, x-2y)$로 이동시킨다.

18 대표 유형 ⑨
[252015-0343]

함수 $f(x)=\dfrac{b}{a}x+\dfrac{a}{c}$의 그래프에서 y절편이 2이고 x절편이 1일 때, 상수 a, b, c에 대하여 $\dfrac{c-b}{a}$의 값을 구하시오.

 6 일차함수의 그래프의 성질

19

[252015-0344]

일차함수 $y=(2a-5)x+a-1$의 그래프가 제1, 2, 3사분면을 지나도록 상수 a의 값을 정하려고 할 때, 다음 중에서 a의 값이 될 수 <u>없는</u> 것은?

① 2 ② 3 ③ 4

④ 5 ⑤ 6

20 대표 유형 10

[252015-0345]

$ab>0$, $bc<0$일 때, 일차함수 $y=\dfrac{a}{b}x+\dfrac{c}{a}$의 그래프가 지나지 <u>않는</u> 사분면을 구하시오.

21

[252015-0346]

일차함수 $y=-ax+2ab$의 그래프가 제1, 3, 4사분면을 지날 때, x에 대한 일차부등식 $ax-2a>bx-2b$를 만족시키는 가장 큰 정수 x의 값을 구하시오. (단 a, b는 상수이다.)

22 대표 유형 11

[252015-0347]

오른쪽 그림은 일차함수 $y=ax+b$ (a, b는 상수)의 그래프이다. 다음 중에서 일차함수 $y=(a-b)x+a+b$의 그래프에 대한 설명으로 항상 옳은 것을 모두 고르면? (정답 2개)

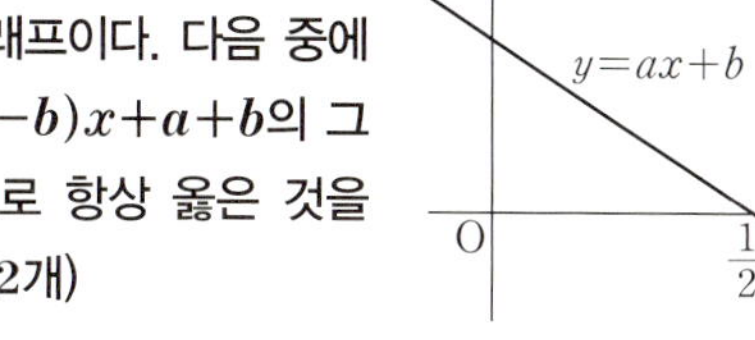

① x절편은 -3이다.
② y절편은 음수이다.
③ 점 $(-2, 5a)$를 지난다.
④ x의 값이 증가할 때 y의 값은 증가한다.
⑤ 일차함수 $y=\dfrac{3}{2}ax$의 그래프를 평행이동한 직선이다.

7 일차함수의 그래프의 평행, 일치

23

[252015-0348]

오른쪽 그림의 일차함수의 그래프와 평행한 직선을 보기 에서 모두 고르시오.

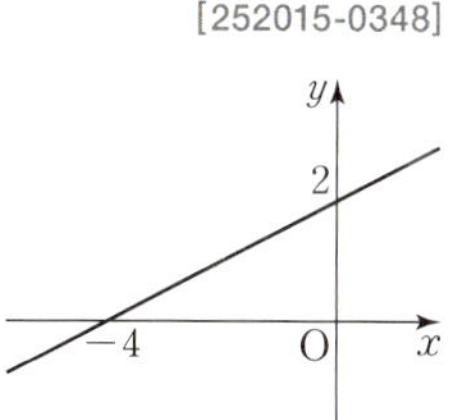

보기

ㄱ. 기울기가 2이고 점 $(0, 2)$를 지나는 직선
ㄴ. 두 점 $(0, 5)$, $(-8, 1)$을 지나는 직선
ㄷ. x절편이 6, y절편이 -3인 직선

24 대표 유형 12

[252015-0349]

평행한 두 일차함수 $y=2x-4$, $y=ax+b$의 그래프가 x축과 만나는 점을 각각 A, B라 하자. $\overline{AB}=4$일 때, 상수 a, b에 대하여 $a-b$의 값 중에서 가장 큰 값을 구하시오.

25

[252015-0350]

좌표평면 위의 네 점 O, A, B, C의 좌표가 O(0, 0), A(2, 2), B(a, b), C(1, 3)일 때, 사각형 OABC는 평행사변형이다. 이때 $a+b$의 값을 구하시오.

---

8 기울기가 주어진 일차함수의 식 구하기

26 대표 유형 13

[252015-0351]

일차함수 $f(x)=ax+b$의 그래프가 다음 조건을 만족시킬 때, 상수 a, b에 대하여 $a+b$의 값을 구하시오.

(가) 일차함수 $\dfrac{f(4)-(-2)}{4-(-2)}=7$

(나) 일차함수 $y=mx-2$의 그래프와 y축에서 만난다.

27

[252015-0352]

오른쪽 그림과 같이 y절편이 같은 두 일차함수의 그래프에 대하여 x좌표가 같은 제1사분면 위의 두 점을 각각 A, B라 하고, $\overline{AB}$의 연장선이 x축과 만나는 점을 C라 하자. 점 A를 지나는 직선이 일차함수 $y=\dfrac{2}{3}x-1$의 그래프와 평행하고 $3\overline{AB}=4\overline{OC}$일 때, 점 B를 지나는 직선의 기울기를 구하시오. (단, O는 원점이다.)

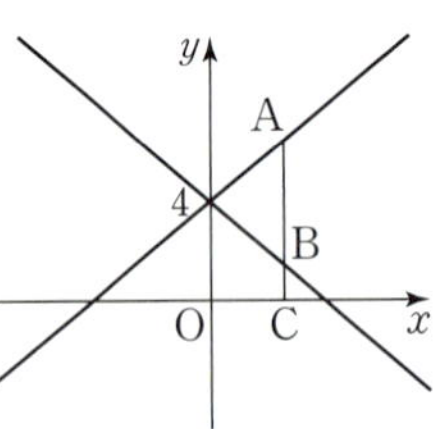

28

[252015-0353]

오른쪽 그림과 같이 좌표평면 위에 $\overline{AD} : \overline{DC} = 2 : 1$인 직사각형 ABCD가 있다. 일차함수 $y=ax+b$의 그래프가 점 A와 점 C(3, 3)을 지날 때, 다음 중에서 $y=ax+b$의 그래프 위의 점이 아닌 것은? (단, a, b는 상수이다.)

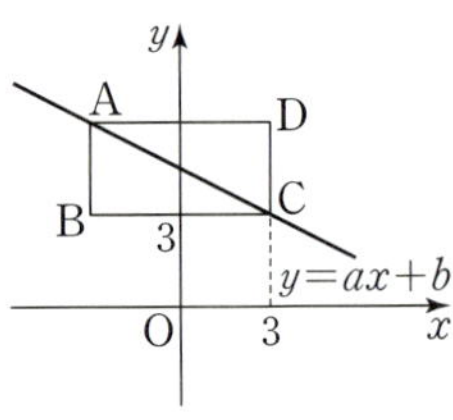

① $(-3, 6)$ ② $\left(-2, \dfrac{11}{2}\right)$ ③ $(-1, 5)$

④ $\left(0, \dfrac{9}{2}\right)$ ⑤ $\left(1, \dfrac{7}{2}\right)$

---

9 두 점의 좌표가 주어진 일차함수의 식 구하기

29 대표 유형 14

[252015-0354]

오른쪽 그림에서 사각형 ABCD가 정사각형일 때, 사각형 ABCD의 넓이를 구하시오.

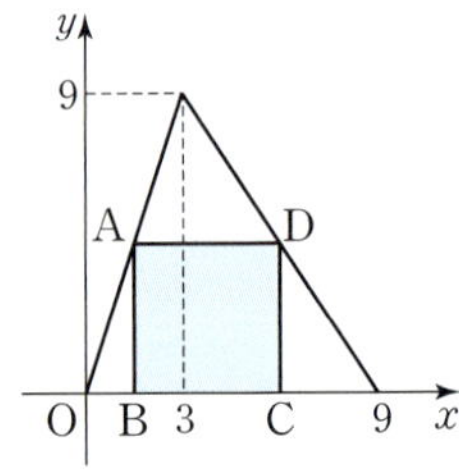

30

[252015-0355]

두 점 $(2, -12)$, $(a, 6)$을 지나는 일차함수의 그래프의 x절편은 -2이다. 이 일차함수의 그래프가 점 $(1, b)$를 지날 때, $2a-b$의 값을 구하시오.

31 대표 유형 15
[252015-0356]

세 점 $(-1, 2)$, $(1, k)$, $(2, 2k-6)$을 지나는 직선과 x축 및 y축으로 둘러싸인 도형의 넓이를 구하시오.

32
[252015-0357]

일차함수 $y=3x-12$의 그래프와 x축에서 만나고, 일차함수 $y=-\dfrac{2}{3}x+4$의 그래프와 y축에서 만나는 일차함수의 그래프 위의 점 C에서 y축, x축에 내린 수선의 발을 각각 A, B라 하자. 점 C는 제1사분면 위의 점이고 사각형 AOBC가 정사각형일 때, 점 C의 좌표를 구하시오. (단, O는 원점이다.)

10 일차함수의 활용

33 서술형
[252015-0358]

어떤 비행기가 화물, 사람, 연료를 합하여 1000 kg을 싣고 비행하려고 한다. 오른쪽 그래프는 이 비행기의 연료의 무게 x kg에 따른 최대 비행 시간 y시간을 나타낸 것이다. 화물의 무게가 173 kg, 사람의 무게가 337 kg일 때, 이 비행기의 최대 비행 시간을 구하시오.

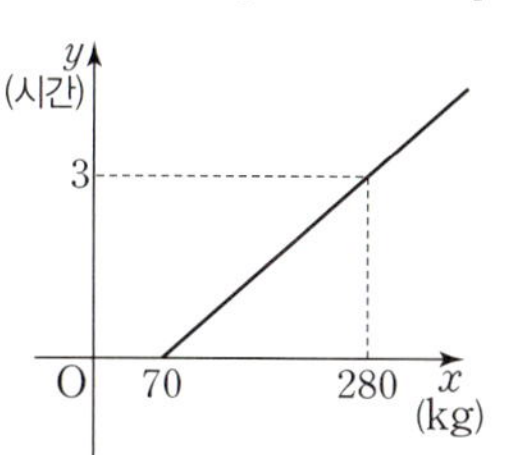

34 대표 유형 16
[252015-0359]

오른쪽 그림과 같은 직사각형 ABCD에서 $\overline{AB}$ 위의 점 P는 초속 4 cm로 점 B에서 점 A를 향하여 움직이고, $\overline{BC}$ 위의 점 Q는 초속 3 cm로 점 B에서 점 C를 향하여 움직인다. t초 후의 사각형 PBQD의 넓이가 사각형 ABCD의 넓이의 $\dfrac{3}{5}$일 때, t의 값을 구하시오.

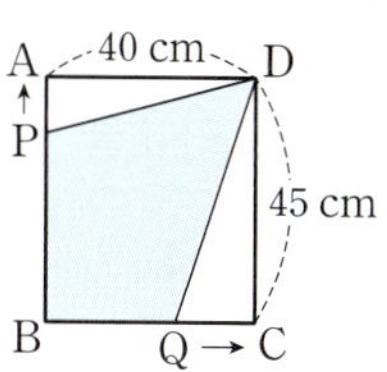

35 대표 유형 17
[252015-0360]

A 지점과 B 지점을 잇는 직선 도로 위에 P 지점이 있다. 어떤 자동차가 A 지점을 출발하여 B 지점을 향해 일정한 속력으로 이 도로를 달리고 있다. 자동차가 P 지점을 지난 지 1시간 후에 자동차는 A 지점으로부터 90 km 떨어진 지점에 있었고, 자동차가 P 지점을 지난 지 1시간 30분 후에는 A 지점으로부터 130 km 떨어진 지점에 있었다고 할 때, P 지점은 A 지점으로부터 몇 km 떨어져 있는지 구하시오.

36 대표 유형 18
[252015-0361]

각각 크기와 모양이 같은 들이가 160 L인 원기둥 모양의 물통 A, 물통 B가 있다. 이 물통 높이의 가운데 지점과 맨 아래 지점에 각각 수도꼭지가 설치되어 있다. 물이 가득 채워진 물통 A에서는 두 수도꼭지를 동시에 열어 각각 초당 4 L씩의 물을 흘러 보내고 이와 동시에 수도꼭지가 잠겨 있는 빈 물통 B에 초당 5 L씩의 물을 채운나. 두 물통의 물의 높이가 같아질 때까지 걸린 시간은 몇 초인지 구하시오.

두 직선 $l : y=mx+n$, $l' : y=m'x+n'$에 대하여 l과 l'이 서로 수직이면 기울기의 곱이 -1이다. 먼저 두 직선 $y=mx$, $y=m'x$가 서로 수직이면 기울기의 곱이 -1이 되는 이유를 두 가지 방법으로 살펴보자.

[방법 1]

두 직선 $y=mx$, $y=m'x$가 서로 수직일 때,
오른쪽 그림과 같이 직선 $y=mx$ 위의 점 $A(1, m)$에서 x축에 내린 수선의 발을 H_1으로 놓으면 $H_1(1, 0)$이다.

또, 직선 $y=m'x$ 위의 점 $B\left(-\dfrac{1}{m'}, -1\right)$에서 x축에 내린 수선의 발을 H_2로 놓으면 $H_2\left(-\dfrac{1}{m'}, 0\right)$이다.

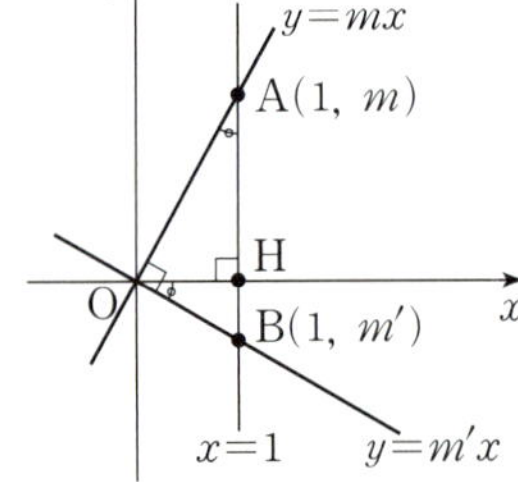

여기서 $\triangle AOH_1$에 대하여 $\angle OAH_1=90^\circ-\angle AOH_1$이고,
$\angle AOB=90^\circ$이므로 $90^\circ-\angle AOH_1=\angle BOH_2$이므로, $\angle OAH_1=\angle BOH_2$이다.
따라서 $\triangle AOH_1 \equiv \triangle OBH_2$ (ASA 합동)에서 $\overline{AH_1}=\overline{OH_2}$이므로
$m=-\dfrac{1}{m'}$, 즉 $m \times m'=-1$이다.

[방법 2]

두 직선 $y=mx$, $y=m'x$가 서로 수직일 때,
오른쪽 그림과 같이 직선 $y=mx$ 위의 점 $A(1, m)$에서 x축에 내린 수선의 발을 H로 놓으면 $H(1, 0)$이다.
또 직선 AH와 직선 $y=m'x$가 만나는 점을 B로 놓으면 $B(1, m')$이다.
이때 $\angle AHO=\angle OHB=90^\circ$이고,
$\angle OAH=90^\circ-\angle AOH=\angle BOH$이므로
$\triangle AOH$와 $\triangle OBH$는 AA 닮음이다.
따라서 $\overline{AH} : \overline{OH}=\overline{OH} : \overline{BH}$에서 $m:1=1:(-m')$이므로
$m \times (-m')=1$, 즉 $m \times m'=-1$이다.

이제 두 직선 $l : y=mx+n$, $l' : y=m'x+n'$이 서로 수직이면 l, l'에 평행하고 원점을 지나는 두 직선 $y=mx$, $y=m'x$도 서로 수직이므로 두 직선 $y=mx$, $y=m'x$가 서로 수직일 조건을 증명하면 된다.

예제

점 $(6, 2)$를 지나는 직선 $y=ax+b$가 직선 $y=\dfrac{1}{3}x-1$에 수직일 때, 상수 a, b에 대하여 $a+b$의 값을 구하시오.

풀이 직선 $y=ax+b$의 기울기는 a이고 직선 $y=\dfrac{1}{3}x-1$에 수직이므로
$$a \times \frac{1}{3}=-1, \ a=-3$$
직선 $y=-3x+b$가 점 $(6, 2)$를 지나므로 $2=-18+b$, $b=20$
따라서 $a+b=-3+20=17$

6
일차함수와
일차방정식

1 일차함수와 일차방정식의 관계

(1) 직선의 방정식

x, y의 값의 범위가 수 전체일 때, 일차방정식

$$ax+by+c=0 \ (a, b, c\text{는 상수, } a\neq0 \text{ 또는 } b\neq0)$$

의 해는 무수히 많고 이 해를 모두 좌표평면 위에 나타내면 직선이 된다.

또 이 직선 위의 모든 점의 좌표는 일차방정식 $ax+by+c=0$의 해가 된다.

이 직선을 일차방정식 $ax+by+c=0$의 그래프라 하고, 일차방정식

$ax+by+c=0$을 직선의 방정식이라고 한다.

(2) 일차방정식의 그래프와 일차함수의 그래프

미지수가 2개인 일차방정식 $ax+by+c=0 \ (a, b, c\text{는 상수, } a\neq0, b\neq0)$의

그래프는 일차함수 $y=-\dfrac{a}{b}x-\dfrac{c}{b}$의 그래프와 같다.

$$\boxed{\begin{array}{c} \text{일차방정식} \\ ax+by+c=0 \\ (a\neq0, \ b\neq0) \end{array}} \quad \underset{\text{방정식}}{\overset{\text{함수의 식}}{\longleftrightarrow}} \quad \boxed{\begin{array}{c} \text{일차함수} \\ y=-\dfrac{a}{b}x-\dfrac{c}{b} \end{array}}$$

2 일차방정식 $x=p$, $y=q$의 그래프

(1) 일차방정식 $x=p$ (p는 상수, $p\neq0$)의 그래프

점 $(p, 0)$을 지나고, y축에 평행한 직선 (x축에 수직인 직선)

이다.

(2) 일차방정식 $y=q$ (q는 상수, $q\neq0$)의 그래프

점 $(0, q)$를 지나고, x축에 평행한 직선 (y축에 수직인 직선)

이다.

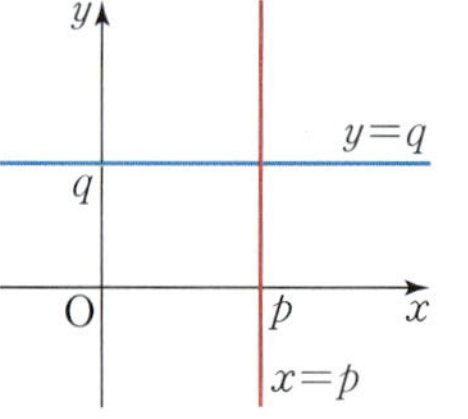

3 일차방정식 $ax+by+c=0$의 그래프와 a, b, c의 부호

일차방정식 $ax+by+c=0 \ (a, b, c\text{는 상수, } a\neq0, b\neq0)$, 즉 $y=-\dfrac{a}{b}x-\dfrac{c}{b}$의 그래프가

(1) 오른쪽 위로 향하면 $-\dfrac{a}{b}>0$, 오른쪽 아래로 향하면 $-\dfrac{a}{b}<0$

(2) y축과 양의 부분에서 만나면 $-\dfrac{c}{b}>0$, y축과 음의 부분에서 만나면 $-\dfrac{c}{b}<0$

4 직선이 선분과 만날 조건

직선 $y=ax+b$가 선분 AB와 만날 때, 상수 a의 값의 범위는 다음과 같은 순서로 구한다.

① 직선 $y=ax+b$가 점 A를 지날 때의 직선 l의 기울기를 구한다.

② 직선 $y=ax+b$가 점 B를 지날 때의 직선 m의 기울기를 구한다.

③ ①, ②에서 a의 값의 범위는 (직선 m의 기울기)$\leq a\leq$(직선 l의 기울기)

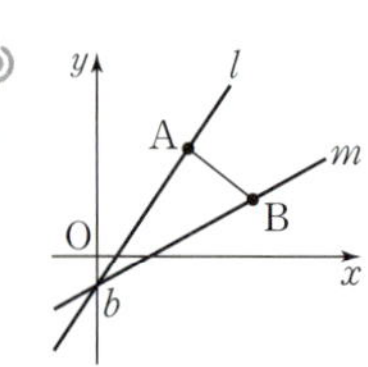

Σ NOTE

$$\boxed{\begin{array}{c} ax+by+c=0 \\ (a, b, c\text{는 상수}, \\ a\neq0 \text{ 또는 } b\neq0) \end{array}}$$

$$\text{그래프} \updownarrow \text{일차방정식}$$
$$\text{직선}$$

$b\neq0$일 때
$ax+by+c=0$의 양변을
b로 나누면
$\dfrac{a}{b}x+y+\dfrac{c}{b}=0$이므로
$y=-\dfrac{a}{b}x-\dfrac{c}{b}$

일차방정식 $x=0$의 그래프는
y축, 일차방정식 $y=0$의 그래프
는 x축과 일치한다.

두 점 (a, b), (c, d)를 지나는 직선이
① x축에 수직이면 $a=c$이고,
   직선의 방정식은 $x=a$
② y축에 수직이면 $b=d$이고,
   직선의 방정식은 $y=b$

일차방정식 $ax+by+c=0$의 그래프가
① x축에 평행하면
   $a=0$, $b\neq0$, $c\neq0$
② y축에 평행하면
   $a\neq0$, $b=0$, $c\neq0$

5 일차함수의 그래프와 연립일차방정식의 해

연립일차방정식 $\begin{cases} ax+by+c=0 \\ a'x+b'y+c'=0 \end{cases}$ 의 해는 두 일차함수

$y=-\dfrac{a}{b}x-\dfrac{c}{b}$, $y=-\dfrac{a'}{b'}x-\dfrac{c'}{b'}$ 의 그래프의 교점의 좌표와 같다.

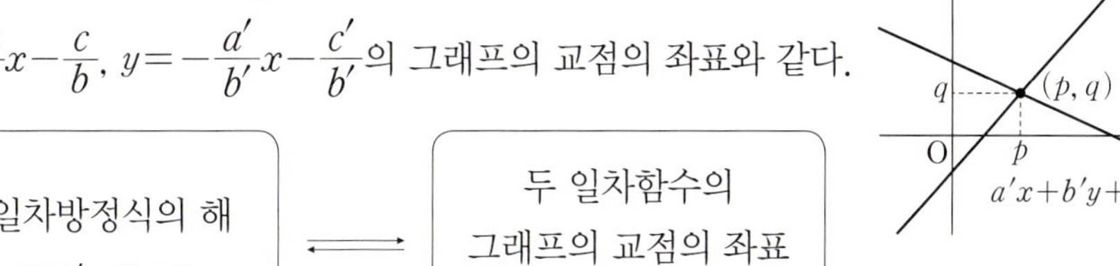

연립일차방정식의 해 $\Rightarrow x=p,\ y=q$	$\Longleftarrow$	두 일차함수의 그래프의 교점의 좌표 $\Rightarrow (p,\ q)$

연립일차방정식의 해
① 두 일차함수의 그래프의 교점의 좌표
② 두 일차방정식의 그래프의 교점의 좌표
③ 두 일차방정식의 공통인 해

6 한 점에서 만나는 세 직선

세 직선이 한 점에서 만난다. ➡ 두 직선의 교점을 나머지 한 직선이 지난다.

[참고] 세 직선이 삼각형을 이루지 않을 조건
① 어느 두 직선이 평행하거나 세 직선이 평행하다.
② 세 직선이 한 점에서 만난다.

두 직선의 교점의 좌표를 구할 때 미지수를 포함하지 않는 두 직선을 선택해야 계산이 간편해진다.

7 연립일차방정식의 해의 개수와 그래프

연립일차방정식 $\begin{cases} ax+by+c=0 \\ a'x+b'y+c'=0 \end{cases}$ 에서 각 방정식의 그래프인 두 직선

$y=-\dfrac{a}{b}x-\dfrac{c}{b}$, $y=-\dfrac{a'}{b'}x-\dfrac{c'}{b'}$ 이

(1) 한 점에서 만나면 연립방정식의 해는 그 교점의 좌표 하나뿐이다.

➡ $-\dfrac{a}{b} \neq -\dfrac{a'}{b'}$ (기울기가 다르다.)

(2) 평행하면 연립방정식의 해는 없다.

➡ $-\dfrac{a}{b} = -\dfrac{a'}{b'}$, $-\dfrac{c}{b} \neq -\dfrac{c'}{b'}$ (기울기는 같고 y절편은 다르다.)

(3) 일치하면 연립방정식의 해는 무수히 많다.

➡ $-\dfrac{a}{b} = -\dfrac{a'}{b'}$, $-\dfrac{c}{b} = -\dfrac{c'}{b'}$ (기울기와 y절편이 각각 같다.)

연립일차방정식의 해의 개수는 두 일차함수의 그래프의 교점의 개수와 같다.

연립일차방정식 $\begin{cases} ax+by+c=0 \\ a'x+b'y+c'=0 \end{cases}$ 에서

① $\dfrac{a}{a'} \neq \dfrac{b}{b'}$ ➡ 한 쌍이 해

② $\dfrac{a}{a'} = \dfrac{b}{b'} \neq \dfrac{c}{c'}$ ➡ 해가 없다.

③ $\dfrac{a}{a'} = \dfrac{b}{b'} = \dfrac{c}{c'}$ ➡ 해가 무수히 많다.

8 직선으로 둘러싸인 도형의 넓이

직선으로 둘러싸인 도형의 넓이는 연립방정식을 이용하여 직선의 교점의 좌표를 구한 다음 직선으로 둘러싸인 도형의 넓이를 구한다.

[참고] 삼각형 AOB의 넓이를 직선 $y=mx$가 이등분할 때,

$\triangle AOC = \dfrac{1}{2} \times \overline{OA} \times p$, $\triangle OBC = \dfrac{1}{2} \times \overline{OB} \times q$ 이고

$\triangle AOC = \triangle OBC = \dfrac{1}{2} \triangle AOB$ 이므로

$\dfrac{1}{2} \times \overline{OA} \times p = \dfrac{1}{2} \times \overline{OB} \times q = \dfrac{1}{2} \times \left(\dfrac{1}{2} \times \overline{OA} \times \overline{OB} \right)$

임을 이용한다.

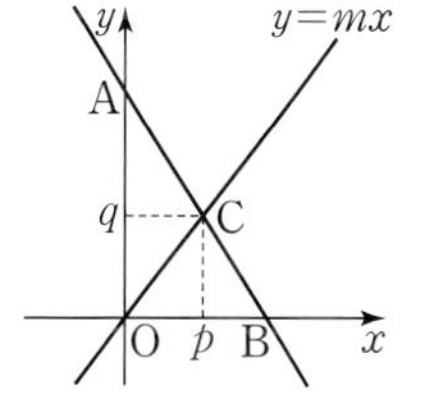

점 $C(p, q)$ 는 직선 $y=mx$ 위의 점이므로 $y=mx$에 대입하여 상수 m의 값을 구한다.

필수 확인 문제

(1) 일차함수와 일차방정식의 관계

1
[252015-0362]

다음 중에서 일차방정식 $3x-y-1=0$의 그래프에 대한 설명으로 옳은 것은?

① y절편은 -1이다.
② 일차함수 $y=-3x$의 그래프와 평행하다.
③ 일차함수 $y=-3x-1$의 그래프와 일치한다.
④ x의 값이 1만큼 증가할 때, y의 값은 3만큼 감소한다.
⑤ 제1사분면을 지나지 않는다.

2
[252015-0363]

두 점 $(1, 1)$, $(-2, a)$가 일차방정식 $2x+by-5=0$의 그래프 위에 있을 때, 상수 a, b에 대하여 $a+b$의 값을 구하시오.

3
[252015-0364]

일차방정식 $ax+y+b=0$의 그래프를 그리는데 소윤이는 a를 잘못 보고 그려서 두 점 $(-2, -1)$, $(1, 5)$를 지나는 직선이 되었고, 도윤이는 b를 잘못 보고 그려서 두 점 $(2, 4)$, $(4, -2)$를 지나는 직선이 되었다. 바르게 그려진 일차방정식의 그래프가 점 $(k, 0)$을 지날 때, k의 값을 구하시오. (단, a, b는 상수이다.)

(2) 일차방정식 $x=p$, $y=q$의 그래프

4
[252015-0365]

점 $(3, -6)$을 지나면서 x축에 평행한 직선과 점 $(-4, 5)$를 지나면서 y축에 평행한 직선의 교점의 좌표를 구하시오.

5
[252015-0366]

다음 중에서 일차방정식 $4+2y=0$의 그래프에 대한 설명으로 옳은 것을 모두 고르면? (정답 2개)

① 점 $(3, 2)$를 지난다.
② 직선 $x=3$과 평행하다.
③ x축에 평행한 직선이다.
④ 직선 $y=2$와 수직으로 만난다.
⑤ 제3사분면과 제4사분면을 지난다.

6
[252015-0367]

다음 네 직선으로 둘러싸인 부분의 넓이가 56일 때, 양수 k의 값을 구하시오.

$$x=k,\ x=-k,\ y=3,\ y=-4$$

③ 일차방정식 $ax+by+c=0$의 그래프와 a, b, c의 부호

7

[252015-0368]

일차방정식 $2x+ay-b=0$의 그래프가 오른쪽 그림과 같을 때, 보기 에서 옳은 것을 모두 고르시오. (단, a, b는 상수이다.)

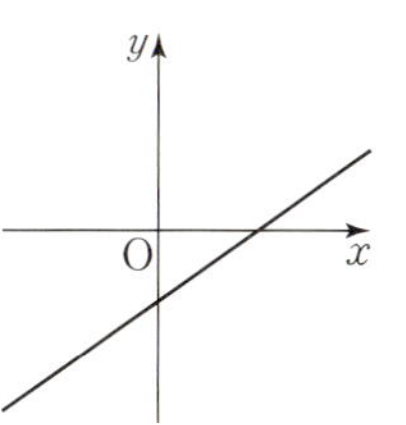

보기
ㄱ. $a>0$ ㄴ. $b>0$ ㄷ. $ab>0$
ㄹ. $a-b<0$ ㅁ. $\dfrac{b}{2a}>0$

8

[252015-0369]

일차방정식 $ax+by+c=0$의 그래프가 오른쪽 그림과 같을 때, 다음 중에서 옳은 것을 모두 고르면? (정답 2개)

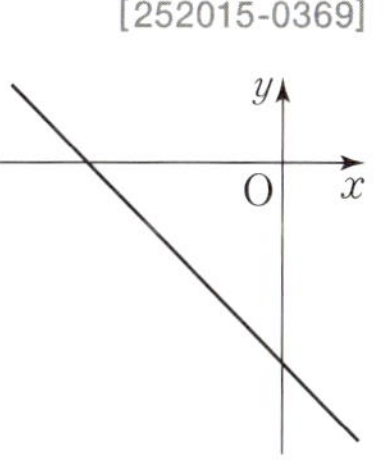

① $a>0$, $b>0$, $c>0$ ② $a>0$, $b>0$, $c<0$
③ $a>0$, $b<0$, $c<0$ ④ $a<0$, $b<0$, $c<0$
⑤ $a<0$, $b>0$, $c>0$

9

[252015-0370]

점 $(-1, -2)$를 지나는 일차방정식 $ax-y+b=0$의 그래프가 제2사분면을 지나지 않도록 하는 정수 a의 개수를 구하시오.

(단, a, b는 상수이다.)

④ 직선이 선분과 만날 조건

10

[252015-0371]

오른쪽 그림과 같이 좌표평면 위의 두 점 $A(2, 6)$, $B(5, 3)$을 양 끝 점으로 하는 선분 AB와 직선 $y=ax+2$가 만난다. 상수 a의 값의 범위가 $m\leq a\leq n$일 때, $10m+n$의 값을 구하시오.

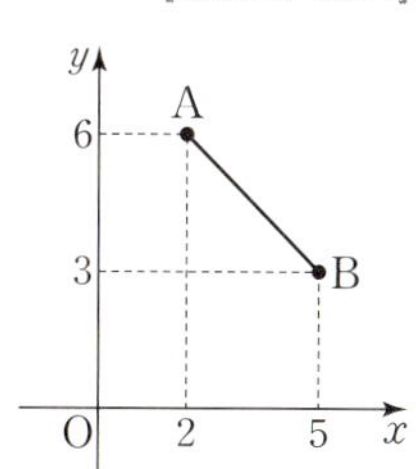

11

[252015-0372]

직선 l이 오른쪽 그림과 같을 때, 일차방정식 $x+2y-k=0$의 그래프와 직선 l이 제2사분면에서 만나도록 하는 상수 k의 값의 범위를 구하시오.

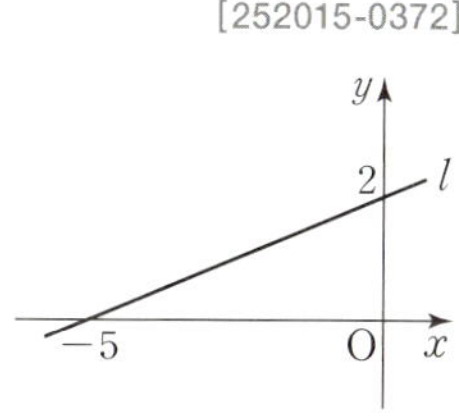

12

[252015-0373]

오른쪽 그림과 같이 세 점 $A(2, 6)$, $B(1, 2)$, $C(4, 4)$를 꼭짓점으로 하는 삼각형 ABC가 있다. 직선 $y=ax+1$이 삼각형 ABC와 만날 때, 상수 a의 최댓값과 최솟값의 차를 구하시오.

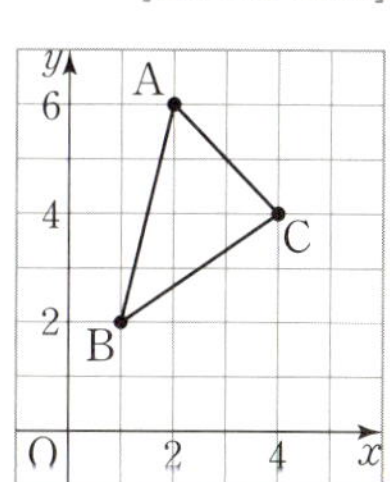

---

5 일차함수의 그래프와 연립일차방정식의 해

13
[252015-0374]

두 직선 $x+y-6=0$, $2x-y+9=0$의 교점을 지나고 x축에 수직인 직선의 방정식은?

① $x=-1$ ② $x=7$ ③ $y=-1$
④ $y=7$ ⑤ $y=x$

14
[252015-0375]

일차함수 $y=kx+k-1$의 그래프가 일차방정식 $5x-y+3=0$의 그래프와 y축 위에서 만날 때, 상수 k의 값을 구하시오.

15
[252015-0376]

두 직선 $x+ay=6$과 $bx+y=4$가 점 $(2, -2)$에서 만날 때, 일차함수 $y=ax+b$의 그래프의 x절편과 y절편의 곱을 구하시오.

---

6 한 점에서 만나는 세 직선

16
[252015-0377]

두 일차방정식 $x-y+1=0$, $2x-y-1=0$의 그래프의 교점이 직선 $y=ax-9$ 위의 점일 때, 상수 a의 값을 구하시오.

17
[252015-0378]

세 직선 $2x+4y+1=0$, $2x-y-4=0$, $4x-3y+a=0$이 삼각형을 만들지 않도록 하는 상수 a의 값을 구하시오.

18 서술형
[252015-0379]

다음 네 직선이 한 점에서 만날 때, 상수 a, b에 대하여 $a+b$의 값을 구하시오.

$$ax-6y=1, \quad x+2y=3$$
$$-x+by=-7, \quad 3x-2y=5$$

7 연립일차방정식의 해의 개수와 그래프

19
[252015-0380]

연립방정식 $\begin{cases} 2x-ay=2 \\ bx+y=-1 \end{cases}$ 의 해가 무수히 많을 때, 상수 a, b에

대하여 $a+4b$의 값을 구하시오.

20
[252015-0381]

연립방정식 $\begin{cases} 4x+3y=2 \\ (3k-1)x+6y=7 \end{cases}$ 의 해가 존재하지 않을 때, 상

수 k의 값을 구하시오.

21
[252015-0382]

두 일차방정식 $x+2y=4$, $ax-4y=b$의 그래프의 교점이 무수

히 많을 때, 다음 중에서 직선 $y=ax+b$에 대한 설명으로 옳지

않은 것은? (단, a, b는 상수이다.)

① y축의 방향으로 8만큼 평행이동하면 원점을 지난다.

② x절편, y절편 모두 음수이다.

③ 제2사분면을 지나지 않는다.

④ 기울기가 y절편보다 크다.

⑤ x의 값이 증가할 때 y의 값은 감소한다.

8 직선으로 둘러싸인 도형의 넓이

22  서술형
[252015-0383]

세 직선 $x+y=3$, $x-y=-1$, $y=-1$로 둘러싸인 도형의 넓

이를 구하시오.

23
[252015-0384]

두 일차함수 $y=x+2$, $y=ax$의 그래프와 y축으로 둘러싸인 부

분의 넓이가 5가 되도록 하는 모든 상수 a의 값의 합을 구하시오.

(단, $a \neq 1$)

24
[252015-0385]

직선 $y=mx$가 직선 $y=-\dfrac{3}{2}x+3$과 x축 및 y축으로 둘러싸인

도형의 넓이를 이등분할 때, 상수 m의 값은?

① $\dfrac{1}{2}$　　　　② 1　　　　③ $\dfrac{3}{2}$

④ 2　　　　⑤ $\dfrac{5}{2}$

개념 ❶ 일차방정식의 미지수의 값 구하기 [252015-0386]

1 점 A$(a+1,\ b)$는 y절편이 1이고 점 $(4, 5)$를 지나는 직선 위의 한 점이다. 점 A와 점 B$(2a-1,\ 2-b)$를 지나는 직선을 그래프로 하는 일차함수의 식이 $y=4x+k$일 때, 상수 $a,\ b,\ k$에 대하여 $a+b+k$의 값을 구하시오.

y절편이 1이고 점 $(4, 5)$를 지나는 직선을 그래프로 하는 일차함수의 식을 $y=mx+1$로 놓고 m의 값을 구한다.

개념 ❶ 직선의 방정식 구하기 [252015-0387]

2 좌표평면 위의 직선 중에서 점 $(1, 3)$을 지나고 x절편, y절편이 모두 자연수인 직선은 모두 몇 개인지 구하시오.

x절편을 a, y절편을 b라 하면 구하는 직선의 방정식은 $\dfrac{x}{a}+\dfrac{y}{b}=1$이다.

개념 ❷ 직선으로 둘러싸인 도형의 넓이 [252015-0388]

3 두 일차방정식 $ax-2y+6a=0$, $x=2$의 그래프와 x축으로 둘러싸인 삼각형의 넓이가 20일 때, 상수 a에 대하여 $8a$의 값을 구하시오. (단, $a>0$)

주어진 직선을 좌표평면 위에 그려서 직선으로 둘러싸인 삼각형을 나타낸다.

개념 ③ 기울기와 y절편의 부호를 이용하여 그래프 찾기

[252015-0389]

4 일차방정식 $ax+y=b$의 그래프가 오른쪽 그림과 같을 때, 일차방정식 $abx+2y-\dfrac{b}{a}=0$의 그래프가 지나지 <u>않는</u> 사분면을 구하시오.

(단 a, b는 상수이다.)

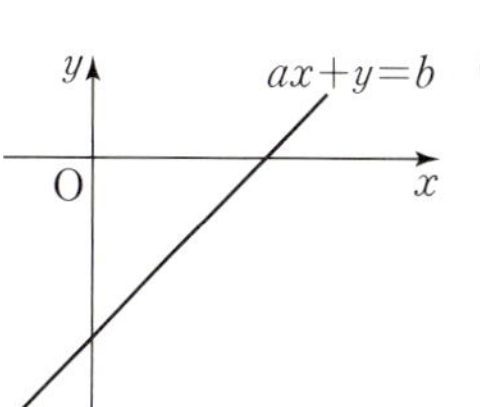

주어진 일차함수의 그래프의 기울기와 y절편의 부호를 구한다.

개념 ④ 직선이 선분과 만날 조건

[252015-0390]

5 네 점 $\mathrm{A}(1, 1)$, $\mathrm{B}(5, 3)$, $\mathrm{C}(4, 6)$, $\mathrm{D}(1, 6)$을 꼭짓점으로 하는 사각형 ABCD가 있다. 직선 $y=ax$가 $\overline{\mathrm{BC}}$와 만나도록 하는 정수 a의 값을 구하시오.

일차함수 $y=ax$의 그래프가 $\overline{\mathrm{BC}}$와 만날 때의 기울기의 범위를 구한다.

개념 ⑤ 두 직선의 교점의 좌표를 이용하여 미지수의 값 구하기

[252015-0391]

6 두 일차방정식 $x-y+2a=0$, $3x-y=0$의 그래프의 교점을 A, 일차방정식 $x-y+2a=0$의 그래프가 y축과 만나는 점을 B라 하자. x축 위의 점 P에 대하여 $\overline{\mathrm{AP}}+\overline{\mathrm{BP}}$의 값이 최소가 되는 점 P의 좌표가 $(2, 0)$일 때, 상수 a의 값을 구하시오. (단, $a>0$)

점 B와 x축에 대하여 대칭인 점 B'을 이용하여 $\overline{\mathrm{AP}}+\overline{\mathrm{BP}}$의 값과 $\overline{\mathrm{AP}}+\overline{\mathrm{B}'\mathrm{P}}$의 값의 관계를 생각해 본다.

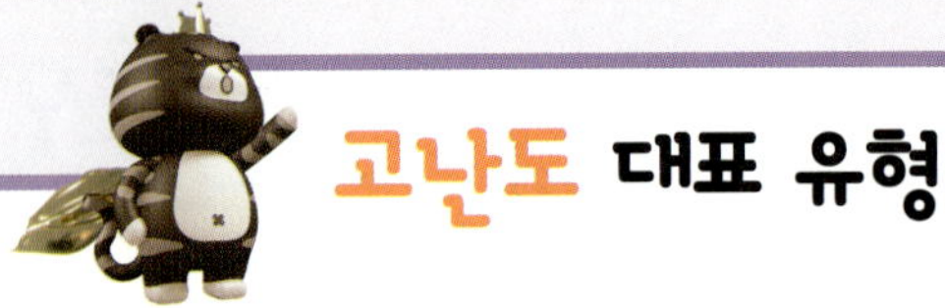

개념 ⑤ 두 일차방정식의 그래프의 교점을 지나는 직선의 방정식 [252015-0392]

7 두 직선 $5x-y+7=0$, $x+2y-3=0$의 교점을 지나고 직선 $y=\dfrac{2}{3}x+1$과 x축 위에서 만나는 직선 l과 x축 및 y축으로 둘러싸인 도형의 넓이를 구하시오.

개념 ⑥ 세 직선이 삼각형을 이루지 않을 조건 [252015-0393]

8 서로 다른 세 직선 $x-y+1=0$, $3x+y+7=0$, $ax+y-2=0$에 의하여 좌표평면이 여섯 영역으로 나뉠 때, 모든 상수 a의 값의 합을 구하시오.

（단, x축, y축에 의하여 좌표평면이 나뉘는 것은 생각하지 않는다.）

개념 ⑦ 연립방정식의 해가 무수히 많을 때 [252015-0394]

9 연립방정식 $\begin{cases} 5x-2y=3 \\ ax+by-6=0 \end{cases}$의 해가 무수히 많을 때, 일차함수 $y=bx-a$의 그래프와 x축, y축으로 둘러싸인 삼각형의 넓이를 구하시오. （단, a, b는 상수이다.）

Σ 포인트

연립방정식 $\begin{cases} 5x-y+7=0 \\ x+2y-3=0 \end{cases}$의 해는 두 직선 $5x-y+7=0$, $x+2y-3=0$의 교점이다.

서로 다른 세 직선에 의해 좌표평면이 여섯 영역으로 나뉘는 경우는 세 직선 중 두 직선만 평행하거나 세 직선이 한 점에서 만나는 경우이다.

연립방정식 $\begin{cases} ax+by=e \\ cx+dy=f \end{cases}$의 해가 무수히 많을 때, 연립방정식을 이루는 두 일차방정식의 기울기와 y절편이 각각 같다.

개념 8 도형의 넓이를 이용하여 미지수의 값 구하기 [252015-0395]

10 연립방정식 $\begin{cases} ax-y=b \\ bx-y=a \end{cases}$ 의 해는 $x=k$, $y=6$이다. 두 일차방정식 $ax-y=b$, $bx-y=a$의 그래프와 y축으로 둘러싸인 삼각형의 넓이가 4일 때, 상수 k, a, b에 대하여 kab의 값을 구하시오.

(단, $b<a<0$)

두 일차방정식의 그래프의 교점의 x, y좌표는 연립방정식을 이루는 두 일차방정식의 해와 같다.

개념 8 넓이를 이등분하는 직선의 방정식 [252015-0396]

11 세 직선 $3x-y-9=0$, $x+2y-3=0$, $x=0$으로 둘러싸인 넓이를 이등분하는 직선이 원점을 지날 때, 이 직선의 기울기를 구하시오.

두 직선 $3x-y-9=0$, $x+2y-3=0$의 교점을 구한 다음 둘러싸인 도형의 넓이를 구한다.

개념 8 일차함수와 일차방정식의 활용 [252015-0397]

12 오른쪽 그림은 어떤 기업이 운영하는 공장의 생산 비용과 수익의 변화를 시간에 따라 그래프로 나타낸 것이다. 이 기업이 공장 운영을 시작할 때 20억 원의 초기 생산 비용이 들었고 생산 비용은 매월 2억씩 증가한다. 또 공장을 운영하면 수익이 매월 3억 원씩 증가한다고 할 때, 수익이 생산 비용 이상이 되려면 최소 몇 개월 동안 공장을 운영해야 하는지 구하시오.

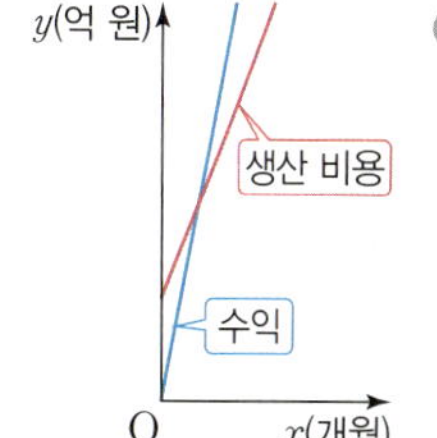

공장의 생산 비용과 수익의 관계를 일차함수로 나타낸다.

고난도 실전 문제

① 일차함수와 일차방정식의 관계

01
[252015-0398]

오른쪽 그림과 같은 직선과 평행하고 x절편이 -8인 직선의 방정식을 $x+ay+b=0$이라 할 때, $a+b$의 값을 구하시오. (단, a, b는 상수이다.)

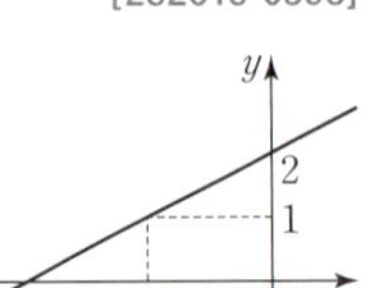

02
[252015-0399]

오른쪽 그림과 같이 두 일차방정식 $2x+y-6=0$, $ax-y+b=0$의 그래프가 x축에서 만날 때, 두 그래프가 y축과 만나는 점을 각각 A, B 라 하자. $\overline{OA}=\overline{OB}$일 때, 상수 a, b 에 대하여 $a-b$의 값을 구하시오.
(단, O는 원점이다.)

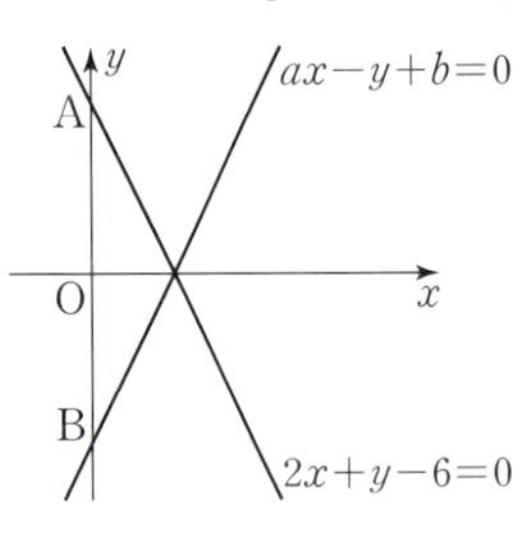

03 대표 유형 ①
[252015-0400]

평행한 두 직선 $ax+by+c=0$, $2x-y-2=0$이 y축과 만나는 점을 각각 A, B라 하고, x축과 만나는 점을 각각 C, D라 하자. $\overline{AB}=4$일 때, $\overline{CD}$의 길이를 구하시오.
(단, a, b, c는 상수이고 $bc<0$)

04 대표 유형 ②

[252015-0401]

직선 $y=\dfrac{1}{4}x-3$과 x축에서 만나고 직선 $y=7x-6$과 y축에서 만나는 직선이 점 $(1,\,k)$를 지날 때, $2k$의 값을 구하시오.

② 일차방정식 $x=p$, $y=q$의 그래프

05
[252015-0402]

두 점 $(-3a+7,\,-4)$, $(b-4,\,2a)$를 지나는 직선은 직선 $x=2$ 에 평행하고, 두 점 $(2a,\,a-4)$, $(3,\,b+5)$를 지나는 직선은 y 축에 수직일 때, $a+b$의 값을 구하시오.

06 대표 유형 ③
[252015-0403]

다음 네 직선으로 둘러싸인 도형의 넓이가 48일 때, 상수 a의 값을 구하시오. (단, $a<0$)

$$ax+y-1=0,\ x=2,\ x=4,\ y=0$$

3 일차방정식 $ax+by+c=0$의 그래프와 a, b, c의 부호

07 대표 유형 ④

[252015-0404]

일차방정식 $ax+by+c=0$의 그래프가 오른쪽 그림과 같을 때, 다음 중에서 일차방정식 $cx+ay+b=0$의 그래프로 옳은 것은?

(단, a, b, c는 상수이다.)

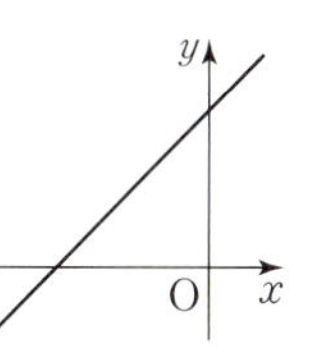

① 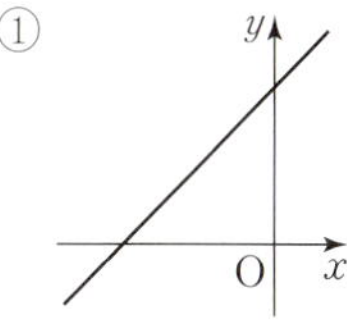 ② 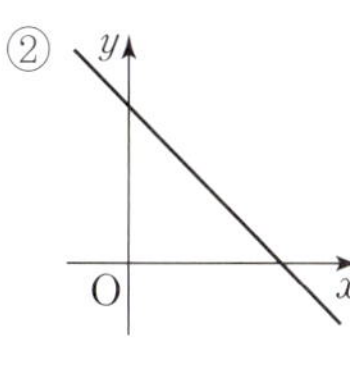

③ 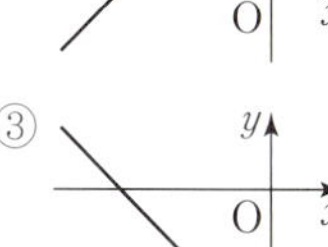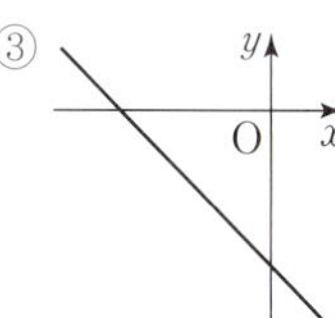 ④ 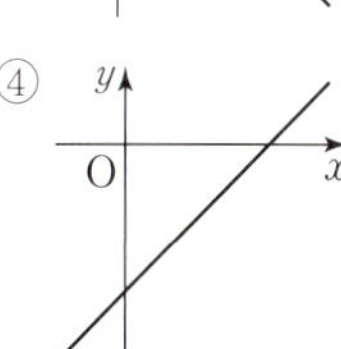

⑤ 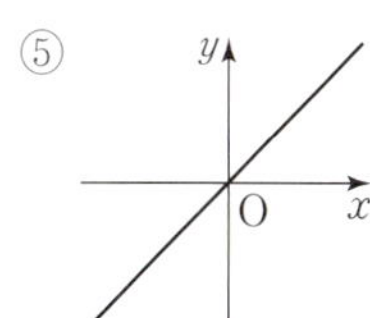

08

[252015-0405]

점 $(-ac,\ ab)$가 제3사분면 위의 점일 때, 일차방정식 $ax-by-c=0$의 그래프가 지나지 <u>않는</u> 사분면을 구하시오.

(단, a, b, c는 상수이다.)

09

[252015-0406]

일차방정식 $ax+by+c=0$의 그래프가 오른쪽 그림과 같을 때, 다음 중에서 일차방정식 $cx-by+a=0$의 그래프와 같은 사분면을 지나는 것은?

(단, a, b, c는 상수이다.)

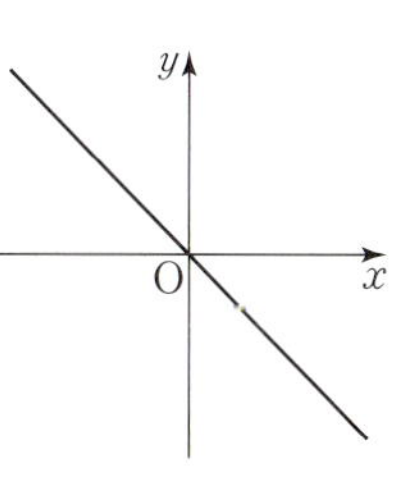

① $y=3x$ ② $x=-2$ ③ $x=1$

④ $y=-5$ ⑤ $y=4$

4 직선이 선분과 만날 조건

10 대표 유형 ⑤

[252015-0407]

두 점 $\mathrm{A}(1,\ 3)$, $\mathrm{B}(4,\ -1)$에 대하여 일차함수 $y=ax+2$의 그래프가 $\overline{\mathrm{AB}}$와 만나지 않도록 하는 상수 a의 값의 범위를 구하시오.

11

[252015-0408]

세 직선 $2x-8=0$, $-3y+9=0$, $y=\dfrac{3}{4}x-3$으로 둘러싸인 도형과 직선 $kx-y+6=0$이 만나도록 하는 정수 k의 값을 구하시오.

12

[252015-0409]

직선 l이 오른쪽 그림과 같을 때, 직선 $3x+y-a=0$과 직선 l이 제4사분면에서 만나도록 하는 상수 a의 값의 범위는?

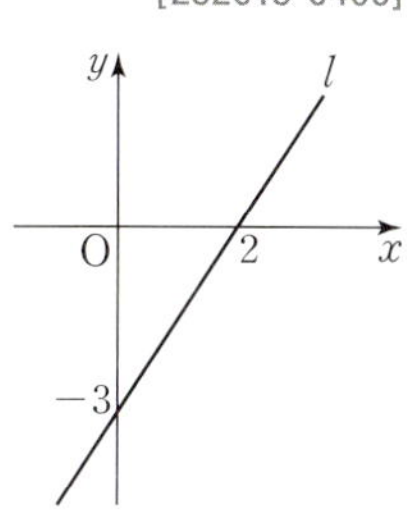

① $-3<a<6$ ② $-3\leq a\leq 6$

③ $-6<a<3$ ④ $-6\leq a\leq 3$

⑤ $-3<a<\dfrac{1}{2}$

---

5 일차함수의 그래프와 연립일차방정식의 해

13 대표 유형 ⑥

[252015-0410]

세 직선 $x-2y+a=0$, $bx-y+1=0$, $cx+dy+2=0$으로 둘러싸인 삼각형의 두 꼭짓점의 좌표가 $(0,\ -2)$, $(3,\ 4)$일 때, 상수 $a,\ b,\ c,\ d$에 대하여 $a+b+c+d$의 값을 구하시오.

14 💬서술형

[252015-0411]

두 직선 $3x-5y+15=0$, $3x+10y+a=0$이 y축과 만나는 점을 각각 A, B, 원점을 O라 할 때, $\overline{OA}=2\overline{OB}$이다. 이때 두 직선의 교점의 좌표를 구하시오. (단, a는 상수이고 $a>0$)

15

[252015-0412]

두 일차방정식 $2ax+by=5$, $bx-3ay=1$의 그래프가 오른쪽 그림과 같을 때, 직선 $y=ax+b$가 지나지 <u>않는</u> 사분면을 구하시오.

(단, $a,\ b$는 상수이다.)

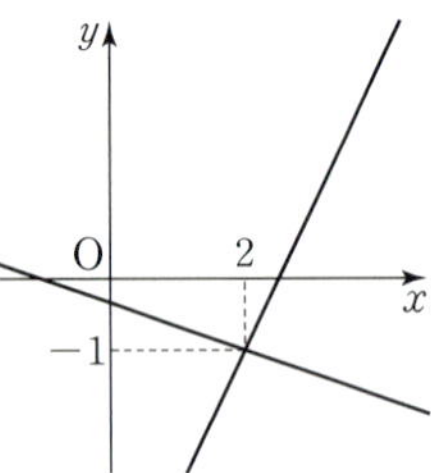

16 대표 유형 ⑦

[252015-0413]

오른쪽 그림과 같이 두 직선 $l,\ m$이 만나는 점 A와 점 $(-1,\ 2)$를 지나는 직선의 방정식을 구하시오.

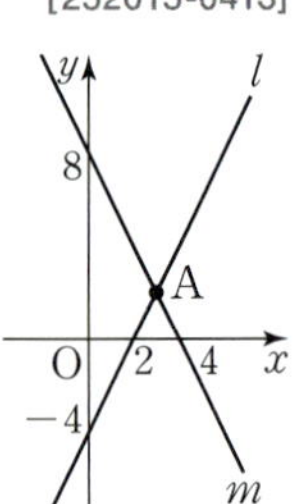

---

6 한 점에서 만나는 세 직선

17

[252015-0414]

다음 세 직선이 삼각형을 만들지 않도록 하는 상수 a의 값을 구하시오.

$$2x+y+3=0,\quad 2x-y+5=0,\quad x+2y+a=0$$

18 대표 유형 ⑧

[252015-0415]

서로 다른 세 직선 $ax+y=-3$, $x-2y=5$, $2x+by=7$에 의하여 좌표평면이 네 부분으로 나누어질 때, 상수 $a,\ b$에 대하여 ab의 값을 구하시오. (단, x축, y축에 의하여 좌표평면이 나뉘는 것은 생각하지 않는다.)

 연립일차방정식의 해의 개수와 그래프

19

[252015-0416]

두 직선 $3x-ky=y$, $2x+ky+3=y+3$이 좌표평면 위의 원점 이외의 다른 점에서 만나기 위한 상수 k의 값을 구하시오.

20 대표 유형 9

[252015-0417]

두 직선 $x+2ay=1$, $3x-12y=-3+b$가 일치할 때, 연립방정식 $\begin{cases} y=ax-2b \\ y=mx+3 \end{cases}$ 의 해는 존재하지 않는다. 이때 m의 값을 구하시오. (단, a, b, m은 상수이다.)

8 직선으로 둘러싸인 도형의 넓이

21

[252015-0418]

세 직선 $x+y=1$, $x-y+2=0$, $x-2y+2=0$으로 둘러싸인 삼각형의 넓이는 두 직선 $x+y=1$, $x-y+2=0$과 y축으로 둘러싸인 삼각형의 넓이의 몇 배인지 구하시오.

22 대표 유형 10 · · · 서술형

[252015-0419]

오른쪽 그림과 같이 두 직선 $y=ax+b$, $y=\dfrac{1}{3}x+2$는 x축 위의 점 A에서 만난다. 삼각형 BAC의 넓이가 12일 때, 상수 a, b에 대하여 ab의 값을 구하시오. (단, $a>0$)

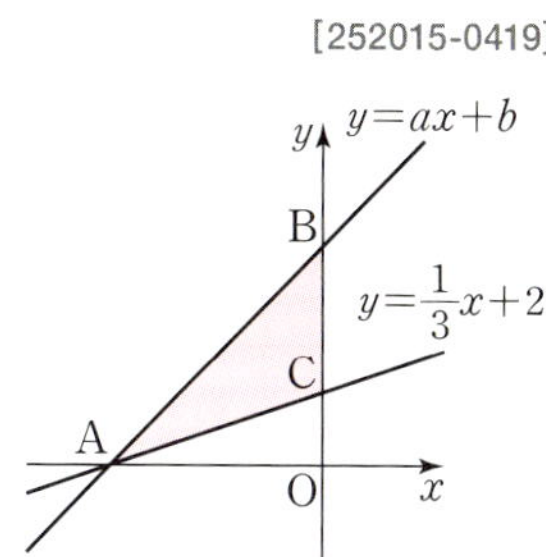

23 대표 유형 11

[252015-0420]

두 직선 $x+6y-6=0$, $x-2y-6=0$과 y축으로 둘러싸인 도형의 넓이를 이등분하는 직선 중 원점을 지나는 직선의 기울기를 구하시오.

24 대표 유형 12

[252015-0421]

학교에서 출발하여 직선 거리로 4 km만큼 떨어진 도서관에 가는데 A 학생은 분속 $\dfrac{1}{10}$ km로 걸어서 먼저 출발했고 B 학생은 잠시 후 자전거를 타고 출발했다. B 학생이 도서관에 도착한 후 8분 동안 책을 대여하고 다시 출발하여 같은 경로로 학교에 10분만에 도착했다. B 학생이 학교에 도착한 시각에 A 학생은 도서관에 도착했을 때, 두 학생이 처음 만난 후 다시 만났을 때까지 걸린 시간은 몇 분인지 구하시오. (단, A 학생이 걷는 속력과 B 학생의 자전거의 속력은 각각 일정하다.)

세 점으로 이루어진 삼각형의 넓이를 간단하게 구하는 방법에 대하여 알아보자.

세 점 $O(0, 0)$, $A(a, b)$, $B(c, d)$에 대하여 $\triangle AOB$의 넓이를 구해 보자.

$\triangle AOB = \triangle AOG + \triangle AGB + \triangle GOB$에서

$\triangle AOG = \triangle ADG$, $\triangle GOB = \triangle GEB$이므로

$$\triangle AOB = \triangle AOG + \triangle AGB + \triangle GOB$$
$$= \triangle ADG + \triangle AGB + \triangle GEB$$
$$= \frac{1}{2} \times a \times (b-d) + \frac{1}{2} \times (c-a) \times (b-d) + \frac{1}{2} \times (c-a) \times d$$
$$= \frac{1}{2} \times \{(ab-ad) + (bc-cd-ab+ad) + (cd-ad)\}$$
$$= \frac{1}{2} \times (bc-ad)$$

이때 삼각형의 넓이는 양수이어야 하므로 $\triangle AOB = \dfrac{1}{2}|ad-bc|$로 나타낼 수 있다.

위 공식을 다른 방법으로 표현해 보자. 삼각형을 이루는 세 꼭짓점의 좌표를 아래와 같이 나열하는데 첫 번째 쓴 꼭짓점의 좌표를 마지막에 한 번 더 써 준다. 그리고 빨간 선과 같이 왼쪽 위에서 오른쪽 아래로 연결하고, 파란 선과 같이 오른쪽 위에서 왼쪽 아래로 연결한다. 이를 신발끈 공식이라고 한다.

$$\triangle AOB = \frac{1}{2} \times \begin{vmatrix} 0 & a & c & 0 \\ 0 & b & d & 0 \end{vmatrix}$$

이제 빨간 선으로 연결된 두 수끼리 곱하여 더한 것에서 파란 선으로 연결된 두 수끼리 곱하여 더한 것을 빼어 주면 $\dfrac{1}{2} \times |ad-bc|$와 같음을 알 수 있다.

이처럼 세 점 $A(x_1, y_1)$, $B(x_2, y_2)$, $C(x_2, y_2)$로 이루어진 $\triangle ABC$의 넓이는 다음과 같다.

$$\triangle ABC = \frac{1}{2} \begin{vmatrix} x_1 & x_2 & x_3 & x_1 \\ y_1 & y_2 & y_3 & y_1 \end{vmatrix} = \frac{1}{2} |(x_1 y_2 + x_2 y_3 + x_3 y_1) - (x_2 y_1 + x_3 y_2 + x_1 y_3)|$$

예제

신발끈 공식을 이용하여 세 직선 $x+y=1$, $x-y=-3$, $x+2y=-6$으로 둘러싸인 삼각형의 넓이를 구하시오.

풀이 $\begin{cases} x+y=1 \\ x-y=-3 \end{cases}$의 해는 $(-1, 2)$, $\begin{cases} x-y=-3 \\ x+2y=-6 \end{cases}$의 해는 $(-4, -1)$,

$\begin{cases} x+y=1 \\ x+2y=-6 \end{cases}$의 해는 $(8, -7)$

따라서 세 점 $(-1, 2)$, $(-4, -1)$, $(8, -7)$로 이루어진 삼각형의 넓이를 S라 하고, 신발끈 공식을 이용하여 정리하면

$$S = \frac{1}{2} \times \begin{vmatrix} -1 & -4 & 8 & -1 \\ 2 & -1 & -7 & 2 \end{vmatrix} = \frac{1}{2} |(1+28+16) - (-8-8+7)|$$
$$= \frac{1}{2}|45+9| = \frac{1}{2} \times 54 = 27$$

중/학/기/본/서 베/스/트/셀/러

교과서가 달라도,
한 권으로 끝내는
자기 주도 학습서
뉴런

국어 1~3   영어 1~3   수학 1(상)~3(하)

사회 ①, ②   과학 1~3   역사 ①, ②

문제 상황

뉴런으로 해결!

학교마다 다른 교과서

→

어떤 교과서도 통하는 중학 필수 개념 정리

자신 없는 자기 주도 학습

→

개념과 실전이 모두 담긴 All-in-One 구성,
무료 강의로 자기 주도 학습 완성

해설이나 풀이가 꼭 필요한 **부분**

→

문항코드로 원하는 문항의 해설이나
풀이로 바로 연결

MY COACH

중학 내신 영어 해결사

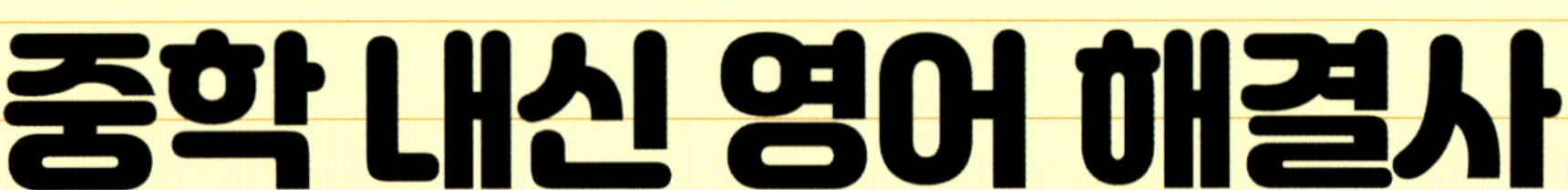

문법, 독해부터 단어, 쓰기까지
내신 시험도 대비하는 중학 영어 특화 시리즈

GRAMMAR GRAMMAR 내신기출 N제 READING WRITING 내신서술형 VOCA

EBS

새 교육과정 반영

수학 마스터

중학 수학 **내신 만점 실력서**

고난도 시그마 Σ

'빠른 정답' 보기
& **정답과 풀이** 내려받기

정답과 풀이

중학 수학

2-1

이 책의 차례

1. 유리수와 순환소수

필수 확인 문제
7~9쪽

1 ③, ④	**2** ①, ⑤	**3** ④	**4** ①	**5** ③
6 6	**7** 10	**8** 47	**9** ④	**10** 109
11 99	**12** 154	**13** ②, ④	**14** ㄱ, ㄷ	**15** ②
16 ②	**17** $1.\dot{4}\dot{8}$	**18** $0.2\dot{5}$		

고난도 대표 유형
10~11쪽

1 ①	**2** 9	**3** 131	**4** 103	**5** 4
6 99				

고난도 실전 문제
12~13쪽

1 ㄱ, ㄹ	**2** ④	**3** ①	**4** 15	**5** 31
6 56	**7** 4	**8** 2	**9** 10	**10** 30
11 $0.1\dot{8}$	**12** ⑤			

2. 식의 계산

필수 확인 문제
18~23쪽

1 ①, ⑤	**2** ④	**3** 4	**4** 25	**5** 15
6 17	**7** ④	**8** ⑤	**9** 2	**10** ⑤
11 ④	**12** 16	**13** ⑤	**14** $-\dfrac{3}{x^6 y^2}$	
15 $12a^7 b^5$	**16** ⑤	**17** 64	**18** ②	
19 $-12x^4 y^2$	**20** ④	**21** 27배	**22** ⑤	**23** -6
24 2	**25** ②	**26** ③	**27** $5x^2 + 7x - 9$	
28 ④	**29** $-6x^3 y^6 + 3x^4 y^3$		**30** $6x^2 - 5xy$	
31 ④	**32** $8x - 16$	**33** $-3x - 9y$		**34** ④
35 7	**36** ③			

고난도 대표 유형
24~29쪽

1 14	**2** 17	**3** 19	**4** 1	**5** 4
6 9	**7** 107	**8** $\dfrac{9}{2}\pi a^3 b^2$	**9** 0	
10 $5x^2 - 5x + 6$		**11** $-a - b + 8$		
12 $-x^2 + 8x$		**13** -6		
14 $A = -12xy^2 + 6xy,\ B = 2xy - x$			**15** $2x^2 + xy - 3y^2$	
16 $43x^2 + 11xy - 12y^2$		**17** 32	**18** 1	

고난도 실전 문제
30~35쪽

1 ③	**2** 30	**3** 5	**04** ③	**5** 12
6 ⑤	**7** 12	**8** 4	**9** ③	**10** 9
11 16	**12** ②	**13** ②	**14** $48x^8 y^{21}$	**15** $\dfrac{3}{2}$배
16 $x^5 y$	**17** $3a^2 b$	**18** ②	**19** $-\dfrac{2}{3}x^8 y^2$	
20 $9x^2 + 3xy + y^2$				
21 $A = -3a^2 + a - 5,\ B = 5a^2 - 10a + 2$				
22 $-2x + 5y$	**23** 3	**24** -10		
25 $8x^3 y^2 - 4x^2 y^3$		**26** $4xy + x + y$		**27** $5a + b$
28 $6ab + \dfrac{3}{5}b^2$		**29** $-2x + y$		
30 $-6x^2 - 30x$	**31** $\dfrac{11}{5}$	**32** $\dfrac{1}{2}$	**33** $\dfrac{7}{3x}$	
34 $\dfrac{29}{15}$	**35** 1	**36** $-3x + 4$		

3. 일차부등식

1 ①, ②	2 ④	3 ⑤	4 ②	5 ④
6 14	7 ②	8 ④	9 ⑤	10 ②
11 $x<\dfrac{1}{a}$	12 3	13 19, 20, 21		14 ③
15 96점	16 ③	17 ④	18 23명	19 ①
20 12 cm	21 ②	22 1.2 km	23 ①	24 90 g

1 ④	2 6	3 -4	4 $\dfrac{22}{3}$	5 $a<-4$
6 5	7 19명	8 5.5 km	9 5	
10 4초 이상 6초 이하		11 6 km	12 120 g	

1 0, 1, 2	2 ④	3 ②, ④	4 ④	
05 $\dfrac{ad}{c}<\dfrac{bd}{c}$		6 3	7 $A>13$	8 3
9 4	10 -1	11 $a\geq1$	12 $\dfrac{10}{3}$	13 ②
14 80분	15 ⑤	16 44시간	17 45분	
18 60000원	19 7상	20 33	21 6분	22 2.1 km
23 15 %	24 2 %			

4. 연립방정식

1 ①, ③	2 ①	3 8	4 ②	5 (4, 2)
6 -21	7 11	8 64	9 ㄱ, ㄹ	10 ④
11 ⑤	12 3	13 ⑤	14 2	15 ③
16 $a=3, b=\dfrac{1}{3}$	17 ①	18 ④	19 73	
20 ③	21 6	22 ④	23 25살	24 20
25 25명	26 남학생 수: 100, 여학생 수: 80			
27 A 제품: 40000원, B 제품: 12000원				
28 36일	29 24분	30 ⑤	31 50분	32 ②
33 200 m	34 ④	35 소금물 A: 13 %, 소금물 B: 5 %		
36 200 g				

1 $a\neq16, b\neq3$		2 4	3 $a=-9, b=11$	
4 7	5 $x=-2, y=7$		6 4	
7 -1	8 -9	9 $\dfrac{7}{4}$	10 3	11 $-\dfrac{12}{5}$
12 -8	13 37	14 7	15 384	
16 6시간	17 125 m	18 300 g		

1 ㄱ, ㄹ	2 2	3 2	4 ②	5 -27
6 3	7 ④	8 $-\dfrac{9}{2}$	9 2	10 -4
11 $x=-1, y=6$		12 3	13 4	14 ③
15 ②	16 ①	17 -1	18 2	19 ①
20 2	21 8	22 178	23 21	24 ④
25 4	26 50명	27 50분	28 ⑤	29 19시간
30 18시간	31 ③	32 ①	33 ④	34 650 m
35 10 %	36 480 g			

5. 일차함수와 그 그래프

필수 확인 문제   79~83쪽

1 ①, ⑤	**2** 4	**3** 5	**4** 12	**5** ③
6 ⑤	**7** 0	**8** 1	**9** 1	**10** 12
11 -4	**12** ④	**13** -1	**14** 2	**15** ②
16 ㄱ, ㄴ	**17** 제3사분면		**18** ⑤	**19** 2
20 $-\dfrac{1}{2}$	**21** 9	**22** ②	**23** -1	**24** 10
25 ③	**26** ②	**27** -3	**28** $\dfrac{9}{2}$	**29** 22 cm
30 15분	**31** 12초			

고난도 대표 유형   84~89쪽

1 $\dfrac{11}{2}$	**2** 54	**3** ③	**4** $-\dfrac{1}{3}$	**5** 4
6 $\dfrac{3}{8}$	**7** 10	**8** 1	**9** 4	
10 제1, 4사분면		**11** ①, ③	**12** -9	**13** 7
14 8	**15** 7	**16** 3초	**17** $\dfrac{27}{4}$시간	
18 12000				

고난도 실전 문제   90~95쪽

1 12	**2** ②	**3** 0	**4** 15	**5** ①, ③
6 ①	**7** -5	**8** -3	**9** 16	**10** $-\dfrac{1}{2}$
11 ③	**12** ③	**13** 1	**14** -4	**15** 2
16 6	**17** 2	**18** $\dfrac{5}{2}$	**19** ①	
20 제2사분면		**21** 1	**22** ②, ⑤	**23** ㄴ, ㄷ
24 14	**25** 8	**26** 5	**27** $-\dfrac{2}{3}$	**28** ⑤
29 $\dfrac{81}{4}$	**30** 1	**31** $\dfrac{9}{2}$	**32** $(2, 2)$	**33** 6시간
34 $\dfrac{432}{59}$	**35** 10 km	**36** $\dfrac{40}{3}$초		

6. 일차함수와 일차방정식

필수 확인 문제   100~103쪽

1 ①	**2** 6	**3** 1	**4** $(-4, -6)$	
5 ③, ⑤	**6** 4	**7** ㄴ, ㄹ	**8** ①, ④	**9** 2
10 4	**11** $-5<k<4$		**12** $\dfrac{7}{4}$	**13** ①
14 4	**15** $\dfrac{9}{2}$	**16** 6	**17** -9	**18** -8
19 -2	**20** 3	**21** ③	**22** 9	**23** 2
24 ③				

고난도 대표 유형   104~107쪽

1 -1	**2** 2개	**3** 10	**4** 제3사분면	**5** 1
6 5	**7** $\dfrac{9}{2}$	**8** $\dfrac{1}{2}$	**9** $\dfrac{25}{2}$	**10** 7
11 $-\dfrac{15}{7}$	**12** 20개월			

고난도 실전 문제   108~111쪽

1 6	**2** 8	**3** 2	**4** -11	**5** 1
6 $-\dfrac{23}{3}$	**7** ②	**8** 제3사분면	**9** ⑤	
10 $a<-\dfrac{3}{4}$ 또는 $a>1$		**11** -1	**12** ①	**13** -4
14 $(-5, 0)$	**15** 제2사분면		**16** $y=2$	**17** 0
18 2	**19** $\dfrac{1}{5}$	**20** -2	**21** 3배	
22 6	**23** $-\dfrac{1}{4}$	**24** 16분		

1. 유리수와 순환소수

● 필수 확인 문제   7~9쪽

1 ③, ④	**2** ①, ⑤	**3** ④	**4** ①	**5** ③
6 6	**7** 10	**8** 47	**9** ④	**10** 109
11 99	**12** 154	**13** ②, ④	**14** ㄱ, ㄷ	**15** ②
16 ②	**17** $1.4\dot{8}$	**18** $0.2\dot{5}$		

1 ① 모든 순환소수는 유리수이다.

② 순환하지 않는 무한소수는 분수로 나타낼 수 없다.

⑤ $0.3 \times 0.\dot{3} = \dfrac{3}{10} \times \dfrac{3}{9} = \dfrac{1}{10} = 0.1$과 같이 유한소수와 순환소수의 곱이 항상 순환소수가 되는 것은 아니다.

따라서 옳은 것은 ③, ④이다.

2 ② $1.33\cdots = 1.\dot{3}$

③ $2.342342\cdots = 2.\dot{3}4\dot{2}$

④ $0.369369\cdots = 0.\dot{3}6\dot{9}$

따라서 옳은 것은 ①, ⑤이다.

3 $\dfrac{3}{11} = 0.272727\cdots$에서 순환마디는 27이므로 $x=2$

$\dfrac{11}{7} = 1.571428571428\cdots$에서 순환마디는 571428이므로 $y=6$

따라서 $x+y = 2+6 = 8$

4 ① $\dfrac{1}{3} = 0.333\cdots = 0.\dot{3}$ ➡ 순환마디: 3

② $\dfrac{5}{3} = 1.666\cdots = 1.\dot{6}$ ➡ 순환마디: 6

③ $\dfrac{1}{6} = 0.1666\cdots = 0.1\dot{6}$ ➡ 순환마디: 6

④ $\dfrac{5}{12} = 0.41666\cdots = 0.41\dot{6}$ ➡ 순환마디: 6

⑤ $\dfrac{4}{15} = 0.2666\cdots = 0.2\dot{6}$ ➡ 순환마디: 6

따라서 순환마디가 나머지 넷과 다른 하나는 ①이다.

5 $0.\dot{2}7\dot{9}$의 순환마디를 이루는 숫자는 2, 7, 9의 3개이다.

이때 $40 = 3 \times 13 + 1$이므로 소수점 아래 40번째 자리의 숫자는 순환마디의 첫 번째 숫자인 2이다.

즉, $a=2$

또 $80 = 3 \times 26 + 2$이므로 소수점 아래 80번째 자리의 숫자는 순환마디의 두 번째 숫자인 7이다.

즉, $b=7$

따라서 $a+b = 2+7 = 9$

6 $\dfrac{5}{13} = 0.384615384615\cdots = 0.\dot{3}8461\dot{5}$ ······ ❶

따라서 순환마디를 이루는 숫자는 3, 8, 4, 6, 1, 5의 6개이다.

이때 $100 = 6 \times 16 + 4$이므로 소수점 아래 100번째 자리의 숫자는 순환마디의 네 번째 숫자인 6이다.   ······ ❸

······ ❷

채점 기준	비율
❶ $\dfrac{5}{13}$를 순환소수로 나타내기	40 %
❷ 순환마디를 이루는 숫자의 개수 구하기	20 %
❸ 소수점 아래 100번째 자리의 숫자 구하기	40 %

7 $\dfrac{1}{a}$이 유한소수가 되려면 a는 소인수가 2 또는 5로만 이루어진 수이어야 한다.

(i) 2만 소인수로 가질 때, a는 2, 4, 8, 16, 32의 5개

(ii) 5만 소인수로 가질 때, a는 5, 25의 2개

(iii) 2와 5를 모두 소인수로 가질 때, a는 10, 20, 40의 3개

(i), (ii), (iii)에 의하여 자연수 a의 개수는

$5+2+3 = 10$

8 $\dfrac{36}{80} = \dfrac{9}{20} = \dfrac{9}{2^2 \times 5} = \dfrac{9 \times 5}{2^2 \times 5 \times 5} = \dfrac{45}{10^2} = \dfrac{450}{10^3} = \dfrac{4500}{10^4} = \cdots$

따라서 $a=45$, $n=2$일 때 $a+n$의 값이 가장 작으므로

$a+n = 45+2 = 47$

9 $\dfrac{1}{5} = \dfrac{7}{35}$, $\dfrac{3}{7} = \dfrac{15}{35}$이므로 두 분수 $\dfrac{1}{5}$과 $\dfrac{3}{7}$ 사이의 분수 중에서 분모가 35인 것은 $\dfrac{8}{35}$, $\dfrac{9}{35}$, $\dfrac{10}{35}$, $\cdots$, $\dfrac{14}{35}$이다.

이때 $35 = 5 \times 7$이므로 이 중에서 소수로 나타낼 때 순환소수가 되려면 분자가 7의 배수가 아니어야 한다.

따라서 $\dfrac{8}{35}$, $\dfrac{9}{35}$, $\dfrac{10}{35}$, $\dfrac{11}{35}$, $\dfrac{12}{35}$, $\dfrac{13}{35}$의 6개이다.

10 $\dfrac{x}{900} = \dfrac{x}{2^2 \times 3^2 \times 5^2}$이고 분수 $\dfrac{x}{900}$를 소수로 나타내면 유한소수가 되므로 x는 9의 배수이이야 한다.   ······ ❶

따라서 가장 작은 한 자리 자연수 x는 9이다.   ······ ❷

이때 $\dfrac{x}{900} = \dfrac{9}{900} = \dfrac{1}{100}$이므로 $y=100$ ······ ❸

따라서 $x+y = 9+100 = 109$ ······ ❹

채점 기준	비율
❶ x가 9의 배수임을 알기	30 %
❷ x의 값 구하기	30 %
❸ y의 값 구하기	30 %
❹ $x+y$의 값 구하기	10 %

11 $\dfrac{25}{180} = \dfrac{5}{36} = \dfrac{5}{2^2 \times 3^2}$, $\dfrac{13}{143} = \dfrac{1}{11}$이므로 두 분수에 각각 자연수 a를 곱하여 두 분수 모두 유한소수로 나타내려면 a는 9와 11의 공배수, 즉 99의 배수이어야 한다.

따라서 가장 작은 자연수 a의 값은 99이다.

12 $\dfrac{60}{2^4 \times 5^2 \times 7 \times 11} = \dfrac{3}{2^2 \times 5 \times 7 \times 11}$이므로

$\dfrac{60}{2^4 \times 5^2 \times 7 \times 11} \times a$, 즉 $\dfrac{3}{2^2 \times 5 \times 7 \times 11} \times a$가 유한소수가 되려면 a는 7×11의 배수이어야 한다.

따라서 77의 배수 중 가장 작은 세 자리 자연수는 154이다.

13 ② x의 순환마디는 370이다.

④, ⑤ $x=0.370370370\cdots$ ...... ㉠

㉠의 양변에 1000을 곱하면

$1000x=370.370370370\cdots$ ...... ㉡

㉡에서 ㉠을 변끼리 빼면 $999x=370$, $x=\dfrac{370}{999}$

즉, 분수로 나타낼 때 이용하면 가장 편리한 식은

$1000x-x$이다.

따라서 옳지 않은 것은 ②, ④이다.

14 ㄴ. $1000x-x=5205$

따라서 바르게 짝 지어진 것은 ㄱ, ㄷ이다.

15 $2.\dot{1}\dot{5}=\dfrac{215-2}{99}=\dfrac{213}{99}=\dfrac{71}{33}$

따라서 $\dfrac{a}{33}=\dfrac{71}{33}$이므로 $a=71$

16 ① $0.\dot{3}0\dot{2}=0.302302302\cdots$, $0.3\dot{0}\dot{2}=0.3020202\cdots$이므로

$0.\dot{3}0\dot{2}>0.3\dot{0}\dot{2}$

② $\dfrac{4}{5}=0.8$, $0.\dot{8}=0.888\cdots$이므로 $\dfrac{4}{5}<0.\dot{8}$

③ $\dfrac{1}{15}=0.0\dot{6}$

④ $2.\dot{5}=2.555\cdots$이므로 $2.\dot{5}>2.5$

⑤ $0.\dot{3}=0.333\cdots$, $0.\dot{3}\dot{0}=0.303030\cdots$이므로 $0.\dot{3}>0.\dot{3}\dot{0}$

따라서 옳은 것은 ②이다.

17 $\dfrac{161-16}{90}-x=\dfrac{1}{3}\times\dfrac{36-3}{90}$이므로 $\dfrac{145}{90}-x=\dfrac{11}{90}$

따라서 $x=\dfrac{145}{90}-\dfrac{11}{90}=\dfrac{134}{90}=1.4\dot{8}$

18 아린이는 분모를 제대로 보았으므로

$0.4\dot{1}=\dfrac{41-4}{90}=\dfrac{37}{90}$에서 처음 기약분수의 분모는 90이다.

하진이는 분자를 제대로 보았으므로

$0.\dot{2}\dot{3}=\dfrac{23}{99}$에서 처음 기약분수의 분자는 23이다.

따라서 처음 기약분수는 $\dfrac{23}{90}$이므로 순환소수로 나타내면 $0.2\dot{5}$이다.

ㄴ. 무한소수 중에서 순환소수가 아닌 소수는 유리수가 아니다.

ㄷ. 순환소수는 유한소수로 나타낼 수 없지만 유리수이다.

ㄹ. 기약분수의 분모에 2 또는 5 이외의 소인수가 있으면 순환소수로 나타낼 수 있다.

따라서 옳은 것은 ㄱ이다.

2 $\dfrac{3}{44}=0.06818181\cdots=0.06\dot{8}\dot{1}$이므로 소수점 아래 순환하지 않는 숫자는 2개이고, 순환마디를 이루는 숫자는 2개이다.

$101=2+2\times49+1$이므로 $f(101)$은 순환마디의 첫 번째 숫자인 8이다.

$200=2+2\times99$이므로 $f(200)$은 순환마디의 두 번째 숫자인 1이다.

따라서 $f(101)+f(200)=8+1=9$

3 $\dfrac{a}{280}=\dfrac{a}{2^3\times5\times7}$이므로 유한소수가 되려면 a는 7의 배수이어야 한다.

또한 $\dfrac{a}{280}$를 기약분수로 나타내면 $\dfrac{13}{b}$이므로 a는 13의 배수이어야 한다.

즉, a는 7과 13의 공배수이고 두 자리 자연수이므로 $a=91$

이때 $\dfrac{a}{280}=\dfrac{91}{280}=\dfrac{13}{40}$이므로 $b=40$

따라서 $a+b=91+40=131$

4 $1+\dfrac{1}{10}+\dfrac{4}{10^3}+\dfrac{4}{10^5}+\dfrac{4}{10^7}+\cdots$

$=1+(0.1+0.004+0.00004+0.0000004+\cdots)=1.1\dot{0}\dot{4}$

$1.1\dot{0}\dot{4}$를 기약분수로 나타내면 $1.1\dot{0}\dot{4}=\dfrac{1104-11}{990}=\dfrac{1093}{990}$

따라서 $a=1093$, $b=990$이므로

$a-b=1093-990=103$

5 $\dfrac{2}{9}\times\dfrac{x}{900}=\left(\dfrac{y}{90}\right)^2$, $2x=y^2$

이때 x, y는 $x>y$인 한 자리 자연수이므로 $x=8$, $y=4$

따라서 $x-y=8-4=4$

6 $1.2\dot{2}\dot{4}=\dfrac{1224-12}{990}=\dfrac{1212}{990}=\dfrac{202}{165}=\dfrac{2\times101}{3\times5\times11}$에 어떤 자연수 x를 곱하면 유한소수가 되므로 x는 $3\times11=33$의 배수이어야 한다.

따라서 곱할 수 있는 가장 큰 두 자리 자연수는 99이다.

◦ 고난도 대표 유형 10〜11쪽

1 ①	2 9	3 131	4 103	5 4
6 99				

1 ㄱ. 기약분수 중에서 유한소수로 나타낼 수 없는 것은 순환소수로 나타낼 수 있다.

◦ 고난도 실전 문제 12〜13쪽

1 ㄱ, ㄹ	2 ④	3 ①	4 15	5 31
6 56	7 4	8 2	9 10	10 30
11 $0.\dot{1}\dot{8}$	12 ⑤			

1 ㄴ. $0.\dot{3}+(-0.\dot{3})=0$과 같이 무한소수가 아닌 경우가 있다.

ㄷ. $0.\dot{2}+(-0.\dot{2})=0$과 같이 순환소수가 아닌 경우가 있다.

따라서 옳은 것은 ㄱ, ㄹ이다.

2 ① $<3.3\dot{4}>=0.3\dot{4}$, $<100\times3.3\dot{4}>=0.\dot{4}$

② $<7.1\dot{3}\dot{2}>=0.1\dot{3}\dot{2}$, $<100\times7.1\dot{3}\dot{2}>=0.\dot{2}1\dot{3}$

③ $<13.13\dot{4}>=0.13\dot{4}$, $<100\times13.13\dot{4}>=0.\dot{4}$

④ $<16.\dot{4}\dot{5}>=0.\dot{4}\dot{5}$, $<100\times16.\dot{4}\dot{5}>=0.\dot{4}\dot{5}$

⑤ $<22.2\dot{7}\dot{3}>=0.2\dot{7}\dot{3}$, $<100\times22.2\dot{7}\dot{3}>=0.\dot{3}\dot{7}$

따라서 a의 값이 될 수 있는 것은 ④이다.

3 $\dfrac{2}{13}=0.153846153846\cdots=0.\dot{1}5384\dot{6}$

이므로 순환마디를 이루는 숫자는 1, 5, 3, 8, 4, 6의 6개이다.

따라서 $18=6\times3$에서 순환마디가 3번 반복되므로

$f(1)+f(2)+f(3)+\cdots+f(18)$

$=(1+5+3+8+4+6)\times3=27\times3=81$

4 $0.a\dot{b}cdef\dot{g}$의 순환마디는 $bcdefg$의 6개 숫자이고, 소수점 아래 순환하지 않는 숫자가 1개이다.

$35=1+6\times5+4$이므로 소수점 아래 35번째 자리의 숫자는 순환마디의 네 번째 숫자인 e이다.

이때 35번째 자리의 숫자부터 40번째 자리의 숫자까지 차례대로 쓰면 e, f, g, b, c, d이므로

$e=6$, $f=3$, $g=1$, $b=7$, $c=4$, $d=5$

따라서 $b+d+f=7+5+3=15$

5 $x=\dfrac{10a-15}{28}=\dfrac{5(2a-3)}{2^2\times7}$이므로

유한소수가 되려면 $2a-3$은 7의 배수가 되어야 한다.

즉, $2a-3=7$, 14, 21, 28, 35, 42, 49, 56, $\cdots$이므로

$a=5$, $\dfrac{17}{2}$, 12, $\dfrac{31}{2}$, 19, $\dfrac{45}{2}$, 26, $\dfrac{59}{2}$, $\cdots$

따라서 $10<a<20$을 만족시키는 모든 자연수 a의 값의 합은

$12+19=31$

6 조건 ㈏에서 $\dfrac{a}{450}=\dfrac{a}{2\times3^2\times5^2}$이고, 분수 $\dfrac{a}{450}$를 소수로 나타내면 유한소수가 되므로 a는 9의 배수이어야 한다.

이때 조건 ㈎에서 $30<a<60$이므로 $a=36$, 45, 54

조건 ㈐에서

$a=36$이면 $\dfrac{a}{450}=\dfrac{36}{450}=\dfrac{2}{25}$에서 $b=25$, $c=2$이므로

$a+b+c=36+25+2=63$

$a=45$이면 $\dfrac{a}{450}=\dfrac{45}{450}=\dfrac{1}{10}$에서 $b=10$, $c=1$이므로

$a+b+c=45+10+1=56$

$a=54$이면 $\dfrac{a}{450}=\dfrac{54}{450}=\dfrac{3}{25}$에서 $b=25$, $c=3$이므로

$a+b+c=54+25+3=82$

따라서 $a+b+c$의 최솟값은 56이다.

7 정n각형의 한 변의 길이는 $\dfrac{2}{n}$ m이다.

이때 n은 $3\le n<10$인 자연수이므로 정n각형의 한 변의 길이가 순환소수가 되려면 $n=3$, 6, 7, 9

따라서 정n각형의 한 변의 길이를 순환소수로 나타낼 수 있는 것은 4개이다.

8 $\dfrac{9}{10^2}-\dfrac{3}{10^3}+\dfrac{3}{10^4}-\dfrac{3}{10^5}+\dfrac{3}{10^6}-\dfrac{3}{10^7}+\cdots$

$=\left(\dfrac{90}{10^3}-\dfrac{3}{10^3}\right)+\left(\dfrac{30}{10^5}-\dfrac{3}{10^5}\right)+\left(\dfrac{30}{10^7}-\dfrac{3}{10^7}\right)+\cdots$

$=\dfrac{87}{10^3}+\dfrac{27}{10^5}+\dfrac{27}{10^7}+\cdots$

$=0.087+0.00027+0.0000027+\cdots$

$=0.0872727\cdots=0.08\dot{7}\dot{2}$

이때 $100=2+2\times49$이므로 소수점 아래 100번째 자리의 숫자는 순환마디 72의 두 번째 숫자인 2이다.

9 $1+\dfrac{1}{3}+\dfrac{1}{3\times10}+\dfrac{1}{3\times10^2}+\dfrac{1}{3\times10^3}+\cdots$

$=1+\dfrac{1}{3}\left(1+\dfrac{1}{10}+\dfrac{1}{10^2}+\dfrac{1}{10^3}+\cdots\right)$

$=1+\dfrac{1}{3}\times1.\dot{1}=1+\dfrac{1}{3}\times\dfrac{10}{9}$

$=1+\dfrac{10}{27}=\dfrac{37}{27}$

따라서 $a=37$, $b=27$이므로 $a-b=37-27=10$

10 x에 $0.\dot{2}\dot{1}$을 곱해야 할 것을 잘못하여 $0.2\dot{1}$을 곱하였더니 바르게 계산한 결과보다 $0.\dot{0}\dot{3}$만큼 작게 나왔으므로

$x\times0.2\dot{1}=x\times0.\dot{2}\dot{1}-0.\dot{0}\dot{3}$ $\qquad$ ······ ❶

$x\times\dfrac{19}{90}=x\times\dfrac{21}{99}-\dfrac{3}{99}$ $\qquad$ ······ ❷

$x\times\dfrac{21}{99}\quad x\times\dfrac{19}{90}=\dfrac{3}{99}$

$\left(\dfrac{210}{990}-\dfrac{209}{990}\right)x=\dfrac{3}{99}$, $\dfrac{1}{990}x=\dfrac{3}{99}$

따라서 $x=30$ $\qquad$ ······ ❸

채점 기준	비율
❶ x의 값을 구하는 식 세우기	40 %
❷ ❶의 식에서 순환소수를 분수로 나타내기	20 %
❸ x의 값 구하기	40 %

11 $0.\dot{a}\dot{b}+0.\dot{b}\dot{a}=0.\dot{4}$에서 $\dfrac{10a+b}{99}+\dfrac{10b+a}{99}=\dfrac{4}{9}$

$11(a+b)=44$, $a+b=4$

이때 a, b는 $a>b$인 한 자리의 자연수이므로 $a=3$, $b=1$

따라서 $0.\dot{a}\dot{b}-0.\dot{b}\dot{a}=\dfrac{31}{99}-\dfrac{13}{99}=\dfrac{18}{99}=0.\dot{1}\dot{8}$

12 $1.\dot{5}\dot{1}=\dfrac{151-1}{99}=\dfrac{150}{99}=\dfrac{50}{33}=\dfrac{2\times5^2}{3\times11}$이므로

$1.\dot{5}\dot{1}\times a$가 어떤 자연수의 제곱이 되려면

$a=3\times11\times2\times k^2$ (k는 자연수)의 꼴이어야 한다.

따라서 가장 작은 자연수 a의 값은

$3\times11\times2\times1^2=66$

2. 식의 계산

필수 확인 문제

18~23쪽

1 ①, ⑤	**2** ④	**3** 4	**4** 25	**5** 15
6 17	**7** ④	**8** ⑤	**9** 2	**10** ⑤
11 ④	**12** 16	**13** ⑤	**14** $-\dfrac{3}{x^6y^2}$	
15 $12a^7b^5$	**16** ⑤	**17** 64	**18** ②	
19 $-12x^4y^2$	**20** ④	**21** 27배	**22** ⑤	**23** -6
24 2	**25** ②	**26** ③	**27** $5x^2+7x-9$	
28 ④	**29** $-6x^3y^6+3x^4y^3$		**30** $6x^2-5xy$	
31 ④	**32** $8x-16$	**33** $-3x-9y$		**34** ④
35 7	**36** ③			

1 ① $\left(-\dfrac{y^2}{x^3}\right)^5=-\dfrac{y^{2\times5}}{x^{3\times5}}=-\dfrac{y^{10}}{x^{15}}$

② $a^{10}\div a^5=a^{10-5}=a^5$

③ $(a^3)^3=a^{3\times3}=a^9$

④ $(x^3y^2)^4=x^{3\times4}y^{2\times4}=x^{12}y^8$

⑤ $x^3\times y^2\times x^4\times y^8=x^{3+4}y^{2+8}=x^7y^{10}$

따라서 옳은 것은 ①, ⑤이다.

2 ① $6-\square=2$이므로 $\square=4$

② $a^2\div(a^3)^2=a^2\div a^6=\dfrac{1}{a^4}$이므로 $\square=4$

③ $x^\square\times x^3\div(x^2)^2=x^\square\times x^3\div x^4=x^{\square+3-4}=x^{\square-1}$이므로

$\qquad\square-1=3,\ \square=4$

④ $4\times\square=8$이므로 $\square=2$

⑤ $\left(\dfrac{a}{b^\square}\right)^3=\dfrac{a^3}{b^{\square\times3}}$이므로 $\square\times3=12,\ \square=4$

따라서 $\square$ 안에 알맞은 수가 나머지 넷과 다른 하나는 ④이다.

3 $(2^3)^4\times(2^a)^5=2^{12}\times2^{5a}=2^{12+5a}$

이때 $2^{12+5a}=2^{32}$이므로 $12+5a=32,\ 5a=20$

따라서 $a=4$

4 $5^{6(x-1)}\div25^{3x-4}=5^{6x-6}\div(5^2)^{3x-4}$

$\qquad\qquad=5^{6x-6}\div5^{6x-8}$

$\qquad\qquad=5^{6x-6-(6x-8)}$

$\qquad\qquad=5^2=25$

5 $\left(\dfrac{x^ay^2}{bz}\right)^3=\dfrac{x^{3a}y^6}{b^3z^3}$ ...... ❶

즉, $\dfrac{x^{3a}y^6}{b^3z^3}=\dfrac{x^{12}y^c}{8z^d}$이므로

$3a=12,\ b^3=8=2^3,\ c=6,\ d=3$

따라서 $a=4,\ b=2,\ c=6,\ d=3$이므로 ...... ❷

$a+b+c+d=4+2+6+3=15$ ...... ❸

채점 기준	비율
❶ 주어진 식의 좌변 간단히 하기	40 %
❷ a, b, c, d의 값 구하기	40 %
❸ $a+b+c+d$의 값 구하기	20 %

6 $5^4+5^4+5^4+5^4+5^4=5\times5^4=5^5$이므로 $x=5$

$5^3\times5^3\times5^3\times5^3=5^{3+3+3+3}=5^{12}$이므로 $y=12$

따라서 $x+y=5+12=17$

7 $8^{15}\times9^5=(2^3)^{15}\times(3^2)^5=2^{45}\times3^{10}$

$\qquad\qquad=(2^7)^6\times2^3\times(3^5)^2=8A^6B^2$

8 $A=5^{x-1}=5^x\div5$이므로 $5^x=5A$

따라서 $25^x=(5^2)^x=(5^x)^2=(5A)^2=25A^2$

9 $5^x(5^2+5+1)=775$이므로

$5^x\times31=775,\ 5^x=25$

따라서 $x=2$

10 $2^9\times3^2\times5^7=(2^7\times5^7)\times2^2\times3^2=36\times(2\times5)^7=36\times10^7$

따라서 $2^9\times3^2\times5^7$은 9자리 자연수이므로 $n=9$

11 $2^6\times4^2\times5^8=2^6\times(2^2)^2\times5^8=2^6\times2^4\times5^8$

$\qquad\qquad=2^{10}\times5^8=(2^8\times5^8)\times2^2$

$\qquad\qquad=4\times(2\times5)^8=4\times10^8$

따라서 $2^6\times4^2\times5^8$은 9자리 자연수이므로 $n=9$

12 $\dfrac{20^5\times3^9}{6^5}=\dfrac{(2^2\times5)^5\times3^9}{(2\times3)^5}=\dfrac{2^{10}\times5^5\times3^9}{2^5\times3^5}$

$\qquad\qquad=2^5\times5^5\times3^4=3^4\times(2\times5)^5$

$\qquad\qquad=81\times10^5$

즉, $\dfrac{20^5\times3^9}{6^5}$은 7자리 자연수이므로 $n=7$

이때 각 자리의 숫자의 합은 $8+1=9$이므로 $m=9$

따라서 $n+m=7+9=16$

13 $(-2xy)^3\times(-xy^2)\times(3x^2y)^2=-8x^3y^3\times(-xy^2)\times9x^4y^2$

$\qquad\qquad\qquad\qquad=72x^8y^7$

즉, $72x^8y^7=ax^by^c$이므로 $a=72,\ b=8,\ c=7$

따라서 $a+b+c=72+8+7=87$

14 $-8xy^3\div(-3x^2y)^2\div\left(\dfrac{2}{3}xy\right)^3$

$=-8xy^3\div(9x^4y^2)\div\left(\dfrac{8}{27}x^3y^3\right)$

$=-8xy^3\times\dfrac{1}{9x^4y^2}\times\dfrac{27}{8x^3y^3}$

$=-\dfrac{3}{x^6y^2}$

15 (정사각뿔의 부피)$=\dfrac{1}{3}\times(3a^2b^3)^2\times\dfrac{4a^3}{b}$

$\qquad\qquad=\dfrac{1}{3}\times9a^4b^6\times\dfrac{4a^3}{b}$

$\qquad\qquad=12a^7b^5$

16. $\dfrac{2}{3}x^2y \div \dfrac{1}{4}xy^2 \times (-3x^3y^4) = \dfrac{2}{3}x^2y \times \dfrac{4}{xy^2} \times (-3x^3y^4)$
$$= -8x^4y^3$$
즉, $-8x^4y^3 = ax^by^c$이므로
$a=-8$, $b=4$, $c=3$
따라서 $a+b+c=-8+4+3=-1$

17. $(x^2y)^3 \times 6xy^2 \div 3x^3 = x^6y^3 \times 6xy^2 \times \dfrac{1}{3x^3}$
$$= 2x^4y^5$$
$x=-1$, $y=2$를 대입하면
$2 \times (-1)^4 \times 2^5 = 64$

18. $\boxed{} = 8x^8y^3 \div (-2x^3y^2)^3 \times (3xy^2)^2$
$= 8x^8y^3 \div (-8x^9y^6) \times 9x^2y^4$
$= 8x^8y^3 \times \left(-\dfrac{1}{8x^9y^6}\right) \times 9x^2y^4$
$= -9xy$

19. 어떤 식을 A라 하면
$A \times (-2x^2y^3) = 24x^6y^5$이므로
$A = 24x^6y^5 \div (-2x^2y^3) = -\dfrac{24x^6y^5}{2x^2y^3} = -12x^4y^2$

20. $(2x^2y)^a \div 3x^4y^2 \times 12x^6y^2 = 2^a x^{2a}y^a \div 3x^4y^2 \times 12x^6y^2$
$$= 2^a x^{2a}y^a \times \dfrac{1}{3x^4y^2} \times 12x^6y^2$$
$$= 2^{a+2}x^{2a+2}y^a$$
즉, $2^{a+2}x^{2a+2}y^a = bx^4y^c$이므로
$2^{a+2}=b$, $2a+2=4$, $a=c$
$2a+2=4$에서 $2a=2$, $a=1$
$b=2^{a+2}$에서 $b=2^{1+2}=2^3=8$
$a=c$에서 $c=1$
따라서 $a+b+c=1+8+1=10$

21. $(구의 부피) = \dfrac{4}{3}\pi \times (ab)^3 = \dfrac{4}{3}\pi a^3b^3$ ······ ❶

$(원기둥의 부피) = \pi \times (3ab)^2 \times 4ab$
$$= \pi \times 9a^2b^2 \times 4ab$$
$$= 36\pi a^3b^3$$ ······ ❷
$36\pi a^3b^3 \div \dfrac{4}{3}\pi a^3b^3 = 36\pi a^3b^3 \times \dfrac{3}{4\pi a^3b^3} = 27$
따라서 원기둥의 부피는 구의 부피의 27배이다. ······ ❸

채점 기준	비율
❶ 구의 부피 구하기	40 %
❷ 원기둥의 부피 구하기	40 %
❸ 원기둥의 부피는 구의 부피의 몇 배인지 구하기	20 %

22. $\dfrac{2x-3y}{6} + \dfrac{3x+2y}{4} - \dfrac{5x-7y}{3}$
$$= \dfrac{4x-6y+9x+6y-20x+28y}{12}$$
$$= \dfrac{-7x+28y}{12} = -\dfrac{7}{12}x + \dfrac{7}{3}y$$
따라서 $a=-\dfrac{7}{12}$, $b=\dfrac{7}{3}$이므로
$a+b = -\dfrac{7}{12} + \dfrac{7}{3} = \dfrac{21}{12} = \dfrac{7}{4}$

23. $5x - \{7x + 2y - (3x-y) + 4y\}$
$= 5x - (7x + 2y - 3x + y + 4y)$
$= 5x - (4x + 7y)$
$= x - 7y$
따라서 $a=1$, $b=-7$이므로
$a+b = 1 + (-7) = -6$

24. $3(x^2 - 2x + 1) - (2x^2 + x - 5)$
$= 3x^2 - 6x + 3 - 2x^2 - x + 5$
$= x^2 - 7x + 8$
따라서 $a=1$, $b=-7$, $c=8$이므로
$a+b+c = 1 + (-7) + 8 = 2$

25. $\boxed{} - (4x^2 + 3x - 1) = -5x^2 + 2x + 7$에서
$\boxed{} = -5x^2 + 2x + 7 + (4x^2 + 3x - 1)$
$= -5x^2 + 2x + 7 + 4x^2 + 3x - 1 = -x^2 + 5x + 6$

26. 어떤 다항식을 A라 하면
$A - (x^2 + x + 4) = 5x^2 - 2x - 3$
$A = 5x^2 - 2x - 3 + (x^2 + x + 4)$
$= 5x^2 - 2x - 3 + x^2 + x + 4 = 6x^2 - x + 1$
따라서 바르게 계산한 식은
$6x^2 - x + 1 + (x^2 + x + 4)$
$= 6x^2 - x + 1 + x^2 + x + 4$
$= 7x^2 + 5$

27. 어떤 다항식을 A라 하면
$A + (-x^2 - 3x + 2) = 3x^2 + x - 5$ ······ ❶
$A = 3x^2 + x - 5 - (-x^2 - 3x + 2)$
$= 3x^2 + x - 5 + x^2 + 3x - 2$
$= 4x^2 + 4x - 7$ ······ ❷
따라서 바르게 계산한 식은
$4x^2 + 4x - 7 - (-x^2 - 3x + 2)$
$= 4x^2 + 4x - 7 + x^2 + 3x - 2$
$= 5x^2 + 7x - 9$ ······ ❸

채점 기준	비율
❶ 잘못 계산한 식 세우기	20 %
❷ 어떤 다항식 구하기	40 %
❸ 바르게 계산한 식 구하기	40 %

28 $4x(x+1)+(3x+5)\times(-2x)$
$=4x^2+4x-6x^2-10x$
$=-2x^2-6x$
따라서 $a=-2$, $b=-6$이므로
$a-b=-2-(-6)=4$

29 어떤 다항식을 A라 하면
$A\div\dfrac{1}{3}xy^2=-18x^2y^4+9x^3y$이므로
$A=(-18x^2y^4+9x^3y)\times\dfrac{1}{3}xy^2$
$\quad=-18x^2y^4\times\dfrac{1}{3}xy^2+9x^3y\times\dfrac{1}{3}xy^2$
$\quad=-6x^3y^6+3x^4y^3$

30 $3x(x-y)-(4xy^2-6x^2y)\div2y$
$=3x^2-3xy-(2xy-3x^2)$
$=3x^2-3xy-2xy+3x^2$
$=6x^2-5xy$

31 $(직육면체의\ 부피)=(3xy)^2\times(2x+5y)$
$\qquad\qquad\qquad=9x^2y^2\times(2x+5y)$
$\qquad\qquad\qquad=18x^3y^2+45x^2y^3$

32 $2x-3y+5=2x-3(7-2x)+5$
$\qquad\qquad\quad=2x-21+6x+5=8x-16$

33 $-3(2A-B)=-6A+3B$
$\qquad\qquad\quad=-6(-x+2y)+3(-3x+y)$
$\qquad\qquad\quad=6x-12y-9x+3y$
$\qquad\qquad\quad=-3x-9y$

34 $x:y=2:3$에서 $2y=3x$, 즉 $y=\dfrac{3}{2}x$이므로
$5x-2y+4=5x-2\times\dfrac{3}{2}x+4=5x-3x+4=2x+4$

35 $5x-y=3x+5y$에서 $2x=6y$, 즉 $x=3y$이므로
$\dfrac{x+4y}{x-2y}=\dfrac{3y+4y}{3y-2y}=\dfrac{7y}{y}=7$

36 $x+2y=3$에서 $x=3-2y$이므로
$2x+y+\{x+2y-(4x+y)\}=2x+y+(x+2y-4x-y)$
$\qquad\qquad\qquad\qquad\qquad\quad=2x+y+(-3x+y)$
$\qquad\qquad\qquad\qquad\qquad\quad=2x+y-3x+y$
$\qquad\qquad\qquad\qquad\qquad\quad=-x+2y$
$\qquad\qquad\qquad\qquad\qquad\quad=-(3-2y)+2y$
$\qquad\qquad\qquad\qquad\qquad\quad=-3+2y+2y$
$\qquad\qquad\qquad\qquad\qquad\quad=4y-3$

● **고난도** 대표 유형 24~29쪽

1 14	**2** 17	**3** 19	**4** 1	**5** 4
6 9	**7** 107	**8** $\dfrac{9}{2}\pi a^3b^2$	**9** 0	
10 $5x^2-5x+6$		**11** $-a-b+8$		
12 $-x^2+8x$		**13** -6		
14 $A=-12xy^2+6xy$, $B=2xy-x$			**15** $2x^2+xy-3y^2$	
16 $43x^2+11xy-12y^2$		**17** 32	**18** 1	

1 $20\times24\times28\times36=(2^2\times5)\times(2^3\times3)\times(2^2\times7)\times(2^2\times3^2)$
$\qquad\qquad\qquad\qquad\quad=2^9\times3^3\times5\times7$
따라서 $a=9$, $b=3$, $c=1$, $d=1$이므로
$a+b+c+d=9+3+1+1=14$

2 $(xy^2)^4\div\left(\dfrac{x}{y^2}\right)^3\times x^5\div y^3=x^4y^8\times\dfrac{y^6}{x^3}\times x^5\times\dfrac{1}{y^3}=x^6y^{11}$
따라서 $a=6$, $b=11$이므로 $a+b=6+11=17$

3 $(x^3)^a\times(y^2)^5\times y^3=x^{3a}\times y^{10}\times y^3=x^{3a}y^{13}$
즉, $x^{3a}y^{13}=x^{18}y^b$이므로 $3a=18$, $b=13$
따라서 $a=6$, $b=13$이므로 $a+b=6+13=19$

4 $8^{2x}(4\times8^x)=2048$이므로 $4\times8^{3x}=2048$
$8^{3x}=512=2^9=(2^3)^3=8^3$, $3x=3$
따라서 $x=1$

5 $a=(3^4)^9=3^{36}$
3, 3^2, 3^3, 3^4, $\cdots$의 일의 자리의 숫자는 3, 9, 7, 1이 순서대로 반복된다.
$36=4\times9$이므로 3^{36}의 일의 자리의 숫자는 3^4의 일의 자리의 숫자와 같은 1이다.
$b=3^5\times9^8=3^5\times(3^2)^8=3^5\times3^{16}=3^{21}$
$21=4\times5+1$이므로 3^{21}의 일의 자리의 숫자는 3의 일의 자리의 숫자와 같은 3이다.
따라서 $<a>=1$, $<b>=3$이므로
$<a>+<b>=1+3=4$

6 $\dfrac{4^6\times15^7}{18^3}=\dfrac{(2^2)^6\times(3\times5)^7}{(2\times3^2)^3}=\dfrac{(2^2)^6\times3^7\times5^7}{2^3\times(3^2)^3}$
$\qquad\qquad=\dfrac{2^{12}\times3^7\times5^7}{2^3\times3^6}=2^9\times3\times5^7$
$\qquad\qquad=3\times2^9\times(2\times5)^7=12\times10^7$
따라서 $\dfrac{4^6\times15^7}{18^3}$은 9자리 자연수이므로
$n=9$

7 $ax^7y^5\times\left(-\dfrac{xy^2}{2}\right)^b=ax^7y^5\times\left(-\dfrac{1}{2}\right)^b\times x^b\times y^{2b}$
$\qquad\qquad\qquad\qquad=a\times\left(-\dfrac{1}{2}\right)^b\times x^{7+b}y^{5+2b}=24x^9y^c$
$7+b=9$이므로 $b=2$
$c=5+2b$이므로 $c=5+2\times2=9$

$a \times \left(-\dfrac{1}{2}\right)^b = 24$이므로 $\dfrac{1}{4}a = 24$, $a = 96$

따라서 $a + b + c = 96 + 2 + 9 = 107$

8 $(\text{물의 부피}) = \left\{\pi \times \left(\dfrac{3ab^2}{2}\right)^2\right\} \times \dfrac{10a}{3b^2} \times \dfrac{3}{5}$

$\qquad = \pi \times \dfrac{9a^2 b^4}{4} \times \dfrac{10a}{3b^2} \times \dfrac{3}{5} = \dfrac{9}{2}\pi a^3 b^2$

9 $(-2x^3 y^2)^a \div 12x^b y^5 \times 3x^5 y^4$

$= (-2)^a x^{3a} y^{2a} \times \dfrac{1}{12x^b y^5} \times 3x^5 y^4$

$= (-2)^a \times \dfrac{3}{12} \times x^{3a-b+5} y^{2a-5+4}$

$= (-2)^a \times \dfrac{1}{4} \times x^{3a-b+5} y^{2a-1} = cx^9 y^7$

$(-2)^a \times \dfrac{1}{4} = c$, $3a - b + 5 = 9$, $2a - 1 = 7$이므로

$2a - 1 = 7$에서 $2a = 8$, $a = 4$

$3a - b + 5 = 9$에서 $12 - b + 5 = 9$, $b = 8$

$(-2)^a \times \dfrac{1}{4} = c$에서 $c = (-2)^4 \times \dfrac{1}{4} = 4$

따라서 $a - b + c = 4 - 8 + 4 = 0$

10 어떤 식을 A라 하면

$A + (-x^2 + 3x - 5) = 3x^2 + x - 4$이므로

$A = 3x^2 + x - 4 - (-x^2 + 3x - 5)$

$\quad = 3x^2 + x - 4 + x^2 - 3x + 5$

$\quad = 4x^2 - 2x + 1$

따라서 바르게 계산한 식은

$4x^2 - 2x + 1 - (-x^2 + 3x - 5)$

$= 4x^2 - 2x + 1 + x^2 - 3x + 5$

$= 5x^2 - 5x + 6$

11 $A + (a + 5b - 3) = -a + 4b + 1$에서

$A = -a + 4b + 1 - (a + 5b - 3) = -2a - b + 4$

$B - (-2a + b - 1) = 3a - b + 5$에서

$B = 3a - b + 5 + (-2a + b - 1) = a + 4$

따라서 $A + B = (-2a - b + 4) + (a + 4) = -a - b + 8$

12 $5x^2 - [-3x + x^2 + \{4x^2 - 3x - (-x^2 + 2x)\}]$

$= 5x^2 - \{-3x + x^2 + (4x^2 - 3x + x^2 - 2x)\}$

$= 5x^2 - (-3x + x^2 + 5x^2 - 5x)$

$= 5x^2 - (6x^2 - 8x)$

$= 5x^2 - 6x^2 + 8x = -x^2 + 8x$

13 $2x(x - 3xy) - \{12x^4 - (-3xy)^2\} \div \dfrac{3}{2}x^2$

$= 2x^2 - 6x^2 y - (12x^4 - 9x^2 y^2) \times \dfrac{2}{3x^2}$

$= 2x^2 - 6x^2 y - 8x^2 + 6y^2$

$= -6x^2 - 6x^2 y + 6y^2$

따라서 $a = -6$, $b = -6$, $c = 6$이므로

$a + b + c = -6 + (-6) + 6 = -6$

14 주어진 전개도로 정육면체를 만들었을 때, $3x^2 y$가 적힌 면과 마주 보는 면에 적힌 식은 $2y - 1$이므로

마주 보는 면에 적힌 두 식의 곱은 $3x^2 y \times (2y - 1) = 6x^2 y^2 - 3x^2 y$

$A \times \left(-\dfrac{1}{2}x\right) = 6x^2 y^2 - 3x^2 y$에서

$A = (6x^2 y^2 - 3x^2 y) \div \left(-\dfrac{1}{2}x\right)$

$\quad = (6x^2 y^2 - 3x^2 y) \times \left(-\dfrac{2}{x}\right) = -12xy^2 + 6xy$

$B \times 3xy = 6x^2 y^2 - 3x^2 y$에서

$B = (6x^2 y^2 - 3x^2 y) \div 3xy = 2xy - x$

15 $\{(x+y,\, 3y)\circledcirc(-x,\, x-y)\} - \{(2xy,\, -x+y)\circledcirc(-1,\, 3x)\}$

$= \{-x(x+y) + 3y(x-y)\}$

$\quad - \{(2xy) \times (-1) + 3x(-x+y)\}$

$= (-x^2 - xy + 3xy - 3y^2) - (-2xy - 3x^2 + 3xy)$

$= (-x^2 + 2xy - 3y^2) - (-3x^2 + xy)$

$= -x^2 + 2xy - 3y^2 + 3x^2 - xy = 2x^2 + xy - 3y^2$

16 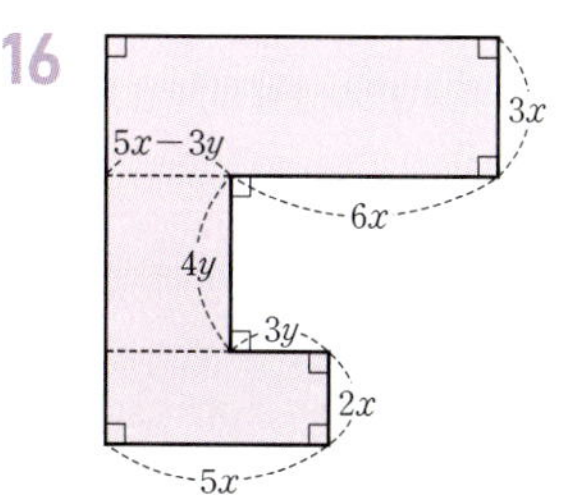

위의 그림과 같이 보조선을 그으면 구하는 도형의 넓이는

$\{(5x - 3y) + 6x\} \times 3x + (5x - 3y) \times 4y + 5x \times 2x$

$= 3x(11x - 3y) + 20xy - 12y^2 + 10x^2$

$= 33x^2 - 9xy + 20xy - 12y^2 + 10x^2$

$= 43x^2 + 11xy - 12y^2$

17 $3A - [-A + 2B + \{5A - B + C - (2B - C)\}]$

$= 3A - \{-A + 2B + (5A - B + C - 2B + C)\}$

$= 3A - \{-A + 2B + (5A - 3B + 2C)\}$

$= 3A - (4A - B + 2C) = -A + B - 2C$

$= -(x^2 - 2x + 3) + (3x^2 - 1) - 2\left(\dfrac{1}{2}x^2 - x + 2\right)$

$= -x^2 + 2x - 3 + 3x^2 - 1 - x^2 + 2x - 4 = x^2 + 4x - 8$

따라서 $a = 1$, $b = -4$, $c = -8$이므로

$abc = 1 \times (-4) \times (-8) = 32$

18 $\dfrac{1}{xy + x + 1} + \dfrac{1}{yz + y + 1} + \dfrac{1}{zx + z + 1}$

$= \dfrac{1}{xy + x + 1} + \dfrac{x}{x(yz + y + 1)} + \dfrac{xy}{xy(zx + z + 1)}$

$= \dfrac{1}{xy + x + 1} + \dfrac{x}{xyz + xy + x} + \dfrac{xy}{x^2 yz + xyz + xy}$

$= \dfrac{1}{xy + x + 1} + \dfrac{x}{1 + xy + x} + \dfrac{xy}{x + 1 + xy}$

$= \dfrac{xy + x + 1}{xy + x + 1} = 1$

고난도 실전 문제   30~35쪽

1 ③	**2** 30	**3** 5	**04** ③	**5** 12
6 ⑤	**7** 12	**8** 4	**9** ③	**10** 9
11 16	**12** ②	**13** ②	**14** $48x^8y^{21}$	**15** $\dfrac{3}{2}$배
16 x^5y	**17** $3a^2b$	**18** ②	**19** $-\dfrac{2}{3}x^8y^2$	

20 $9x^2+3xy+y^2$

21 $A=-3a^2+a-5,\ B=5a^2-10a+2$

22 $-2x+5y$ **23** 3   **24** -10

25 $8x^3y^2-4x^2y^3$ **26** $4xy+x+y$ **27** $5a+b$

28 $6ab+\dfrac{3}{5}b^2$ **29** $-2x+y$

30 $-6x^2-30x$ **31** $\dfrac{11}{5}$ **32** $\dfrac{1}{2}$ **33** $\dfrac{7}{3x}$

34 $\dfrac{29}{15}$ **35** 1   **36** $-3x+4$

1
$1\times2\times3\times\cdots\times11$
$=1\times2\times3\times2^2\times5\times(2\times3)\times7\times2^3\times3^2\times(2\times5)\times11$
$=2^8\times(홀수)$
따라서 $a=8$

2
$(6^4\times6^4\times6^4)^2=(6^{4+4+4})^2=(6^{12})^2=6^{24}$
$\qquad\qquad\qquad=(2\times3)^{24}=2^{24}\times3^{24}$
이므로 $a=24,\ b=24$
$144^3=(2^4\times3^2)^3=2^{12}\times3^6$
이므로 $c=12,\ d=6$
따라서 $a+b-c-d=24+24-12-6=30$

3
$(좌변)=(-1)^n\times(-2)^{m+n-4}$
$\qquad\quad=(-1)^n\times(-1)^{m+n-4}\times2^{m+n-4}$
$\qquad\quad=(-1)^{m+2n-4}\times2^{m+n-4}$
$(우변)=-(2^2)^4\times(-2)^3=(-2^8)\times(-2^3)=2^{11}$
우변이 양수이므로 $m+2n-4$는 짝수이어야 한다.
이때 $2n$, 4가 짝수이므로 m은 짝수이어야 한다.
4보다 큰 짝수 m에 대하여
$m+n-4=11$, 즉 $m+n=15$를 만족시키는 자연수 m, n의
모든 순서쌍 $(m,\ n)$은 $(6,\ 9)$, $(8,\ 7)$, $(10,\ 5)$, $(12,\ 3)$,
$(14,\ 1)$의 5개이다.

4
$\left(\dfrac{25}{3}\right)^{a+3b}\times\left(\dfrac{3}{25}\right)^{-a+b}=\dfrac{5^{2a+6b}}{3^{a+3b}}\times\dfrac{3^{-a+b}}{5^{-2a+2b}}$
$\qquad\qquad\qquad\qquad\qquad=\dfrac{3^{-a+b}}{3^{a+3b}}\times\dfrac{5^{2a+6b}}{5^{-2a+2b}}$
이때 a, b는 자연수이므로
$-a+b<a+b<a+3b$이고
$-2a+2b<2a+2b<2a+6b$
따라서 주어진 식은
$\dfrac{5^{2a+6b-(-2a+2b)}}{3^{(a+3b)-(-a+b)}}=\dfrac{5^{4a+4b}}{3^{2a+2b}}=\dfrac{(5^{a+b})^4}{(3^{a+b})^2}=\dfrac{y^4}{x^2}$

5
$(x^ay^bz^c)^d=x^{ad}y^{bd}z^{cd}=x^{12}y^6z^9$이므로
$ad=12,\ bd=6,\ cd=9$
이때 가장 큰 자연수 d는 12, 6, 9의 최대공약수인 3이므로
$d=3$ ⋯⋯ ❶
따라서 $a=4,\ b=2,\ c=3$이므로   ⋯⋯ ❷
$a+b+c+d=4+2+3+3=12$ ⋯⋯ ❸

채점 기준	비율
❶ d의 값 구하기	50 %
❷ a, b, c의 값 구하기	30 %
❸ $a+b+c+d$의 값 구하기	20 %

6
$\dfrac{2^5+2^5+2^5+2^5}{27}\times\dfrac{3^4+3^4+3^4}{8^2+8^2+8^2+8^2}$
$=\dfrac{4\times2^5}{3^3}\times\dfrac{3\times3^4}{4\times8^2}=\dfrac{2^5}{3^3}\times\dfrac{3\times3^4}{(2^3)^2}$
$=\dfrac{2^5}{3^3}\times\dfrac{3^5}{2^6}=\dfrac{9}{2}$

7
$5^{200}<n^{400}<3^{600}$에서
$(5^2)^{100}<(n^4)^{100}<(3^6)^{100}$이므로
$5^2<n^4<3^6,\ 25<n^4<729$
이때 $2^4=16,\ 3^4=81,\ 4^4=256,\ 5^4=625,\ 6^4=1296$이므로
주어진 부등식을 만족시키는 자연수 n은 3, 4, 5이다.
따라서 모든 자연수 n의 값의 합은
$3+4+5=12$

8
$2^{x+3}+3\times2^x+2^x=2^x\times2^3+3\times2^x+2^x$
$\qquad\qquad\qquad\quad=2^x(2^3+3+1)$
$\qquad\qquad\qquad\quad=2^x\times12$
즉, $2^x\times12=192$이므로
$2^x=16=2^4$
따라서 $x=4$

9
$9^{200}\div3^{100}=(3^2)^{200}\div3^{100}=3^{400-100}=3^{300}$
3의 거듭제곱의 일의 자리의 숫자는 3, 9, 7, 1이 순서대로 반복된다.
이때 $300=4\times75$이므로 3^{300}의 일의 자리의 숫자는 1이다.
한편 2의 거듭제곱의 일의 자리의 숫자는 2, 4, 8, 6이 순서대로 반복된다.
이때 $50=4\times12+2$이므로 2^{50}의 일의 자리의 숫자는 4이다.
따라서 $9^{200}\div3^{100}+2^{50}$의 일의 자리의 숫자는
$1+4=5$

10
$(주어진\ 식)=(5\times2^6)\times(4\times5^8)$
$\qquad\qquad=2^6\times2^2\times5\times5^8$
$\qquad\qquad=2^8\times5^9$
$\qquad\qquad=5\times(2^8\times5^8)$
$\qquad\qquad=5\times10^8$
따라서 5×10^8은 9자리 자연수이므로
$n=9$

11 $10 \times 15 \times 20 \times 25 \times 30$

$\quad = (2 \times 5) \times (3 \times 5) \times (2^2 \times 5) \times 5^2 \times (2 \times 3 \times 5)$

$\quad = 2^4 \times 3^2 \times 5^6$

$\quad = (2^4 \times 5^4) \times 3^2 \times 5^2$

$\quad = 225 \times (2 \times 5)^4$

$\quad = 225 \times 10^4$ ...... ❶

이때 주어진 수는 7자리 자연수이므로

$m = 7$ ...... ❷

각 자리의 숫자의 합은

$n = 2 + 2 + 5 = 9$ ...... ❸

따라서

$m + n = 7 + 9 = 16$ ...... ❹

채점 기준	비율
❶ 주어진 수를 $a \times 10^k (a, k$는 자연수) 꼴로 나타내기	40 %
❷ m의 값 구하기	30 %
❸ n의 값 구하기	20 %
❹ $m+n$의 값 구하기	10 %

12 $2^8 \times 5^6 \times 7^a = (2^6 \times 5^6) \times 2^2 \times 7^a$

$\qquad\qquad\qquad = 2^2 \times 7^a \times (2 \times 5)^6$

$\qquad\qquad\qquad = 2^2 \times 7^a \times 10^6$

$2^8 \times 5^6 \times 7^a$이 9자리 자연수가 되려면 $2^2 \times 7^a$이 세 자리 자연수가 되어야 한다.

$a = 1$일 때, $2^2 \times 7^a = 2^2 \times 7 = 28$

$a = 2$일 때, $2^2 \times 7^a = 2^2 \times 7^2 = 196$

$a = 3$일 때, $2^2 \times 7^a = 2^2 \times 7^3 = 1372$

따라서 자연수 a의 값은 2이다.

13 $ax^4y^3 \times (\;\; 3xy)^b = ax^4y^3 \times (-3)^b \times x^b y^b$

$\qquad\qquad\qquad\quad = a \times (-3)^b \times x^{b+4} y^{b+3}$

즉, $a \times (-3)^b \times x^{b+4} y^{b+3} = 18x^6 y^c$이므로

$a \times (-3)^b = 18,\ b + 4 = 6,\ b + 3 = c$

$b + 4 = 6$에서 $b = 2$

$a \times (-3)^b = 18$에서

$a \times (-3)^2 = 18,\ 9a = 18,\ a = 2$

$b + 3 = c$에서 $c = 2 + 3 = 5$

따라서 $a - b + c = 2 - 2 + 5 = 5$

14 어떤 식을 A라 하면

$(\;\; 2x^3y^6)^2 \div A = \dfrac{x^4y^3}{3}$이므로

$A = (-2x^3y^6)^2 \div \dfrac{x^4y^3}{3} = 4x^6y^{12} \times \dfrac{3}{x^4y^3} = 12x^2y^9$

따라서 바르게 계산하면

$(-2x^3y^6)^2 \times 12x^2y^9 = 4x^6y^{12} \times 12x^2y^9 = 48x^8y^{21}$

15 변 AC를 회전축으로 하여 1회전 시켰을 때 생기는 회전체는 밑면인 원의 반지름의 길이가 $3xy$, 높이가 $2xy$인 원뿔이다.

이 원뿔의 부피를 P라 하면

$P = \dfrac{1}{3}\pi \times (3xy)^2 \times 2xy$

$\quad = \dfrac{1}{3}\pi \times 9x^2y^2 \times 2xy$

$\quad = 6\pi x^3 y^3$

변 BC를 회전축으로 하여 1회전 시켰을 때 생기는 회전체는 밑면인 원의 반지름의 길이가 $2xy$, 높이가 $3xy$인 원뿔이다.

이 원뿔의 부피를 Q라 하면

$Q = \dfrac{1}{3}\pi \times (2xy)^2 \times 3xy$

$\quad = \dfrac{1}{3}\pi \times 4x^2y^2 \times 3xy$

$\quad = 4\pi x^3 y^3$

이때 $\dfrac{P}{Q} = \dfrac{6\pi x^3 y^3}{4\pi x^3 y^3} = \dfrac{3}{2}$이므로 P는 Q의 $\dfrac{3}{2}$배이다.

16 세 수 $x^3y,\ xy^2,\ y^2$의 최소공배수는 x^3y^2이다.

따라서 한 모서리의 길이가 x^3y^2인 정육면체를 만들기 위해 필요한 직육면체의 개수는

$(x^3y^2 \div x^3y) \times (x^3y^2 \div xy^2) \times (x^3y^2 \div y^2) = y \times x^2 \times x^3$

$\qquad\qquad\qquad\qquad\qquad\qquad\qquad\qquad\quad = x^5 y$

17 (원기둥 모양의 물통에 담긴 물의 부피)

$= \pi \times (12a^2b^2)^2 \times \dfrac{a^2}{3b} \times \dfrac{3}{4}$

$= \pi \times 144a^4b^4 \times \dfrac{a^2}{3b} \times \dfrac{3}{4}$

$= 36\pi a^6 b^3$

(구 모양의 물통에 가득 담긴 물의 부피) $= \dfrac{4}{3}\pi x^3$

이때 $\dfrac{4}{3}\pi r^3 = 36\pi a^6 b^3$이므로

$x^3 = 36\pi a^6 b^3 \div \dfrac{4}{3}\pi$

$\quad = 36\pi a^6 b^3 \times \dfrac{3}{4\pi}$

$\quad = 27a^6 b^3$

$\quad = (3a^2 b)^3$

따라서 $x = 3a^2 b$

18 $\square = 9x^6y^3 \div (3x^2y^3)^2 \times (-2xy^2)^3$

$\quad = 9x^6y^3 \div 9x^4y^6 \times (-8x^3y^6)$

$\quad = 9x^6y^3 \times \dfrac{1}{9x^4y^6} \times (-8x^3y^6)$

$\quad = -8x^5 y^3$

19 $\square = (-2x^5y^4)^3 \div (-3xy^2)^2 \div \dfrac{4}{3}x^5y^6$

$\quad = -8x^{15}y^{12} \div 9x^2y^4 \div \dfrac{4}{3}x^5y^6$

$\quad = -8x^{15}y^{12} \times \dfrac{1}{9x^2y^4} \times \dfrac{3}{4x^5y^6}$

$\quad = -\dfrac{2}{3}x^8 y^2$

20

$$\boxed{x^2+2xy+y^2}\qquad\boxed{\text{(가)}}\qquad\boxed{2x^2-xy}$$
$$\boxed{4x^2+3xy+y^2}\qquad\boxed{\text{(나)}}$$
$$\boxed{A}$$

$x^2+2xy+y^2+$(가)$=4x^2+3xy+y^2$이므로

(가)$=4x^2+3xy+y^2-(x^2+2xy+y^2)$

$\qquad=4x^2+3xy+y^2-x^2-2xy-y^2$

$\qquad=3x^2+xy$

(가)$+2x^2-xy=$(나)이므로

(나)$=(3x^2+xy)+2x^2-xy=5x^2$

따라서

$A=4x^2+3xy+y^2+$(나)

$\quad=4x^2+3xy+y^2+5x^2$

$\quad=9x^2+3xy+y^2$

21

$\xrightarrow{\quad(+)\quad}$		
$4a^2-2a+3$	A	a^2-a-2
(가)	$2a^2-5a$	B
a^2+3a+1		

$\Big\downarrow\,(-)$

$4a^2-2a+3+A=a^2-a-2$이므로

$A=a^2-a-2-(4a^2-2a+3)$

$\quad=a^2-a-2-4a^2+2a-3$

$\quad=-3a^2+a-5$

$4a^2-2a+3-$(가)$=a^2+3a+1$이므로

(가)$=4a^2-2a+3-(a^2+3a+1)$

$\quad=4a^2-2a+3-a^2-3a-1$

$\quad=3a^2-5a+2$

따라서

$B=$(가)$+2a^2-5a$

$\quad=(3a^2-5a+2)+2a^2-5a$

$\quad=5a^2-10a+2$

22

$5x-4y-\{-3x+2y-(2x-\boxed{})\}=12x-11y$

$5x-4y-(-3x+2y-2x+\boxed{})=12x-11y$

$5x-4y-(-5x+2y+\boxed{})=12x-11y$

$5x-4y+5x-2y-\boxed{}=12x-11y$

$10x-6y-\boxed{}=12x-11y$

따라서

$\boxed{}=10x-6y-(12x-11y)$

$\qquad=10x-6y-12x+11y$

$\qquad=-2x+5y$

23 (주어진 식)$=\dfrac{8x^2y^2-4xy^2+y^2}{y^2}+(-6x^2-2x)$

$\qquad\qquad=8x^2-4x+1-6x^2-2x$

$\qquad\qquad=2x^2-6x+1$

따라서 $a=2$, $b=1$이므로 $a+b=2+1=3$

24 세 쌍의 마주 보는 면은 각각 B와 $\dfrac{2}{3}ab^4$, A와 $-2ab^4$,

$\dfrac{1}{2}a^5b^6$과 $12a^2-8b$이다.

마주 보는 면에 적힌 두 식의 곱은

$\dfrac{1}{2}a^5b^6\times(12a^2-8b)=6a^7b^6-4a^5b^7$이므로

$A=(6a^7b^6-4a^5b^7)\div(-2ab^4)=-3a^6b^2+2a^4b^3$

$B=(6a^7b^6-4a^5b^7)\div\dfrac{2}{3}ab^4=9a^6b^2-6a^4b^3$

$A+2B=-3a^6b^2+2a^4b^3+2(9a^6b^2-6a^4b^3)$

$\qquad\quad=-3a^6b^2+2a^4b^3+18a^6b^2-12a^4b^3$

$\qquad\quad=15a^6b^2-10a^4b^3$

따라서 a^4b^3의 계수는 -10이다.

25 $P\triangle 2y=P\times(2y)^2=6x^3y^4$이므로

$P=6x^3y^4\div 4y^2=\dfrac{3}{2}x^3y^2$

$P\bullet Q=2\times\dfrac{3}{2}x^3y^2-Q=4x^2y^3-5x^3y^2$이므로

$3x^3y^2-Q=4x^2y^3-5x^3y^2$

따라서

$Q=3x^3y^2-(4x^2y^3-5x^3y^2)$

$\quad=3x^3y^2-4x^2y^3+5x^3y^2$

$\quad=8x^3y^2-4x^2y^3$

26 (직사각형 ABCD의 넓이)

$\quad=$(사다리꼴 ABFE의 넓이)$+$(사다리꼴 EFCD의 넓이)

이므로 직사각형 ABCD의 가로의 길이를 $\boxed{}$라 하면

$\boxed{}\times 2xy=(8x^2y^2-4xy^2)+(6xy^2+2x^2y)$

$\qquad\qquad=8x^2y^2+2x^2y+2xy^2$

$\boxed{}=(8x^2y^2+2x^2y+2xy^2)\div 2xy$

$\qquad=\dfrac{8x^2y^2+2x^2y+2xy^2}{2xy}=4xy+x+y$

따라서 직사각형 ABCD의 가로의 길이는 $4xy+x+y$이다.

27 큰 직육면체의 높이와 작은 직육면체의 높이를 각각 x, y라 하면

(큰 직육면체의 부피)$=4a\times 1\times x=12a^2+8ab$이므로

$x=(12a^2+8ab)\div 4a=\dfrac{12a^2+8ab}{4a}=3a+2b$ $\quad\cdots\cdots$ ❶

(작은 직육면체의 부피)$=3a\times 1\times y=6a^2-3ab$이므로

$y=(6a^2-3ab)\div 3a=\dfrac{6a^2-3ab}{3a}=2a-b$ $\quad\cdots\cdots$ ❷

따라서

$h=x+y=(3a+2b)+(2a-b)=5a+b$ $\quad\cdots\cdots$ ❸

채점 기준	비율
❶ 큰 직육면체의 높이 구하기	40 %
❷ 작은 직육면체의 높이 구하기	40 %
❸ 전체 높이 h 구하기	20 %

28 직사각형 ABCD의 넓이는

$5a \times 3b = 15ab$

$\triangle ABE = \dfrac{1}{2} \times (5a-2b) \times 3b$

$\qquad = \dfrac{15}{2}ab - 3b^2$

$\triangle ECF = \dfrac{1}{2} \times 2b \times \dfrac{12}{5}b = \dfrac{12}{5}b^2$

$\triangle AFD = \dfrac{1}{2} \times 5a \times \dfrac{3}{5}b = \dfrac{3}{2}ab$

따라서 색칠한 부분의 넓이는

$15ab - \left(\dfrac{15}{2}ab - 3b^2 + \dfrac{12}{5}b^2 + \dfrac{3}{2}ab \right)$

$= 15ab - \left(9ab - \dfrac{3}{5}b^2 \right)$

$= 15ab - 9ab + \dfrac{3}{5}b^2 = 6ab + \dfrac{3}{5}b^2$

29 $A = \dfrac{5}{3}x + \dfrac{4}{3}y$, $B = \dfrac{7}{9}x + \dfrac{1}{3}y$이므로

$A - \{2B - (2A - 7B)\}$

$= A - (2B - 2A + 7B)$

$= A - (9B - 2A)$

$= A - 9B + 2A$

$= 3A - 9B$

$= 3\left(\dfrac{5}{3}x + \dfrac{4}{3}y \right) - 9\left(\dfrac{7}{9}x + \dfrac{1}{3}y \right)$

$= 5x + 4y - 7x - 3y = -2x + y$

30 $(P \blacktriangle Q) - (P \blacktriangledown Q) = P(P+Q) - P(P-Q)$

$\qquad = P^2 + PQ - P^2 + PQ$

$\qquad = 2PQ$

$\qquad = 2 \times (-3x) \times (x+5)$

$\qquad = -6x(x+5)$

$\qquad = -6x^2 - 30x$

31 $\dfrac{1}{x} + \dfrac{1}{y} = 5$에서 $\dfrac{x+y}{xy} = 5$

따라서 $x+y = 5xy$이므로

$\dfrac{x + 6xy + y}{2x - 5xy + 2y} = \dfrac{x + y + 6xy}{2(x+y) - 5xy}$

$\qquad = \dfrac{5xy + 6xy}{2 \times 5xy - 5xy}$

$\qquad = \dfrac{11xy}{5xy} = \dfrac{11}{5}$

32 $81^x \times 27^2 \div 3^y = 243$에서 $3^{4x} \times 3^6 \div 3^y = 3^5$

$3^{4x+6-y} = 3^5$이므로 $4x + 6 - y = 5$, $y = 4x + 1$

따라서

$2x - \{x - 5y - (3x - 7y)\} = 2x - (-2x + 2y) = 4x - 2y$

$\qquad\qquad = 4x - 2(4x+1) = -4x - 2$

이므로 $\dfrac{b}{a} = \dfrac{-2}{-4} = \dfrac{1}{2}$

33 $x : y : z = 1 : 2 : 3$에서

$x : y = 1 : 2$이므로 $y = 2x$

$x : z = 1 : 3$이므로 $z = 3x$

따라서

$\dfrac{x^2 + y^2 + z^2}{xyz} = \dfrac{x^2 + (2x)^2 + (3x)^2}{x \times 2x \times 3x}$

$\qquad = \dfrac{x^2 + 4x^2 + 9x^2}{6x^3}$

$\qquad = \dfrac{14x^2}{6x^3} = \dfrac{7}{3x}$

34 $\dfrac{1}{4a} - \dfrac{1}{4b} = 5$에서 $\dfrac{b-a}{4ab} = 5$

따라서 $b - a = 20ab$이므로

$(\text{주어진 식}) = \dfrac{a(a - 9ab - b)}{a(a + 5ab - b)} = \dfrac{a - 9ab - b}{a + 5ab - b}$

$\qquad = \dfrac{-9ab - (b-a)}{5ab - (b-a)} = \dfrac{-9ab - 20ab}{5ab - 20ab}$

$\qquad = \dfrac{-29ab}{-15ab} = \dfrac{29}{15}$

35 $x : y = 3 : 2$에서 $3y = 2x$

$y : z = 1 : 3$에서 $z = 3y$

즉, $2x = 3y = z$이므로 $x = \dfrac{1}{2}z$, $y = \dfrac{1}{3}z$

따라서

$\left(\dfrac{4}{3}x^2yz - \dfrac{1}{4}xy^2z + \dfrac{1}{6}xyz^2 \right) \div \dfrac{3}{4}xyz^2$

$= \left(\dfrac{4}{3}x^2yz - \dfrac{1}{4}xy^2z + \dfrac{1}{6}xyz^2 \right) \times \dfrac{4}{3xyz^2}$

$= \dfrac{16x}{9z} - \dfrac{y}{3z} + \dfrac{2}{9}$

$= \dfrac{16 \times \frac{1}{2}z}{9z} - \dfrac{\frac{1}{3}z}{3z} + \dfrac{2}{9}$

$= \dfrac{8}{9} - \dfrac{1}{9} + \dfrac{2}{9} = 1$

36 $2x + 3y = 4$에서 $3y = 4 - 2x$이므로

$y = \dfrac{4 - 2x}{3}$

따라서

$3x + 5y - [x + 5y - \{y - (3x - 2y)\}]$

$= 3x + 5y - \{x + 5y - (y - 3x + 2y)\}$

$= 3x + 5y - \{x + 5y - (-3x + 3y)\}$

$= 3x + 5y - (x + 5y + 3x - 3y)$

$= 3x + 5y - (4x + 2y)$

$= 3x + 5y - 4x - 2y$

$= -x + 3y$

$= -x + 3 \times \dfrac{4 - 2x}{3}$

$= -x + 4 - 2x$

$= -3x + 4$

3. 일차부등식

● **필수** 확인 문제 40~43쪽

1 ①. ②	**2** ④	**3** ⑤	**4** ②	**5** ④
6 14	**7** ②	**8** ④	**9** ⑤	**10** ②
11 $x<\dfrac{1}{a}$	**12** 3	**13** 19, 20, 21		**14** ③
15 96점	**16** ③	**17** ④	**18** 23명	**19** ①
20 12 cm	**21** ②	**22** 1.2 km	**23** ①	**24** 90 g

1 ③, ⑤ 등식이다.
④ 다항식이다.
따라서 부등식은 ①. ②이다.

2 ④ $5x\geq40$
따라서 옳지 않은 것은 ④이다.

3 ① $-(-3)+2=5<6$ (참)
② $2\times(-3)+7=1\geq1$ (참)
③ $-3+2=-1<0$ (참)
④ $2-3\times(-3)=11>10$ (참)
⑤ $9-4\times(-3)=21\leq20$ (거짓)
따라서 $x=-3$을 해로 갖지 않는 부등식은 ⑤이다.

4 ① $a>b$의 양변에 5를 더하면 $a+5>b+5$
② $a>b$의 양변에 -1을 곱하면 $-a<-b$
양변에 1을 더하면 $1-a<1-b$
③ $a>b$의 양변을 2로 나누면 $\dfrac{a}{2}>\dfrac{b}{2}$
양변에 6을 더하면 $\dfrac{a}{2}+6>\dfrac{b}{2}+6$
④ $a>b$의 양변에서 1을 빼면 $a-1>b-1$
양변을 3으로 나누면 $\dfrac{a-1}{3}>\dfrac{b-1}{3}$
⑤ $a>b$의 양변에 -4를 곱하면 $-4a<-4b$
양변에서 5를 빼면 $-4a-5<-4b-5$
따라서 옳지 않은 것은 ②이다.

5 $10-3a<10-3b$의 양변에서 10을 빼면 $-3a<-3b$
양변을 -3으로 나누면 $a\boxed{>}b$
$\dfrac{2a-5}{4}\geq\dfrac{2b-5}{4}$의 양변에 4를 곱하면 $2a-5\geq2b-5$
양변에 5를 더하면 $2a\geq2b$
양변을 2로 나누면 $a\boxed{\geq}b$

6 $-3<x\leq4$의 양변에 -2를 곱하면 $-8\leq-2x<6$
양변에 3을 더하면 $-5\leq-2x+3<9$
따라서 $m=-5$, $M=9$이므로
$M-m=9-(-5)=14$

7 ㄱ. 미지수가 없다.
ㄴ. 차수가 1이 아니다.
ㄷ. $x+7\geq3x-1$에서 $-2x+8\geq0$이므로 일차부등식이다.
ㄹ. $x^2+x\leq x^2-4$에서 $x+4\leq0$이므로 일차부등식이다.
ㅁ. $2(x-1)>2x+1$에서 $-3>0$이므로 미지수가 없다.
ㅂ. $5x-8<x(x+3)$에서 $-x^2+2x-8<0$이므로 차수가 1이 아니다.
따라서 일차부등식인 것은 ㄷ, ㄹ의 2개이다.

8 $ax-1-2x>-x+3$에서
$ax-1-2x+x-3>0$, $(a-1)x-4>0$
이 부등식이 일차부등식이 되려면 $a-1\neq0$이므로 $a\neq1$

9 $2(x+4)-3<5(x-1)+4$에서
$2x+8-3<5x-5+4$, $2x+5<5x-1$
$2x-5x<-1-5$, $-3x<-6$
따라서 $x>2$이므로 수직선 위에 바르게 나타낸 것은 ⑤이다.

10 $3-x>5(x-3)$에서
$3-x>5x-15$, $-6x>-18$, $x<3$
따라서 일차부등식을 만족시키는 자연수 x의 값은 1, 2이므로 구하는 합은 $1+2=3$

11 $3ax-2>1$에서 $3ax>3$, $ax>1$
이때 $a<0$이므로 $x<\dfrac{1}{a}$

12 $\dfrac{x}{3}-\dfrac{a-x}{6}\leq\dfrac{3}{2}$의 양변에 6을 곱하면
$2x-(a-x)\leq9$, $3x\leq a+9$, $x\leq\dfrac{a+9}{3}$
일차부등식의 해가 $x\leq4$이므로
$\dfrac{a+9}{3}=4$, $a+9=12$, $a=3$

13 연속하는 세 자연수를 $x-1$, x, $x+1$이라 하면
$(x-1)+x+(x+1)>57$, $3x>57$, $x>19$
따라서 x의 값 중 가장 작은 자연수는 20이므로
구하는 세 자연수는 19, 20, 21이다.

14 아이스크림을 x개 산다고 하면 과자는 $(12-x)$개 살 수 있으므로
$1000x+800(12-x)\leq11000$, $200x+9600\leq11000$
$200x\leq1400$, $x\leq7$
따라서 아이스크림은 최대 7개까지 살 수 있다.

15 네 번째 시험에서 x점을 받았다고 하면
$\dfrac{88\times3+x}{4}\geq90$, $264+x\geq360$, $x\geq96$
따라서 96점 이상을 받아야 한다.

16 주차 시간이 x $(x>30)$분이라 하면
$3500+60(x-30)\leq8000$, $3500+60x-1800\leq8000$
$60x\leq6300$, $x\leq105$
따라서 최대 105분까지 주차할 수 있다.

17 정가를 x원이라 하면 $\left(1-\dfrac{15}{100}\right)x-6800\geq6800\times\dfrac{20}{100}$

$0.85x-6800\geq1360$, $0.85x\geq8160$, $x\geq9600$

따라서 정가를 9600원 이상으로 정해야 한다.

18 전시회의 입장객 수를 x명이라 하면

$2800\times(1-0.25)\times30<2800x$ $\quad\cdots\cdots$ ❶

$63000<2800x$, $x>\dfrac{45}{2}=22.5$ $\quad\cdots\cdots$ ❷

따라서 23명 이상이면 30명의 단체 입장료를 내는 것이 유리하다. $\quad\cdots\cdots$ ❸

채점 기준	비율
❶ 부등식 세우기	50 %
❷ 부등식 풀기	30 %
❸ 몇 명 이상이면 30명의 단체 입장료를 내는 것이 유리한지 구하기	20 %

19 가장 긴 변의 길이가 $x+8$이므로

$x+8<(x+2)+(x+4)$, $x+8<2x+6$, $x>2$

따라서 x의 값이 될 수 없는 것은 ①이다.

20 직사각형의 가로의 길이를 x cm라 하면 둘레의 길이가 60 cm이므로 세로의 길이는 $(30-x)$ cm이다.

이때 세로의 길이가 가로의 길이보다 6 cm 이상 길어야 하므로

$(30-x)-x\geq6$, $-2x\geq-24$, $x\leq12$

따라서 가로의 길이는 12 cm 이하이어야 한다.

21 영화관에서 가게까지의 거리를 x m라 하면

$\dfrac{x}{90}+10+\dfrac{x}{110}\leq50$, $\dfrac{2}{99}x\leq40$, $x\leq1980$

따라서 최대 1980 m 떨어져 있는 가게에 갔다 올 수 있다.

22 하진이가 분속 40 m로 걸어간 거리를 x m라 하면

분속 80 m로 뛰어간 거리는 $(2000-x)$ m이므로

$\dfrac{x}{40}+\dfrac{2000-x}{80}\leq40$, $2x+(2000-x)\leq3200$, $x\leq1200$

따라서 하진이가 분속 40 m로 걸어간 거리는 최대 1.2 km이다.

23 7 %의 소금물을 x g 섞는다고 하면

$\dfrac{12}{100}\times150+\dfrac{7}{100}\times x\geq\dfrac{10}{100}\times(150+x)$

$7x+1800\geq10x+1500$, $-3x\geq-300$, $x\leq100$

따라서 7 %의 소금물을 최대 100 g까지 섞을 수 있다.

24 소금을 x g 넣는다고 하면

$\dfrac{15}{100}\times420+x\geq\dfrac{30}{100}\times(420+x)$ $\quad\cdots\cdots$ ❶

$6300+100x\geq12600+30x$, $x\geq90$ $\quad\cdots\cdots$ ❷

따라서 소금을 90 g 이상 넣어야 한다. $\quad\cdots\cdots$ ❸

채점 기준	비율
❶ 부등식 세우기	50 %
❷ 부등식 풀기	30 %
❸ 소금을 몇 g 이상 넣어야 하는지 구하기	20 %

고난도 대표 유형 44~47쪽

1 ④	**2** 6	**3** -4	**4** $\dfrac{22}{3}$	**5** $a<-4$
6 5	**7** 19명	**8** 5.5 km	**9** 5	
10 4초 이상 6초 이하		**11** 6 km		**12** 120 g

1 수직선 위에서 a, b, c, d의 대소 관계는 $a<b<0<c<d$

① $b<d$의 양변에 음수 a를 곱하면 $ab>ad$

② $b<c$의 양변을 음수 a로 나누면 $\dfrac{b}{a}>\dfrac{c}{a}$

③ $b<d$의 양변에서 c를 빼면 $b-c<d-c$

양변을 음수 a로 나누면 $\dfrac{b-c}{a}>\dfrac{d-c}{a}$

④ $a<b$의 양변에 d를 더하면 $a+d<b+d$

$c>b$이므로 $c-b>0$

$a+d<b+d$의 양변을 양수 $c-b$로 나누면

$\dfrac{a+d}{c-b}<\dfrac{b+d}{c-b}$

⑤ $a+b<0$, $c+d>0$이므로 $a+b<c+d$

$a<d$이므로 $a-d<0$

$a+b<c+d$의 양변을 음수 $a-d$로 나누면

$\dfrac{a+b}{a-d}>\dfrac{c+d}{a-d}$

따라서 옳지 않은 것은 ④이다.

2 $\dfrac{x-1}{2}\geq2.5$이므로 $x-1\geq5$, $x\geq6$

따라서 가장 작은 정수는 6이다

3 $a(x-3)>3(x-2a+3)$에서

$ax-3a>3x-6a+9$, $(a-3)x>-3a+9$

이때 $a<3$이므로 $a-3<0$

$x<\dfrac{-3a+9}{a-3}$이므로 $x<\dfrac{-3(a-3)}{a-3}$, $x<-3$

따라서 가장 큰 정수 x는 -4이다.

4 $3(x-8)<5(x-3)+3$에서

$3x-24<5x-12$, $-2x<12$, $x>-6$

$0.3(x-a)+2<0.4(x+1)$에서

$3(x-a)+20<4(x+1)$, $3x-3a+20<4x+4$

$-x<3a-16$, $x>-3a+16$

이때 두 일차부등식의 해가 서로 같으므로

$-3a+16=-6$, $-3a=-22$

따라서 $a=\dfrac{22}{3}$

5 $x=4$가 일차부등식 $x-a\leq\dfrac{5x-3a}{4}$의 해가 아니므로

$x=4$는 일차부등식 $x-a>\dfrac{5x-3a}{4}$의 해이다.

즉, $4-a>\dfrac{20-3a}{4}$이므로

$16-4a>20-3a$, $-a>4$, $a<-4$

6 $\dfrac{x-a}{2}\le 1-\dfrac{2}{3}x$ 의 양변에 6을 곱하면

$3x-3a\le 6-4x,\ 7x\le 3a+6,\ x\le \dfrac{3a+6}{7}$

이 부등식을 만족시키는 자연수 x 가
3개가 되도록 해를 수직선 위에 나타
내면 오른쪽 그림과 같다.

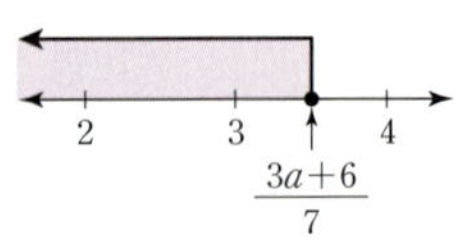

$3\le \dfrac{3a+6}{7}<4$ 에서 $\dfrac{3a+6}{7}=3$ 일 때, a 의 값이 가장 작으므로

$3a+6=21,\ 3a=15,\ a=5$

7 여학생을 x 명이라 하면

$(\text{전체 평균 키})=\dfrac{(\text{남학생 키의 합})+(\text{여학생 키의 합})}{(\text{남학생 수})+(\text{여학생 수})}$ 이므로

$\dfrac{20\times 165+x\times 155}{20+x}>160,\ 3300+155x>3200+160x$

$-5x>-100,\ x<20$

따라서 여학생은 최대 19명이다.

8 네 사람이 버스를 타고 가는 데 드는 요금은

$1700\times 4=6800(\text{원})$

택시를 타고 x km $(x>2)$ 를 간다고 하면 택시 요금은 125 m마
다 100원씩 추가되므로 1 km마다 $8\times 100=800(\text{원})$ 씩 추가된
다. 즉, 네 사람이 택시를 타고 가는 데 드는 요금은

$4000+800(x-2)(\text{원})$

버스를 타는 것보다 택시를 타는 것이 유리하려면

$4000+800(x-2)<6800,\ 800x<4400$

$x<\dfrac{4400}{800},\ x<5.5$

따라서 5.5 km 미만까지 이동할 때이다.

9 기본 할인된 가격을 구하면

$(\text{A 쇼핑몰})=10000\times 30\times \left(1-\dfrac{8}{100}\right)=276000(\text{원})$

$(\text{B 쇼핑몰})=9000\times 30=270000(\text{원})$

B 쇼핑몰의 추가 할인율을 x %라 할 때, 추가 할인된 가격을 구
하면

$(\text{A 쇼핑몰})=276000-19500=256500(\text{원})$

$(\text{B 쇼핑몰})=270000\times \left(1-\dfrac{x}{100}\right)$

이때 B 쇼핑몰에서 사는 것이 유리하려면

$256500>270000\times \left(1-\dfrac{x}{100}\right)$

$256500>270000-2700x,\ 2700x>13500,\ x>5$

따라서 a 의 값은 5이다.

10 점 P가 점 B를 출발한 지 $x\,(0\le x\le 6)$ 초 후의 $\overline{BP}$, $\overline{PC}$ 의 길이
는 각각 $2x$ cm, $(12-2x)$ cm이다.

삼각형 MPD의 넓이는

$\square \text{ABCD}-\triangle \text{AMD}-\triangle \text{MBP}-\triangle \text{PCD}$ 이므로

$12\times 8-\dfrac{1}{2}\times 12\times 4-\dfrac{1}{2}\times 2x\times 4-\dfrac{1}{2}\times(12-2x)\times 8$

$=96-24-4x-(48-8x)=4x+24$

삼각형 MPD의 넓이가 40 cm^2 이상이므로

$4x+24\ge 40,\ 4x\ge 16,\ x\ge 4$

따라서 점 P가 움직인 시간의 범위는 4초 이상 6초 이하이다.

11 아린이의 속력을 시속 x km라 하면 서로 반대 방향으로 돌았을
때 20분, 즉 $\dfrac{20}{60}=\dfrac{1}{3}$ 시간 만에 처음 만나므로 호수의 둘레의 길

이는 $\left(\dfrac{1}{3}x+\dfrac{2}{3}\right)$ km이다.

또 같은 방향으로 돌았을 때 늦어도 40분, 즉 $\dfrac{40}{60}=\dfrac{2}{3}$ 시간 이내

에 처음으로 만나려면 $\dfrac{2}{3}$ 시간 동안 두 사람이 이동한 거리의 차

가 호수의 둘레의 길이 이상이어야 하므로

$\dfrac{2}{3}x-\dfrac{2}{3}\times 2\ge \dfrac{1}{3}x+\dfrac{2}{3},\ 2x-4\ge x+2,\ x\ge 6$

따라서 아린이의 속력은 시속 6 km 이상이다.

12 농도가 6 %인 소금물 300 g에 들어 있는 소금의 양은

$300\times \dfrac{6}{100}=18\,(\text{g})$

물을 x g 증발시킨다고 하면

$\dfrac{18}{300-x}\times 100\ge 10$

$1800\ge 3000-10x,\ 10x\ge 1200,\ x\ge 120$

따라서 최소 120 g의 물을 증발시켜야 한다.

고난도 실전 문제

48~51쪽

1 0, 1, 2	**2** ④	**3** ②, ④	**4** ④
05 $\dfrac{ad}{c}<\dfrac{bd}{c}$	**6** 3	**7** $A>13$	**8** 3
9 4	**10** -1	**11** $a\ge 1$	**12** $\dfrac{10}{3}$
13 ②			
14 80분	**15** ⑤	**16** 44시간	**17** 45분
18 60000원	**19** 7장	**20** 33	**21** 6분
22 2.1 km			
23 15 %	**24** 2 %		

1 절댓값이 2보다 크지 않은 정수는 $-2,\ -1,\ 0,\ 1,\ 2$ 이므로

$-2\times(-2+3)=-2<-5\ (\text{거짓})$

$-2\times(-1+3)=-4<-5\ (\text{거짓})$

$-2\times(0+3)=-6<-5\ (\text{참})$

$-2\times(1+3)=-8<-5\ (\text{참})$

$-2\times(2+3)=-10<-5\ (\text{참})$

따라서 부등식을 만족시키는 x 의 값은 0, 1, 2이다.

2 $3x+2=8$에서 $3x=6$, $x=2$

각 부등식에 $x=2$를 대입하면

① $7-2\times2=3<3$ (거짓)　　② $\frac{2}{2}+5=6>7$ (거짓)

③ $4\times(2+1)=12\leq9$ (거짓)　　④ $0.6\times2-0.2=1\geq1$ (참)

⑤ (좌변)$=16-3\times2=10$, (우변)$=5\times2=10$에서
　　$10<10$ (거짓)

따라서 구하는 부등식은 ④이다.

3 수직선 위에서 a, b, c, d의 대소 관계는 $a<0<b<c<d$

① $b>0$이므로 $a<d$의 양변에 b를 곱하면 $ab<bd$

② $c<d$이므로 $-c>-d$
　　양변에 a를 더하면 $a-c>a-d$

③ $a<0$이므로 $b<c$의 양변을 a로 나누면 $\frac{b}{a}>\frac{c}{a}$

④ $b<d$이므로 $b-d<0$
　　$a<d$의 양변에 $b-d$를 곱하면 $a(b-d)>d(b-d)$

⑤ $a<c$이므로 $c-a>0$
　　$b<d$의 양변을 $c-a$로 나누면 $\frac{b}{c-a}<\frac{d}{c-a}$

따라서 옳지 않은 것은 ②, ④이다.

4 ① $-2a+3<-2b+3$의 양변에서 3을 빼면 $-2a<-2b$
　　양변을 -2로 나누면 $a>b$

②, ③, ⑤ $a>b$, $a+b<0$에서 $a>0$이므로 $b<0$
　　$|a|<|b|$이므로 $a^2<b^2$

④ $a>0$이므로 $a>b$의 양변을 a로 나누면 $1>\frac{b}{a}$

따라서 옳지 않은 것은 ④이다.

5 $cd<0$이므로 c와 d의 부호는 다르다.

이때 $d<c$이므로 $d<0$, $c>0$

$a>b$의 양변에 음수 d를 곱하면 $ad<bd$

양변을 양수 c로 나누면 $\frac{ad}{c}<\frac{bd}{c}$

6 $\frac{x-5}{2}$를 소수점 아래 첫째 자리에서 반올림한 수가 7이므로

$6.5\leq\frac{x-5}{2}<7.5$

각 변에 2를 곱하면 $13\leq x-5<15$

각 변에 5를 더하면 $18\leq x<20$

각 변에서 3을 빼면 $15\leq x-3<17$

각 변을 5로 나누면 $3\leq\frac{x-3}{5}<3.4$

따라서 $\left\langle\dfrac{x-3}{5}\right\rangle=3$

7 $-3(x+1)-1>8-x$에서

$-3x-4>8-x$, $-2x>12$, $x<-6$

양변에 -2를 곱하면 $-2x>12$

양변에 1을 더하면 $-2x+1>13$

따라서 $A>13$

8 $a(x-3)<b(x-2)-a$에서 $ax-3a<bx-2b-a$

$ax-bx<2a-2b$, $(a-b)x<2(a-b)$

이때 $a<0<b$에서 $a-b<0$이므로

양변을 음수 $a-b$로 나누면 $x>2$

따라서 가장 작은 정수 x는 3이다.

9 $0.\dot{3}(ax-2)\geq0.5(x-3)+b$에서

$\frac{1}{3}(ax-2)\geq\frac{1}{2}(x-3)+b$

양변에 6을 곱하면

$2(ax-2)\geq3(x-3)+6b$, $2ax-4\geq3x-9+6b$

즉, $(2a-3)x\geq6b-5$의 해가 $x\geq-1$이므로

$2a-3>0$이고 $x\geq\dfrac{6b-5}{2a-3}$

이때 $\dfrac{6b-5}{2a-3}=-1$이므로

$6b-5=-2a+3$, $2a+6b=8$, $a+3b=4$

10 $\dfrac{x-7}{4}-\dfrac{4x-9}{3}<1-x$의 양변에 12를 곱하면

$3(x-7)-4(4x-9)<12(1-x)$

$3x-21-16x+36<12-12x$, $-x<-3$, $x>3$

$-7+5(x+a)>5x+3a(1+x)$에서

$-7+5x+5a>5x+3a+3ax$

$-3ax>7-2a$, $3ax<-7+2a$

이때 두 일차부등식의 해가 같으므로

$a<0$이고, $x>\dfrac{-7+2a}{3a}$

이때 $\dfrac{-7+2a}{3a}=3$이므로

$-7+2a=9a$, $-7a=7$, $a=-1$

11 $x=-1$이 일차부등식 $\dfrac{a(x+3)}{2}+3>5a+\dfrac{x-2}{3}$의 해가 아

니므로

$x=-1$은 일차부등식 $\dfrac{a(x+3)}{2}+3\leq5a+\dfrac{x-2}{3}$의 해이다.

즉, $a+3\leq5a-1$이므로

$-4a\leq-4$, $a\geq1$

12 $0.2(x+3)+\dfrac{3}{5}>0.3(x-a)$의 양변에 10을 곱하면

$2(x+3)+6>3(x-a)$, $2x+12>3x-3a$

$-x>-3a-12$, $x<3a+12$

이 부등식을 만족시키는 자연수 x가
11개가 되도록 해를 수직선 위에 나
타내면 오른쪽 그림과 같다.

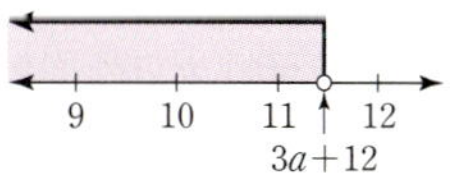

$11<3a+2\leq12$에서 $3a+2=12$일 때, a의 값이 가장 크므로

$3a=10$, $a=\dfrac{10}{3}$

13 $\dfrac{x-2a}{5}\geq0.7x+3.5$의 양변에 10을 곱하면

$2(x-2a)\geq7x+35$, $2x-4a\geq7x+35$

$-5x \geq 4a+35$, $x \leq -\dfrac{4a+35}{5}$

이 부등식을 만족시키는 자연수 x 가 존재하지 않으므로 해를 수직선 위에 나타내면 오른쪽 그림과 같다.

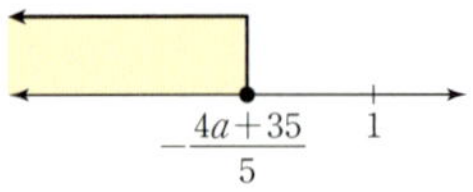

$-\dfrac{4a+35}{5} < 1$에서

$4a+35 > -5$, $4a > -40$, $a > -10$

14 물탱크 전체의 양을 1로 놓으면

A 호스로 한 시간 동안 채우는 양은 $\dfrac{1}{3}$이고,

B 호스로 한 시간 동안 채우는 양은 $\dfrac{1}{4}$이다.

두 호스 A, B를 동시에 사용한 시간을 x시간이라 하면

$\dfrac{1}{3}(2-x) + \left(\dfrac{1}{3}+\dfrac{1}{4}\right)x \geq 1$

양변에 12를 곱하면 $8-4x+7x \geq 12$, $3x \geq 4$, $x \geq \dfrac{4}{3}$

따라서 최소 $\dfrac{4}{3}$시간, 즉 80분 이상이어야 한다

15 A가 B보다 높은 점수가 나온 횟수를 x라 하면 낮은 점수가 나온 횟수는 $30-x$이므로

$5x-2(30-x) > 2\{5(30-x)-2x\}$

$7x-60 > 300-14x$, $21x > 360$, $x > \dfrac{120}{7} = 17.1\cdots$

따라서 A가 B보다 높은 점수가 18번 이상 나와야 한다.

16 대호네 가족의 왕복 기차 요금은

$(50000 \times 3 + 50000 \times 0.5) \times 2 = 350000$(원)

자동차를 $x(x>24)$시간 동안 빌린다고 하면 자동차를 빌리는 비용은

$125000 + 125000 \times 0.05 \times (x-24) = 6250x - 25000$(원)

왕복 교통비가 600000원 이하가 되게 하려면

$350000 + (6250x - 25000) \leq 600000$

$6250x \leq 275000$, $x \leq 44$

따라서 최대 44시간 동안 자동차를 빌릴 수 있다.

17 종민이의 한 달 통화 시간을 x분이라 하면 두 요금제 A, B에서의 휴대폰 요금은

$(\text{A 요금제}) = 19000 \times \left(1-\dfrac{5}{100}\right) + 1.5 \times 60x$

$\qquad\qquad\quad = 18050 + 90x$(원)

$(\text{B 요금제}) = 14000 + 3 \times 60x = 14000 + 180x$(원)

요금이 저렴한 쪽이 유리하므로

$18050 + 90x > 14000 + 180x$, $-90x > -4050$, $x < 45$

따라서 한 달 통화 시간이 45분 미만이어야 한다.

18 상품의 원가를 x원이라 하면

$\left(1+\dfrac{20}{100}\right)x - 3000 - x \geq x \times \dfrac{15}{100}$

$1.2x - 3000 - x \geq 0.15x$, $0.05x \geq 3000$, $x \geq 60000$

따라서 원가는 60000원 이상이다.

19 색종이를 x장 붙인다고 하면 직사각형의 가로의 길이는

$8+7(x-1) = 7x+1$ (cm)

이때 직사각형 모양의 띠의 넓이는 $8(7x+1)$ cm^{2}이므로

$8(7x+1) \geq 400$, $7x+1 \geq 50$, $7x \geq 49$, $x \geq 7$

따라서 색종이는 최소 7장이 필요하다.

20 $\triangle \text{ABC} = \dfrac{1}{2} \times x \times 40 = 20x$ (cm^2)

$\triangle \text{DEC} = \dfrac{1}{2} \times (x+8) \times 32 = 16(x+8)$ (cm^2)

$\triangle \text{AFD} = \triangle \text{ABC} - \square \text{FBCD}$

$\triangle \text{FEB} = \triangle \text{DEC} - \square \text{FBCD}$

이때 삼각형 AFD의 넓이가 삼각형 FEB의 넓이보다 크므로

$20x - \square \text{FBCD} > 16(x+8) - \square \text{FBCD}$

$20x > 16(x+8)$, $4x > 128$, $x > 32$

따라서 가장 작은 자연수 x의 값은 33이다.

21 하진이가 출발한 지 x분 후에 두 사람 사이의 거리가 처음으로 100 m 이하가 되었다고 하면 도윤이가 움직인 거리는 $(400+20x)$ m, 하진이가 움직인 거리는 $70x$ m이므로

$(400+20x) - 70x \leq 100$, $-50x \leq -300$, $x \geq 6$

따라서 하진이가 출발한 지 6분 후에 도윤이와 하진이 사이의 거리가 처음으로 100 m 이하가 된다.

22 역에서 상점까지의 거리를 x km라 하면

$\dfrac{x}{3} + \dfrac{15}{60} + \dfrac{x}{2} \leq 2$, $\dfrac{x}{3} + \dfrac{1}{4} + \dfrac{x}{2} \leq 2$

$4x+3+6x \leq 24$, $10x \leq 21$, $x \leq 2.1$

따라서 2.1 km 이내의 상점을 이용해야 한다.

23 처음 소금물의 농도를 x %라 하면

$(\text{나중 소금물의 양}) = 500 - 140 + 80 = 440$ (g)이므로

$\dfrac{x}{100} \times 500 + \dfrac{30}{100} \times 80 \geq \dfrac{1.5x}{100} \times 440$

$50x + 240 \geq 66x$, $-16x \geq -240$, $x \leq 15$

따라서 처음 소금물의 농도는 15 % 이하이다.

24 처음 소금물의 농도를 x %라 하면

$(\text{처음 소금물에 들어 있는 소금의 양})$

$= \dfrac{x}{100} \times 300 = 3x$ (g)

$(10 \text{ %의 소금물 } 60 \text{ g에 들어 있는 소금의 양})$

$= \dfrac{10}{100} \times 60 = 6$ (g)

$(\text{나중 소금물의 양}) = 300 + 90 + 60 = 450$ (g)이므로

$\dfrac{3x+6}{450} \times 100 \leq \dfrac{4}{3}x$, $\dfrac{2x+4}{3} \leq \dfrac{4}{3}x$

$2x+4 \leq 4x$, $-2x \leq -4$, $x \geq 2$

따라서 처음 소금물의 농도는 2 % 이상이다.

4. 연립방정식

1 ①, ③	**2** ①	**3** 8	**4** ②	**5** (4, 2)
6 −21	**7** 11	**8** 64	**9** ㄱ, ㄹ	**10** ④
11 ⑤	**12** 3	**13** ⑤	**14** 2	**15** ③
16 $a=3$, $b=\dfrac{1}{3}$		**17** ①	**18** ④	**19** 73
20 ③	**21** 6	**22** ④	**23** 25살	**24** 20
25 25명	**26** 남학생 수: 100, 여학생 수: 80			
27 A 제품: 40000원, B 제품: 12000원				
28 36일	**29** 24분	**30** ⑤	**31** 50분	**32** ②
33 200 m	**34** ④	**35** 소금물 A: 13 %, 소금물 B: 5 %		
36 200 g				

1   ② x, y가 분모에 있으므로 일차방정식이 아니다.

④ $2x+y=2(x+1)$에서 $y-2=0$이므로 미지수가 1개이다.

⑤ $x^2+y=x^2-3$에서 $y+3=0$이므로 미지수가 1개이다.

따라서 미지수가 2개인 일차방정식은 ①, ③이다.

2 $(3-a)x+2y-1=2x-y+4$에서 $(1-a)x+3y-5=0$

이 식이 미지수가 2개인 일차방정식이 되려면 $1-a\ne0$

따라서 $a\ne1$

3 $x=a$, $y=-1$을 $\dfrac{1}{5}x-y=3$에 대입하면

$\dfrac{1}{5}a+1=3$, $\dfrac{1}{5}a=2$, $a=10$

$x=5$, $y=b$를 $\dfrac{1}{5}x-y=3$에 대입하면 $1-b=3$, $b=-2$

따라서 $a+b=10-2=8$

4 $x=-2$, $y=5$를 각 일차방정식에 대입하여 등식이 성립하는 것을 고르면 된다.

ㄱ. $4\times(-2)+5=-3$

ㄴ. $-2+2\times5=8\ne9$

ㄷ. $6\times(-2)-5-7=-24\ne0$

ㄹ. $8\times(-2)+5\times5=9$

따라서 ㄱ과 ㄹ로 연립방정식을 만들면 해가 $(-2, 5)$가 된다.

5 x, y가 자연수일 때,

$x+4y=12$의 해는 $(4, 2)$, $(8, 1)$

$5x+2y=24$의 해는 $(2, 7)$, $(4, 2)$

따라서 연립방정식의 해는 $(4, 2)$이다.

6 $x=-4$, $y=2$를 $2x+7y=a$에 대입하면

$-8+14=a$, $a=6$ ⋯⋯ ❶

$x=-4$, $y=2$를 $3x-by=-5$에 대입하면

$-12-2b=-5$, $-2b=7$, $b=-\dfrac{7}{2}$ ⋯⋯ ❷

따라서 $ab=6\times\left(-\dfrac{7}{2}\right)=-21$ ⋯⋯ ❸

채점 기준	비율
❶ a의 값 구하기	40 %
❷ b의 값 구하기	40 %
❸ ab의 값 구하기	20 %

7   주어진 연립방정식의 해는 세 방정식을 모두 만족시키므로

연립방정식 $\begin{cases} x-2y=6 & \cdots\cdots ㉠ \\ -2x+y=-9 & \cdots\cdots ㉡ \end{cases}$ 의 해와 같다.

㉠$\times2+$㉡을 하면 $-3y=3$, $y=-1$

$y=-1$을 ㉠에 대입하면 $x+2=6$, $x=4$

$x=4$, $y=-1$을 $4x+5y=a$에 대입하면

$a=4\times4+5\times(-1)=11$

8 $x:y=5:3$에서 $3x=5y$, $x=\dfrac{5}{3}y$

$x=\dfrac{5}{3}y$를 $3x+2y=84$에 대입하면

$5y+2y=84$, $7y=84$, $y=12$

$y=12$를 $x=\dfrac{5}{3}y$에 대입하면 $x=\dfrac{5}{3}\times12=20$

따라서 $(x-y)^2=(20-12)^2=64$

9   ㄱ. ㉠을 $x=y+3$으로 변형한 후 ㉡에 대입하면

$3(y+3)+2y=4$, $5y=-5$, $y=-1$

$y=-1$을 $x=y+3$에 대입하면 $x=2$

ㄴ. ㉠을 $y=x-3$으로 변형한 후 ㉡에 대입하면

$3x+2(x-3)=4$, $5x=10$, $x=2$

이므로 x의 값을 먼저 구할 수 있다.

ㄷ. ㉠의 양변에 2를 곱하면 $2x-2y-6$

이 식과 ㉡을 변끼리 빼면 $-x-4y=2$이므로 y를 없앨 수 없다.

ㄹ. ㉠의 양변에 3을 곱하면 $3x-3y=9$

이 식과 ㉡을 변끼리 빼면 $-5y=5$, $y=-1$이므로 y의 값을 구할 수 있다.

ㅁ. 이 연립방정식의 해는 $x=2$, $y=-1$이다.

따라서 옳은 것은 ㄱ, ㄹ이다.

10   ㉠$\times3$을 하면 $9x+6y=21$

㉡$\times2$를 하면 $10x-2ay=22$

㉠$\times3+$㉡$\times2$를 하면 $19x+(6-2a)y=43$

이때 y가 없어지려면 y의 계수가 0이어야 하므로

$6-2a=0$, $-2a=-6$, $a=3$

11 $\begin{cases} 4x-y=13 & \cdots\cdots ㉠ \\ 2x+7y=-1 & \cdots\cdots ㉡ \end{cases}$

㉠$-$㉡$\times2$를 하면 $-15y=15$, $y=-1$

$y=-1$을 ㉠에 대입하면 $4x+1=13$, $4x=12$, $x=3$

따라서 $a=3$, $b=-1$이므로

$$\begin{cases} 3x+y=16 & \cdots\cdots ㉢ \\ -x+3y=-12 & \cdots\cdots ㉣ \end{cases}$$

㉢$+$㉣$\times 3$을 하면 $10y=-20$, $y=-2$

$y=-2$를 ㉣에 대입하면 $-x-6=-12$, $x=6$

12 세 일차방정식의 해는 연립방정식
$$\begin{cases} 3x-4(x+2y)=5 \\ 2(x-y)=3-5y \end{cases}, \ 즉 \begin{cases} -x-8y=5 & \cdots\cdots ㉠ \\ 2x+3y=3 & \cdots\cdots ㉡ \end{cases} 의 해와$$
같다.

㉠$\times 2+$㉡을 하면 $-13y=13$, $y=-1$

$y=-1$을 ㉡에 대입하면 $2x-3=3$, $2x=6$, $x=3$

$x=3$, $y=-1$을 $ax-4y=13$에 대입하면

$3a+4=13$, $3a=9$, $a=3$

13 괄호를 풀어 정리하면 $\begin{cases} 2x-5y=-7 & \cdots\cdots ㉠ \\ x+2y=10 & \cdots\cdots ㉡ \end{cases}$

㉠$-$㉡$\times 2$를 하면 $-9y=-27$, $y=3$

$y=3$을 ㉡에 대입하면 $x+6=10$, $x=4$

14 $\begin{cases} \dfrac{x}{5}+\dfrac{y}{2}=1 & \cdots\cdots ㉠ \\ 0.2x-1.3y=4.6 & \cdots\cdots ㉡ \end{cases}$

㉠$\times 10$, ㉡$\times 10$을 하면
$$\begin{cases} 2x+5y=10 & \cdots\cdots ㉢ \\ 2x-13y=46 & \cdots\cdots ㉣ \end{cases} \qquad \cdots\cdots ❶$$

㉢$-$㉣을 하면 $18y=-36$, $y=-2$

$y=-2$를 ㉢에 대입하면

$2x-10=10$, $2x=20$, $x=10$ $\qquad\cdots\cdots ❷$

따라서 $x+ay=6$에서 $10-2a=6$

$-2a=-4$, $a=2$ $\qquad\cdots\cdots ❸$

채점 기준	비율
❶ 연립방정식의 계수를 정수로 고치기	20 %
❷ 연립방정식 풀기	60 %
❸ a의 값 구하기	20 %

15 연립방정식 $\begin{cases} \dfrac{x+4y}{3}=\dfrac{7}{2} \\ \dfrac{2x-y+1}{5}=\dfrac{7}{2} \end{cases}$ 의 해와 같다.

즉, $\begin{cases} 2x+8y=21 & \cdots\cdots ㉠ \\ 4x-2y=33 & \cdots\cdots ㉡ \end{cases}$ 에서

㉠$\times 2-$㉡을 하면 $18y=9$, $y=\dfrac{1}{2}$

$y=\dfrac{1}{2}$을 ㉠에 대입하면 $2x+4=21$, $2x=17$, $x=\dfrac{17}{2}$

따라서 $a=\dfrac{17}{2}$, $b=\dfrac{1}{2}$이므로 $a+b=\dfrac{17}{2}+\dfrac{1}{2}=9$

16 연립방정식 $\begin{cases} ax-2y=2 \\ \dfrac{1}{2}x-\dfrac{1}{3}y=b \end{cases}, \ 즉 \begin{cases} ax-2y=2 \\ 3x-2y=6b \end{cases}$ 의 해가 무수히

많으므로 $a=3$, $6b=2$

따라서 $a=3$, $b=\dfrac{1}{3}$

17 연립방정식 $\begin{cases} (2a-1)x+3y=1 \\ \dfrac{x+3}{3}-\dfrac{y+1}{2}=b \end{cases}$ 의 해는

$$\begin{cases} (2a-1)x+3y=1 \\ 2x+6-3y-3=6b \end{cases}, \ 즉 \begin{cases} (2a-1)x+3y=1 \\ -2x+3y=-6b+3 \end{cases} 의 해와 같다.$$

이 연립방정식의 해가 없으므로

$2a-1=-2$, $-6b+3\neq 1$

따라서 $a=-\dfrac{1}{2}$, $b\neq\dfrac{1}{3}$

18 $\begin{cases} ax-4(y+3)=5x \\ \dfrac{1}{2}x-\dfrac{2}{3}y=b+1 \end{cases}, \ 즉 \begin{cases} (a-5)x-4y=12 \\ \dfrac{1}{2}x-\dfrac{2}{3}y=b+1 & \cdots\cdots ㉠ \end{cases}$

두 일차방정식의 y의 계수를 같게 하기 위해 ㉠$\times 6$을 하면
$$\begin{cases} (a-5)x-4y=12 \\ 3x-4y=6(b+1) \end{cases}$$

이때 $a-5=3$, $12=6(b+1)$이면 $a=8$, $b=1$

즉, $a=8$, $b=1$이면 해가 무수히 많고,

$a=8$, $b\neq 1$이면 해가 없다.

또 $a\neq 8$이면 x의 계수가 다르므로 해가 1개이다.

따라서 옳은 것은 ㄴ, ㄹ이다.

19 처음 자연수의 십의 자리의 숫자를 x, 일의 자리의 숫자를 y라

하면 $\begin{cases} x+y=10 \\ 10y+x=10x+y-36 \end{cases}$

즉, $\begin{cases} x+y=10 & \cdots\cdots ㉠ \\ x-y=4 & \cdots\cdots ㉡ \end{cases}$

㉠$+$㉡을 하면 $2x=14$, $x=7$

$x=7$을 ㉠에 대입하면 $7+y=10$, $y=3$

따라서 처음 자연수는 73이다.

20 처음 사려던 왕만두의 개수를 x, 찐빵의 개수를 y라 하면
$$\begin{cases} x+y=8 \\ 2000x+1800y=(1800x+2000y)+400 \end{cases}$$

즉, $\begin{cases} x+y=8 & \cdots\cdots ㉠ \\ x-y=2 & \cdots\cdots ㉡ \end{cases}$

㉠$+$㉡을 하면 $2x=10$, $x=5$

$x=5$를 ㉠에 대입하면 $5+y=8$, $y=3$

따라서 처음 사려던 왕만두는 5개이다.

21 맞힌 3점짜리 문항을 x개, 맞힌 4점짜리 문항을 y개라 하면 맞힌

5점짜리 문항은 $y-4$개이므로
$$\begin{cases} x+y+(y-4)=20 \\ 3x+4y+5(y-4)=79 \end{cases}, \ 즉 \begin{cases} x+2y=24 & \cdots\cdots ㉠ \\ 3x+9y=99 & \cdots\cdots ㉡ \end{cases}$$

㉠$\times 3-$㉡을 하면 $-3y=-27$, $y=9$

$y=9$를 ㉠에 대입하면 $x+18=24$, $x=6$

따라서 맞힌 3점짜리 문항은 6개이다.

22 직사각형의 가로의 길이를 x cm, 세로의 길이를 y cm라 하면
$$\begin{cases} x=y+10 \\ 2(x+y)=140 \end{cases}, \ 즉 \begin{cases} x=y+10 & \cdots\cdots ㉠ \\ x+y=70 & \cdots\cdots ㉡ \end{cases}$$

㉠을 ㉡에 대입하면 $(y+10)+y=70$, $2y=60$, $y=30$
$y=30$을 ㉠에 대입하면 $x=30+10=40$
따라서 직사각형의 가로의 길이는 40 cm, 세로의 길이는
30 cm이므로 넓이는
$40\times30=1200\,(\text{cm}^2)$

23 현재 세훈이의 나이를 x살, 아버지의 나이를 y살이라 하면
$$\begin{cases} x+y=53 \\ y+10=2(x+10)+1 \end{cases} \quad\cdots\cdots\ ❶$$
즉, $\begin{cases} x+y=53 & \cdots\cdots\ ㉠ \\ y=2x+11 & \cdots\cdots\ ㉡ \end{cases}$

㉡을 ㉠에 대입하면 $x+(2x+11)=53$, $3x=42$, $x=14$
$x=14$를 ㉡에 대입하면 $y=28+11=39$ $\quad\cdots\cdots\ ❷$
따라서 현재 세훈이는 14살, 아버지는 39살이므로
나이의 차는 $39-14=25$(살) $\quad\cdots\cdots\ ❸$

채점 기준	비율
❶ 연립방정식 세우기	30 %
❷ 연립방정식 풀기	50 %
❸ 현재 세훈이와 아버지의 나이의 차 구하기	20 %

24 현정이가 이긴 횟수를 x, 동하가 이긴 횟수를 y라 하면
$$\begin{cases} 3x-2y=30 & \cdots\cdots\ ㉠ \\ -2x+3y=5 & \cdots\cdots\ ㉡ \end{cases}$$
㉠$\times2+$㉡$\times3$을 하면 $5y=75$, $y=15$
$y=15$를 ㉠에 대입하면 $3x-30=30$, $3x=60$, $x=20$
따라서 현정이가 이긴 횟수는 20이다.

25 A동의 참석자 수를 x, B동의 참석자 수를 y라 하면
$$\begin{cases} x+y=40 \\ \dfrac{2}{5}x+\dfrac{1}{3}y=15 \end{cases},\ \ \text{즉} \begin{cases} x+y=40 & \cdots\cdots\ ㉠ \\ 6x+5y=225 & \cdots\cdots\ ㉡ \end{cases}$$
㉠$\times5-$㉡을 하면 $-x=-25$, $x=25$
$x=25$를 ㉠에 대입하면 $25+y=40$, $y=15$
따라서 A동의 참석자는 25명이다.

26 작년 남학생 수를 x, 여학생 수를 y라 하면
$$\begin{cases} x+y=180 \\ -0.06x+0.05y=-2 \end{cases}$$
즉, $\begin{cases} x+y=180 & \cdots\cdots\ ㉠ \\ -6x+5y=-200 & \cdots\cdots\ ㉡ \end{cases}$

㉠$\times5-$㉡을 하면 $11x=1100$, $x=100$
$x=100$을 ㉠에 대입하면 $100+y=180$, $y=80$
따라서 작년 남학생 수는 100, 여학생 수는 80이다.

27 A 제품의 원가를 x원, B 제품의 원가를 y원이라 하면
$$\begin{cases} x+y=52000 \\ \dfrac{30}{100}x-\dfrac{20}{100}y=9600 \end{cases},\ \ \text{즉} \begin{cases} x+y=52000 & \cdots\cdots\ ㉠ \\ 3x-2y=96000 & \cdots\cdots\ ㉡ \end{cases}$$
㉠$\times2+$㉡을 하면 $5x=200000$, $x=40000$
$x=40000$을 ㉠에 대입하면 $40000+y=52000$, $y=12000$
따라서 A 제품의 원가는 40000원, B 제품의 원가는 12000원이다.

28 전체 일의 양을 1이라 하고 한솔이와 다정이가 하루에 작업할 수
있는 일의 양을 각각 x, y라 하면
$$\begin{cases} 9(x+y)=1 \\ 6x+10y=1 \end{cases},\ \ \text{즉} \begin{cases} x+y=\dfrac{1}{9} & \cdots\cdots\ ㉠ \\ 3x+5y=\dfrac{1}{2} & \cdots\cdots\ ㉡ \end{cases}$$
㉠$\times5-$㉡을 하면 $2x=\dfrac{1}{18}$, $x=\dfrac{1}{36}$
$x=\dfrac{1}{36}$을 ㉠에 대입하면 $\dfrac{1}{36}+y=\dfrac{1}{9}$, $y=\dfrac{1}{12}$
따라서 한솔이가 혼자 작업하면 36일이 걸린다.

29 물통에 물을 가득 채웠을 때의 물의 양을 1이라 하고 A, B 두 호
스로 1분 동안 채울 수 있는 물의 양을 각각 x, y라 하면
$$\begin{cases} 8x+8y=1 & \cdots\cdots\ ㉠ \\ 4x+10y=1 & \cdots\cdots\ ㉡ \end{cases}$$
㉠$-$㉡$\times2$를 하면 $-12y=-1$, $y=\dfrac{1}{12}$
$y=\dfrac{1}{12}$을 ㉠에 대입하면 $8x+\dfrac{2}{3}=1$, $8x=\dfrac{1}{3}$, $x=\dfrac{1}{24}$
따라서 A 호스만으로 이 물통을 가득 채우는 데 걸리는 시간은
24분이다.

30 정현이가 버스를 타고 간 거리를 x km, 걸어간 거리를 y km라
하면
$$\begin{cases} x+y=10 \\ \dfrac{x}{48}+\dfrac{y}{4}=\dfrac{2}{3} \end{cases},\ \ \text{즉} \begin{cases} x+y=10 & \cdots\cdots\ ㉠ \\ x+12y=32 & \cdots\cdots\ ㉡ \end{cases}$$
㉠$-$㉡을 하면 $-11y=-22$, $y=2$
$y=2$를 ㉠에 대입하면 $x+2=10$, $x=8$
따라서 정현이가 버스를 타고 간 거리는 8 km이다.

31 누나가 출발한 지 x분 후, 동생이 출발한 지 y분 후에 누나와 동
생이 동시에 도서관에 도착했다고 하면
$$\begin{cases} x=y+30 \\ 80x=200y \end{cases},\ \ \text{즉} \begin{cases} x=y+30 & \cdots\cdots\ ㉠ \\ 2x=5y & \cdots\cdots\ ㉡ \end{cases}$$
㉠을 ㉡에 대입하면 $2(y+30)=5y$, $3y=60$, $y=20$
$y=20$을 ㉠에 대입하면 $x=20+30=50$
따라서 누나가 도서관까지 가는 데 걸린 시간은 50분이다.

32 현우의 속력을 분속 x m, 석주의 속력을 분속 y m라 하면
$$\begin{cases} 5x+5y=800 \\ 16x-16y=800 \end{cases},\ \ \text{즉} \begin{cases} x+y=160 & \cdots\cdots\ ㉠ \\ x-y=50 & \cdots\cdots\ ㉡ \end{cases}$$
㉠$+$㉡을 하면 $2x=210$, $x=105$
$x=105$를 ㉠에 대입하면 $105+y=160$, $y=55$
따라서 현우의 속력은 분속 105 m, 석주의 속력은 분속 55 m이다.

33 기차의 길이를 x m, 기차의 속력을 초속 y m라 하면
$$\begin{cases} x+1300=50y & \cdots\cdots\ ㉠ \\ x+700=30y & \cdots\cdots\ ㉡ \end{cases}$$
㉠$-$㉡을 하면 $600=20y$, $y=30$

$y=30$을 ⓒ에 대입하면 $x+700=900$, $x=200$
따라서 이 기차의 길이는 200 m이다

34 7 %의 소금물을 x g, 12 %의 소금물을 y g 섞는다고 하면

$$\begin{cases} x+y=500 \\ \dfrac{7}{100}x+\dfrac{12}{100}y=\dfrac{9}{100}\times500 \end{cases}$$

즉, $\begin{cases} x+y=500 & \cdots\cdots\ \text{ⓐ} \\ 7x+12y=4500 & \cdots\cdots\ \text{ⓑ} \end{cases}$

ⓐ$\times7-$ⓑ을 하면 $-5y=-1000$, $y=200$
$y=200$을 ⓐ에 대입하면 $x+200=500$, $x=300$
따라서 섞어야 하는 7 %의 소금물의 양은 300 g이다.

35 소금물 A의 농도를 x %, 소금물 B의 농도를 y %라 하면

$$\begin{cases} \dfrac{x}{100}\times100+\dfrac{y}{100}\times300=\dfrac{7}{100}\times400 \\ \dfrac{x}{100}\times300+\dfrac{y}{100}\times100=\dfrac{11}{100}\times400 \end{cases}$$

$\qquad\qquad\qquad\qquad\qquad\qquad\qquad\cdots\cdots$ ❶

즉, $\begin{cases} x+3y=28 & \cdots\cdots\ \text{ⓐ} \\ 3x+y=44 & \cdots\cdots\ \text{ⓑ} \end{cases}$

ⓐ$\times3-$ⓑ을 하면 $8y=40$, $y=5$
$y=5$를 ⓐ에 대입하면 $x+15=28$, $x=13$ $\qquad\cdots\cdots$ ❷
따라서 소금물 A의 농도는 13 %, 소금물 B의 농도는 5 %이다.

$\qquad\qquad\qquad\qquad\qquad\qquad\qquad\cdots\cdots$ ❸

채점 기준	비율
❶ 연립방정식 세우기	30 %
❷ 연립방정식 풀기	50 %
❸ 두 소금물 A, B의 농도 구하기	20 %

36 합금 A는 x g, 합금 B는 y g이 필요하다고 하면

$$\begin{cases} \dfrac{30}{100}x+\dfrac{10}{100}y=85 \\ \dfrac{20}{100}x+\dfrac{30}{100}y=115 \end{cases}, \text{즉} \begin{cases} 3x+y=850 & \cdots\cdots\ \text{ⓐ} \\ 2x+3y=1150 & \cdots\cdots\ \text{ⓑ} \end{cases}$$

ⓐ$\times3-$ⓑ을 하면 $7x=1400$, $x=200$
$x=200$을 ⓐ에 대입하면 $600+y=850$, $y=250$
따라서 합금 A는 200 g이 필요하다.

● 고난도 대표 유형 $\qquad\qquad\qquad\qquad$ 62~67쪽

1 $a\neq16$, $b\neq3$	**2** 4	**3** $a=-9$, $b=11$		
4 7	**5** $x=-2$, $y=7$	**6** 4		
7 -1	**8** -9	**9** $\dfrac{7}{4}$	**10** 3	**11** $-\dfrac{12}{5}$
12 -8	**13** 37	**14** 7	**15** 384	
16 6시간	**17** 125 m	**18** 300 g		

1 $ax-3(y+2x)+b=2(5x-by)+3y-2a$를 정리하면
$(a-6-10)x+(-3+2b-3)y=-2a-b$
$(a-16)x+(2b-6)y=-2a-b$
따라서 $a-16\neq0$, $2b-6\neq0$이므로 $a\neq16$, $b\neq3$

2 (가)에 의해 $x>0$이면 $y<0$이고, $x<0$이면 $y>0$이다.
(i) $x>0$, $y<0$일 때
$4x-3y>0$이므로 $4x-3y+51>0$
즉, $4x-3y+51=0$을 만족시키는 두 정수 x, y는 존재하지
않는다.
(ii) $x<0$, $y>0$일 때
$4x-3y+51=0$을 만족시키는 정수 x, y의 순서쌍 $(x,\ y)$
는 $(-3,\ 13)$, $(-6,\ 9)$, $(-9,\ 5)$, $(-12,\ 1)$의 4개이다.

3 하진이가 제대로 본 방정식 $3x+by=-2$에 $x=3$, $y=-1$을
대입하면 $9-b=-2$, $b=11$
도윤이가 제대로 본 방정식 $ax-2y=8$에 $x=-2$, $y=5$를
대입하면 $-2a-10=8$, $2a=-18$, $a=-9$

4 $(5-2x)\bullet(3x+y)=-24$에서
$3(5-2x)-(3x+y)=-24$이므로
$15-6x-3x-y=-24$
즉, $9x+y=39$를 만족시키는 10보다 작은 자연수 x, y는
$x=4$, $y=3$
따라서 $x+y=4+3=7$

5 $x=b$, $y=4$를 $3x+y=7$에 대입하면
$3b+4=7$, $3b=3$, $b=1$
$x=1$, $y=4$를 $5x-2y=a$에 대입하면
$5-8=a$, $a=-3$
$\begin{cases} ax+by=13 \\ bx-ay=19 \end{cases}$에서 $\begin{cases} -3x+y=13 & \cdots\cdots\ \text{ⓐ} \\ x+3y=19 & \cdots\cdots\ \text{ⓑ} \end{cases}$
ⓐ$\times3-$ⓑ을 하면 $-10x=20$, $x=-2$
$x=-2$를 ⓐ에 대입하면 $6+y=13$, $y=7$

6 $x:y=3:2$에서 $x=\dfrac{3}{2}y$이므로 주어진 연립방정식의 해는

연립방정식 $\begin{cases} 2x+y=16 & \cdots\cdots\ \text{ⓐ} \\ x=\dfrac{3}{2}y & \cdots\cdots\ \text{ⓑ} \end{cases}$의 해와 같다.

ⓑ을 ⓐ에 대입하면 $3y+y=16$, $4y=16$, $y=4$
$y=4$를 ⓑ에 대입하면 $x=6$
$x=6$, $y=4$를 $3x-ay=a-2$에 대입하면
$18-4a=a-2$, $5a=20$, $a=4$

7 두 연립방정식의 해는 연립방정식 $\begin{cases} x+5y=17 & \cdots\cdots\ \text{ⓐ} \\ 2x-3y=-18 & \cdots\cdots\ \text{ⓑ} \end{cases}$
의 해와 같다.

㉠×2−㉡을 하면 $13y=52$, $y=4$

$y=4$를 ㉠에 대입하면 $x+20=17$, $x=-3$

$x=-3$, $y=4$를 $ax+y=b$, $x+by=a$에 각각 대입하면

$$\begin{cases} -3a+4=b \\ -3+4b=a \end{cases}, \ \text{즉} \ \begin{cases} 3a+b=4 & \cdots\cdots ㉢ \\ a-4b=-3 & \cdots\cdots ㉣ \end{cases}$$

㉢×4+㉣을 하면 $13a=13$, $a=1$

$a=1$을 ㉢에 대입하면 $3+b=4$, $b=1$

따라서 $2a-3b=2-3=-1$

8 x의 값이 y의 값의 2배이므로 $x=2y$

$0.3\dot{1}+0.\dot{7}y=7$에서 $\dfrac{28}{90}x+\dfrac{7}{9}y=7$이므로 $2x+5y=45$

$2x+5y=45$에 $x=2y$를 대입하면

$4y+5y=45$, $9y=45$, $y=5$

$y=5$를 $x=2y$에 대입하면 $x=10$

$x=10$, $y=5$를 $\dfrac{2x-y+a}{3}=\dfrac{1}{5}x$에 대입하면

$\dfrac{20-5+a}{3}=2$, $a+15=6$, $a=-9$

9
$$\begin{cases} (9x-2):(3x+4y)=1:3 & \cdots\cdots ㉠ \\ \dfrac{x-y}{3}+\dfrac{y}{2}=\dfrac{5}{12} & \cdots\cdots ㉡ \end{cases}$$

㉠에서 $3x+4y=27x-6$이므로 $24x-4y=6$

㉡에서 $4(x-y)+6y=5$이므로 $4x+2y=5$

$$\begin{cases} 24x-4y=6 \\ 4x+2y=5 \end{cases}, \ \text{즉} \ \begin{cases} 12x-2y=3 & \cdots\cdots ㉢ \\ 4x+2y=5 & \cdots\cdots ㉣ \end{cases}$$

㉢+㉣을 하면 $16x=8$, $x=\dfrac{1}{2}$

$x=\dfrac{1}{2}$을 ㉣에 대입하면 $2+2y=5$, $2y-3$, $y-\dfrac{3}{2}$

따라서 $m=\dfrac{1}{2}$, $n=\dfrac{3}{2}$이므로

$m^2-mn+n^2=\dfrac{1}{4}-\dfrac{3}{4}+\dfrac{9}{4}=\dfrac{7}{4}$

10 $\dfrac{4x-3y-1}{2}=\dfrac{1}{5}y-5=\dfrac{4x-y-23}{5}$에서

$$\begin{cases} \dfrac{4x-3y-1}{2}=\dfrac{1}{5}y-5 \\ \dfrac{1}{5}y-5=\dfrac{4x-y-23}{5} \end{cases} \text{이므로}$$

$$\begin{cases} 20x-17y=-45 & \cdots\cdots ㉠ \\ 2x-y=-1 & \cdots\cdots ㉡ \end{cases}$$

㉠−㉡×17을 하면 $-14x=-28$, $x=2$

$x=2$를 ㉡에 대입하면 $4-y=-1$, $y=5$

$x=2$, $y=5$를 $x-ay=-13$에 대입하면

$2-5a=-13$, $5a=15$, $a=3$

11 연립방정식 $\begin{cases} 4x-y=10 \\ bx-2y=1 \end{cases}$ 의 해 x, y에 대하여

연립방정식 $\begin{cases} 8x-5y=20 \\ 3x+ay=-1 \end{cases}$ 의 해는 $x+2$, $y+2$이므로

$\begin{cases} 8x-5y=20 \\ 3x+ay=-1 \end{cases}$ 의 x 대신 $x+2$, y 대신 $y+2$를 대입하면

$\begin{cases} 8(x+2)-5(y+2)=20 \\ 3(x+2)+a(y+2)=-1 \end{cases}$, 즉 $\begin{cases} 8x-5y=14 \\ 3x+ay=-2a-7 \end{cases}$

이때 연립방정식 $\begin{cases} 8x-5y=14 \\ 3x+ay=-2a-7 \end{cases}$, $\begin{cases} 4x-y=10 \\ bx-2y=1 \end{cases}$ 의 해가

서로 같으므로 $\begin{cases} 8x-5y=14 & \cdots\cdots ㉠ \\ 4x-y=10 & \cdots\cdots ㉡ \end{cases}$

㉠−㉡×2를 하면 $-3y=-6$, $y=2$

$y=2$를 ㉡에 대입하면 $4x-2=10$, $4x=12$, $x=3$

$x=3$, $y=2$를 $3x+ay=-2a-7$, $bx-2y=1$에 각각 대입하면

$9+2a=-2a-7$에서 $4a=-16$, $a=-4$

$3b-4=1$에서 $3b=5$, $b=\dfrac{5}{3}$

따라서 $\dfrac{a}{b}=-4\times\dfrac{3}{5}=-\dfrac{12}{5}$

12 $\begin{cases} \dfrac{x}{3}-\dfrac{y+1}{2}=-2 \\ 2(x+y)=7-by \end{cases}$, 즉 $\begin{cases} 2x-3y=-9 \\ 2x+(2+b)y=7 \end{cases}$ 의 해가 없으므로

$2+b=-3$, $b=-5$

$\begin{cases} 4x-5y=6 \\ 0.2x-(a+1)y=0.3 \end{cases}$, 즉 $\begin{cases} 4x-5y=6 \\ 2x-(10a+10)y=3 \end{cases}$ 의 해가 무

수히 많으므로

$20a+20=5$, $20a=-15$, $a=-\dfrac{3}{4}$

따라서 $4a+b=-3-5=-8$

13 큰 수를 x, 작은 수를 y라 하면 $\begin{cases} x+y=67 & \cdots\cdots ㉠ \\ x=3y+7 & \cdots\cdots ㉡ \end{cases}$

㉡을 ㉠에 대입하면 $3y+7+y=67$, $4y=60$, $y=15$

$y=15$를 ㉡에 대입하면 $x=45+7=52$

따라서 두 수의 차는 $52-15=37$

14 윤재가 이긴 횟수를 x, 진 횟수를 y라 하면 은영이가 이긴 횟수

는 y, 진 횟수는 x이다.

또한 두 사람이 비긴 횟수는 $19-(x+y)$이므로

$$\begin{cases} 5x-3y-2(19-x-y)=3 \\ -3x+5y-2(19-x-y)=11 \end{cases}$$

즉, $\begin{cases} 7x-y=41 & \cdots\cdots ㉠ \\ -x+7y=49 & \cdots\cdots ㉡ \end{cases}$

㉠×7+㉡을 하면 $48x=336$, $x=7$

$x=7$을 ㉠에 대입하면 $49-y=41$, $y=8$

따라서 윤재가 이긴 횟수는 7이다.

15 작년 여학생 수를 x, 남학생 수를 y라 하면

$\begin{cases} x+y=600 \\ -\dfrac{4}{100}x+\dfrac{14}{100}y=12 \end{cases}$, 즉 $\begin{cases} x+y=600 & \cdots\cdots ㉠ \\ -2x+7y=600 & \cdots\cdots ㉡ \end{cases}$

㉠×2+㉡을 하면 $9y=1800$, $y=200$

$y=200$을 ㉠에 대입하면 $x+200=600$, $x=400$

따라서 작년 여학생 수는 400이므로 올해 여학생 수는

$400\times\left(1-\dfrac{4}{100}\right)=400-16=384$

16 전체 일의 양을 1로 놓으면 A가 1시간 동안 하는 일의 양은 $\dfrac{1}{18}$ 이다.

B, C가 1시간 동안 하는 일의 양을 각각 x, y라 하면

$$\begin{cases} \left(\dfrac{1}{18}+x+y\right)\times 2=1 \\ \left(\dfrac{1}{18}+x\right)\times\dfrac{3}{2}+\left(\dfrac{1}{18}+y\right)\times 2=1 \end{cases}$$

즉, $\begin{cases} 9x+9y=4 & \cdots\cdots\ \text{㉠} \\ 3x+4y=\dfrac{29}{18} & \cdots\cdots\ \text{㉡} \end{cases}$

㉠$-$㉡$\times 3$을 하면 $-3y=-\dfrac{5}{6}$, $y=\dfrac{5}{18}$

$y=\dfrac{5}{18}$를 ㉠에 대입하면 $9x+\dfrac{5}{2}=4$, $9x=\dfrac{3}{2}$, $x=\dfrac{1}{6}$

따라서 B가 혼자서 이 일을 할 때 걸리는 시간은 6시간이다.

17 정지한 물에서의 배의 속력을 분속 x m, 강물의 속력을 분속 y m라 하면

$$\begin{cases} 15(x-y)=1500 \\ 10(x+y)=1500 \end{cases},\ \ \text{즉}\ \begin{cases} x-y=100 & \cdots\cdots\ \text{㉠} \\ x+y=150 & \cdots\cdots\ \text{㉡} \end{cases}$$

㉠$+$㉡을 하면 $2x=250$, $x=125$

$x=125$를 ㉡에 대입하면 $125+y=150$, $y=25$

따라서 정지한 물에서의 배의 속력은 분속 125 m이다.

18 12 %의 소금물의 양을 x g, 20 %의 소금물의 양을 y g이라 하면 더 넣은 물의 양은 $\dfrac{1}{2}x$ g이므로

$$\begin{cases} x+y+\dfrac{1}{2}x=600 \\ \dfrac{12}{100}\times x+\dfrac{20}{100}\times y=\dfrac{11}{100}\times 600 \end{cases}$$

즉, $\begin{cases} 3x+2y=1200 & \cdots\cdots\ \text{㉠} \\ 3x+5y=1650 & \cdots\cdots\ \text{㉡} \end{cases}$

㉠$-$㉡을 하면 $-3y=-450$, $y=150$

$y=150$을 ㉠에 대입하면

$3x+300=1200$, $3x=900$, $x=300$

따라서 12 %의 소금물의 양은 300 g이다.

● 고난도 실전 문제

68~73쪽

1 ㄱ, ㄹ	**2** 2	**3** 2	**4** ②	**5** -27
6 3	**7** ④	**8** $-\dfrac{9}{2}$	**9** 2	**10** -4
11 $x=-1$, $y=6$	**12** 3	**13** 4	**14** ③	
15 ②	**16** ①	**17** -1	**18** 2	**19** ①
20 2	**21** 8	**22** 178	**23** 21	**24** ④
25 4	**26** 50명	**27** 50분	**28** ⑤	**29** 19시간
30 18시간	**31** ③	**32** ①	**33** ④	**34** 650 m
35 10 %	**36** 480 g			

1 $(a-2)x^2+\dfrac{b+1}{3}x-y+\dfrac{c-1}{2}=0$에서

$a-2=0$, $\dfrac{b+1}{3}\neq 0$이어야 하므로 $a=2$, $b\neq -1$

따라서 옳은 것은 ㄱ, ㄹ이다.

2 $x=1$, $y=-2$를 $(4a+b)x-(a-2b)y=0$에 대입하면

$4a+b+2a-4b=0$

$6a-3b=0$, $b=2a$ $\qquad\cdots\cdots$ ❶

$b=2a$를 $ax+by=5a$에 대입하면

$ax+2ay=5a$

$a\neq 0$이므로 양변을 a로 나누면

$x+2y=5$ $\qquad\cdots\cdots$ ❷

따라서 x, y가 자연수인 해는 $(1,\ 2)$, $(3,\ 1)$의 2개이다.

$\qquad\cdots\cdots$ ❸

채점 기준	비율
❶ a, b 사이의 관계식 구하기	40 %
❷ x, y의 일차방정식 구하기	40 %
❸ 자연수인 해의 개수 구하기	20 %

3 (i) $x>y$일 때

$x\blacktriangle y=x$이므로

$x=2x-3y+5$, $-x+3y=5$를 만족시키는 10보다 작은 자연수 x, y의 순서쌍 $(x,\ y)$는 $(1,\ 2)$, $(4,\ 3)$, $(7,\ 4)$이다. 이때 $x>y$를 만족시키는 것은 $(4,\ 3)$, $(7,\ 4)$이다.

(ii) $x<y$일 때

$x\blacktriangle y=y$이므로

$y=2x-3y+5$, 즉 $2x-4y=-5$를 만족시키는 10보다 작은 자연수 x, y의 순서쌍 $(x,\ y)$는 없다.

(i), (ii)에서 순서쌍 $(x,\ y)$의 개수는 2이다.

4 $x=2a$, $y=a-1$을 $x+3y=7$에 대입하면

$2a+3(a-1)=7$, $5a=10$, $a=2$

즉, $2a=4$, $a-1=1$이므로 주어진 연립방정식의 해는 $(4,\ 1)$이다.

$x=4$, $y=1$, $a=2$를 $bx-4ay=12$에 대입하면

$4b-8=12$, $4b=20$, $b=5$

따라서 $a-b=2-5=-3$

5 주어진 연립방정식에서 x와 y를 서로 바꾸면

$$\begin{cases} 9x+2y=a & \cdots\cdots\ \text{㉠} \\ -x+3y=-7 & \cdots\cdots\ \text{㉡} \end{cases}$$

$x=-2$, $y=b$를 ㉡에 대입하면

$2+3b=-7$, $3b=-9$, $b=-3$ $\qquad\cdots\cdots$ ❶

$x=-2$, $y=-3$을 ㉠에 대입하면

$-18-6=a$, $a=-24$ $\qquad\cdots\cdots$ ❷

따라서 $a+b=-24+(-3)=-27$ $\qquad\cdots\cdots$ ❸

채점 기준	비율
❶ b의 값 구하기	40 %
❷ a의 값 구하기	40 %
❸ $a+b$의 값 구하기	20 %

6 $\begin{cases} 2x-3y=-10 \\ 3x+y=12 \end{cases}$ 에서 잘못 본 두 상수항을 각각 a, b라고 하면

$x=5$를 $\begin{cases} 2x-3y=a \\ 3x+y=b \end{cases}$ 에 대입하면 $\begin{cases} 10-3y=a \\ 15+y=b \end{cases}$

잘못 보고 푼 두 방정식의 상수항의 합이 29이므로

$(10-3y)+(15+y)=29$, $-2y=4$, $y=-2$

$y=-2$를 두 방정식에 각각 대입하면

$10+6=a$에서 $a=16$

$15-2=b$에서 $b=13$

따라서 두 방정식의 상수항의 차는

$16-13=3$

7 연립방정식 $\begin{cases} ax+by=14 \\ by=(a-1)x-1 \end{cases}$ 의 해가 $x=3$, $y=1$이므로

$\begin{cases} 3a+b=14 & \cdots\cdots ㉠ \\ b=3a-4 & \cdots\cdots ㉡ \end{cases}$

㉡을 ㉠에 대입하면

$3a+(3a-4)=14$, $6a=18$, $a=3$

$a=3$을 ㉡에 대입하면 $b=9-4=5$

$\begin{cases} (a+2)x-by=9 \\ bx+ay=-7 \end{cases}$ 에서 $\begin{cases} 5x-5y=9 & \cdots\cdots ㉢ \\ 5x+3y=-7 & \cdots\cdots ㉣ \end{cases}$

㉢-㉣을 하면 $-8y=16$, $y=-2$

$y=-2$를 ㉢에 대입하면

$5x+10=9$, $5x=-1$, $x=-\dfrac{1}{5}$

따라서 $p=-\dfrac{1}{5}$, $q=-2$이므로

$5pq=5\times\left(-\dfrac{1}{5}\right)\times(-2)=2$

8 $x=2$, $y=-1$을 $(a+b)x+(a-2b)y=0$에 대입하면

$2(a+b)-(a-2b)=0$, $a+4b=0$, $a=-4b$

$ax-2b=12by-4a$에 $a=-4b$를 대입하면

$-4bx-2b=12by+16b$, $4bx+12by=-18b$

따라서 $x+3y=-\dfrac{9}{2}$

9 x의 절댓값이 y의 절댓값의 3배이고 $y<0$이므로

$x=3y\ (x<0)$ 또는 $x=-3y\ (x>0)$

(ⅰ) $x=3y$, $x-3y=12$를 연립하면

　　$0\neq12$이므로 만족시키는 x, y의 값은 없다.

(ⅱ) $x=-3y$, $x-3y=12$를 연립하면

　　$-6y=12$, $y=-2$

　　$y=-2$를 $x=-3y$에 대입하면 $x=6$

　　$x=6$, $y=-2$를 $ax+y=10$에 대입하면

　　$6a-2=10$, $6a=12$, $a=2$

10 네 일차방정식의 공통인 해는 연립방정식

$\begin{cases} -4x+y=8 & \cdots\cdots ㉠ \\ x+2y=7 & \cdots\cdots ㉡ \end{cases}$ 의 해와 같다.

㉠×2-㉡을 하면 $-9x=9$, $x=-1$

$x=-1$을 ㉠에 대입하면 $4+y=8$, $y=4$

$x=-1$, $y=4$를 $5x+by=3$, $ax-3y=-6$에 각각 대입하면

$-5+4b=3$에서 $4b=8$, $b=2$

$-a-12=-6$에서 $a=-6$

따라서 $a+b=-6+2=-4$

11 주어진 연립방정식에서 a와 b를 서로 바꾸면

$\begin{cases} bx+ay=3 \\ ax+by=17 \end{cases}$

이 연립방정식에 $x=6$, $y=-1$을 대입하면

$\begin{cases} -a+6b=3 & \cdots\cdots ㉠ \\ 6a-b=17 & \cdots\cdots ㉡ \end{cases}$

㉠×6+㉡을 하면 $35b=35$, $b=1$

$b=1$을 ㉠에 대입하면 $-a+6=3$, $a=3$

따라서 처음 연립방정식은 $\begin{cases} 3x+y=3 & \cdots\cdots ㉢ \\ x+3y=17 & \cdots\cdots ㉣ \end{cases}$

㉢×3-㉣을 하면 $8x=-8$, $x=-1$

$x=-1$을 ㉢에 대입하면 $-3+y=3$, $y=6$

따라서 처음 연립방정식의 해는 $x=-1$, $y=6$이다.

12 연립방정식 $\begin{cases} bx+ay=7 \\ 5x-2y=-5 \end{cases}$ 의 해를 $x=m$, $y=n$이라 하면

$\begin{cases} 3x-y=2 \\ ax+by=17 \end{cases}$ 의 해는 $x=m+2$, $y=n+2$이다.

$x=m$, $y=n$을 $5x-2y=-5$에 대입하면

$5m-2n=-5 \quad \cdots\cdots ㉠$

$x=m+2$, $y=n+2$를 $3x-y=2$에 대입하면

$3(m+2)-(n+2)=2$

$3m-n=-2 \quad \cdots\cdots ㉡$

㉠-㉡×2를 하면 $-m=-1$, $m=1$

$m=1$을 ㉡에 대입하면 $3-n=-2$, $n=5$

따라서 연립방정식 $\begin{cases} bx+ay=7 \\ 5x-2y=-5 \end{cases}$ 의 해는 $x=1$, $y=5$이고

$\begin{cases} 3x-y=2 \\ ax+by=17 \end{cases}$ 의 해는 $x=3$, $y=7$이다. $\quad\cdots\cdots$ ❶

$x=1$, $y=5$를 $bx+ay=7$에 대입하고,

$x=3$, $y=7$을 $ax+by=17$에 대입하면

$\begin{cases} 5a+b=7 & \cdots\cdots ㉢ \\ 3a+7b=17 & \cdots\cdots ㉣ \end{cases}$

㉢×7-㉣을 하면

$32a=32$, $a=1$

$a=1$을 ㉢에 대입하면

$5+b=7$, $b=2 \quad\cdots\cdots$ ❷

따라서 $a+b=1+2=3 \quad\cdots\cdots$ ❸

채점 기준	비율
❶ 두 연립방정식의 해 구하기	50 %
❷ a, b의 값 구하기	40 %
❸ $a+b$의 값 구하기	10 %

13 $xy<0$이고 $|x|:|y|=8:3$이므로

$$y=-\frac{3}{8}x \qquad \cdots\cdots \text{㉠}$$

$0.\dot{3}x+0.\dot{5}y=1$에서

$$\frac{1}{3}x+\frac{5}{9}y=1 \qquad \cdots\cdots \text{㉡}$$

㉠을 ㉡에 대입하면

$$\frac{1}{3}x-\frac{5}{24}x=1, \ \frac{1}{8}x=1, \ x=8$$

$x=8$을 ㉠에 대입하면 $y=-3$

$x=8$, $y=-3$을 $\dfrac{x+2}{5}-\dfrac{y-1}{2}=a$에 대입하면

$$a=2-(-2)=4$$

14 $\begin{cases}(3x+2y+7):5=(y+3):2 & \cdots\cdots \text{㉠}\\ 0.15x-0.07y=0.1 & \cdots\cdots \text{㉡}\end{cases}$

㉠의 비례식을 정리하고, ㉡×100을 하면

$$\begin{cases}2(3x+2y+7)=5(y+3)\\ 15x-7y=10\end{cases}$$

즉, $\begin{cases}6x-y=1 & \cdots\cdots \text{㉢}\\ 15x-7y=10 & \cdots\cdots \text{㉣}\end{cases}$

㉢×7－㉣을 하면 $27x=-3$, $x=-\dfrac{1}{9}$

$x=-\dfrac{1}{9}$을 ㉢에 대입하면 $-\dfrac{2}{3}-y=1$, $-y=\dfrac{5}{3}$, $y=-\dfrac{5}{3}$

따라서 $m=-\dfrac{1}{9}$, $n=-\dfrac{5}{3}$이므로

$$9(m-n)=9\left\{-\frac{1}{9}-\left(-\frac{5}{3}\right)\right\}=9\times\frac{14}{9}=14$$

15 $\begin{cases}8^{x+y}\times4^{x+3y}=2 & \cdots\cdots \text{㉠}\\ 5^{3x-y}\div5^7=1 & \cdots\cdots \text{㉡}\end{cases}$

㉠에서 $8^{x+y}=(2^3)^{x+y}=2^{3x+3y}$,

$4^{x+3y}=(2^2)^{x+3y}=2^{2x+6y}$이므로

$$2^{3x+3y+2x+6y}=2, \ 2^{5x+9y}=2$$

즉, $5x+9y=1 \qquad \cdots\cdots \text{㉢}$

㉡에서 $3x-y=7 \qquad \cdots\cdots \text{㉣}$

㉢＋㉣×9를 하면 $32x=64$, $x=2$

$x=2$를 ㉣에 대입하면 $6-y=7$, $y=-1$

따라서 $x=2$, $y=-1$을 $2x+ay=6$에 대입하면

$$4-a=6, \ a=-2$$

> **참고**
>
> m, n이 자연수일 때, $m=n$이면 $a^m\div a^n=1$

16 주어진 방정식의 해는 연립방정식

$$\begin{cases}\dfrac{3x-y}{2}=\dfrac{5x+y-2}{3}\\[2mm] \dfrac{3x-y}{2}=\dfrac{x-5y-4}{5}\end{cases}$$

즉, $\begin{cases}x+5y=4 & \cdots\cdots \text{㉠}\\ 13x+5y=-8 & \cdots\cdots \text{㉡}\end{cases}$의 해와 같다.

㉠－㉡을 하면 $-12x=12$, $x=-1$

$x=-1$을 ㉠에 대입하면

$$-1+5y=4, \ 5y=5, \ y=1$$

따라서 주어진 방정식을 풀면 $x=-1$, $y=1$이다.

17 주어진 방정식의 해는 연립방정식

$$\begin{cases}2x+y=8 & \cdots\cdots \text{㉠}\\ ax+3y+5=8 & \cdots\cdots \text{㉡}\end{cases}$$의 해와 같다. $\qquad\cdots\cdots$ ❶

이때 $x:y=3:2$이므로

$$2x=3y \qquad \cdots\cdots \text{㉢} \qquad\cdots\cdots ❷$$

㉢을 ㉠에 대입하면 $3y+y=8$, $4y=8$, $y=2$

$y=2$를 ㉢에 대입하면

$$2x=6, \ x=3 \qquad\cdots\cdots ❸$$

$x=3$, $y=2$를 ㉡에 대입하면

$$3a+6+5=8, \ 3a=-3$$

따라서 $a=-1 \qquad\cdots\cdots ❹$

채점 기준	비율
❶ 해가 같은 연립방정식으로 나타내기	10 %
❷ 해의 조건을 식으로 나타내기	10 %
❸ 연립방정식의 해 구하기	50 %
❹ a의 값 구하기	30 %

18 연립방정식 $\begin{cases}3ax+by=1\\ 2x-y=3\end{cases}$의 해 x, y에 대하여

연립방정식 $\begin{cases}5x-2y=6\\ ax+by=-21\end{cases}$의 해는 $3x$, $3y$이므로

$\begin{cases}5x-2y=6\\ ax+by=-21\end{cases}$의 x 대신 $3x$, y 대신 $3y$를 대입하면

$$\begin{cases}15x-6y=6\\ 3ax+3by=-21\end{cases} \ \text{즉} \ \begin{cases}5x-2y=2\\ ax+by=-7\end{cases}$$

이때 $\begin{cases}5x-2y=2\\ ax+by=-7\end{cases}$, $\begin{cases}3ax+by=1\\ 2x-y=3\end{cases}$의 해가 서로 같으므로

$$\begin{cases}5x-2y=2 & \cdots\cdots \text{㉠}\\ 2x-y=3 & \cdots\cdots \text{㉡}\end{cases}$$

㉠－㉡×2를 하면 $x=-4$

$x=-4$를 ㉡에 대입하면 $-8-y=3$, $y=-11$

$x=-4$, $y=-11$을 $3ax+by=1$, $ax+by=-7$에 각각 대입하면

$$-12a-11b=1 \qquad \cdots\cdots \text{㉢}$$
$$-4a-11b=-7 \qquad \cdots\cdots \text{㉣}$$

㉢－㉣을 하면 $-8a=8$, $a=-1$

$a=-1$을 ㉢에 대입하면

$$12-11b=1, \ 11b=11, \ b=1$$

따라서 $a^2+b^2=1+1=2$

19 $\dfrac{7}{2}x-\dfrac{5}{6}y=-\dfrac{2}{3}$의 양변에 6을 곱하면

$$21x-5y=-4$$

따라서 연립방정식 $\begin{cases} 21x-5y=-4 \\ 21x-5y=k+1 \end{cases}$ 의 해가 없으려면

$k+1\neq-4$, 즉 $k\neq-5$이어야 한다.

20 연립방정식의 해가 무수히 많으므로

$(3a-5)x+(a-2b)y=1$의 양변에 4를 곱하여 정리하면

$(12a-20)x+(4a-8b)y=4$

즉, $5(2a-b+1)x+2(b-a)y=(12a-20)x+(4a-8b)y$

이므로

$10a-5b+5=12a-20$에서 $2a+5b=25$

$2b-2a=4a-8b$에서 $6a-10b=0$, $3a-5b=0$

$\begin{cases} 2a+5b=25 & \cdots\cdots\ ㉠ \\ 3a-5b=0 & \cdots\cdots\ ㉡ \end{cases}$

㉠+㉡을 하면 $5a=25$, $a=5$

$a=5$를 ㉠에 대입하면 $10+5b=25$, $5b=15$, $b=3$

따라서 $a-b=5-3=2$

21 해가 무수히 많을 때는

$\dfrac{6a}{12}=\dfrac{3}{b}=1$에서 $a=2$, $b=3$

해가 존재하지 않을 때는

$\dfrac{6a}{12}=\dfrac{3}{b}\neq1$에서 $6ab=36$, $6a\neq12$, $b\neq3$이므로

$ab=6$, $a\neq2$, $b\neq3$을 만족시키는 순서쌍 $(a,\ b)$는 $(1,\ 6)$,

$(3,\ 2)$, $(6,\ 1)$의 3개이다.

따라서 $A=2+3=5$, $B=3$이므로

$A+B=5+3=8$

22 처음 수의 백의 자리의 숫자를 x, 십의 자리의 숫자를 y라 하면

$\begin{cases} x+y+8=16 \\ 100y+10x+8=4(100x+10y+8)+6 \end{cases}$

즉, $\begin{cases} x+y=8 & \cdots\cdots\ ㉠ \\ -13x+2y=1 & \cdots\cdots\ ㉡ \end{cases}$

㉠×2-㉡을 하면 $15x=15$, $x=1$

$x=1$을 ㉠에 대입하면 $1+y=8$, $y=7$

따라서 처음 세 자리 자연수는 178이다.

23 윤재가 맞힌 문제 수를 x, 틀린 문제 수를 y라 하면

$\begin{cases} x=3y \\ 100x-60y=1680 \end{cases}$, 즉 $\begin{cases} x=3y & \cdots\cdots\ ㉠ \\ 5x-3y=84 & \cdots\cdots\ ㉡ \end{cases}$

㉠을 ㉡에 대입하면 $15y-3y=84$, $12y=84$, $y=7$

$y=7$을 ㉠에 대입하면 $x=21$

따라서 윤재가 맞힌 문제 수는 21이다.

24 서현이가 이긴 횟수를 x, 지연이가 이긴 횟수를 y라 하면

$\begin{cases} 5x-3y=49 & \cdots\cdots\ ㉠ \\ -3x+5y=-7 & \cdots\cdots\ ㉡ \end{cases}$

㉠×3+㉡×5를 하면 $16y=112$, $y=7$

$y=7$을 ㉠에 대입하면 $5x-21=49$, $5x=70$, $x=14$

따라서 가위바위보를 한 총 횟수는

$14+7=21$

25 구입한 당근의 개수를 x, 오이의 개수를 y라 하면

$\begin{cases} 2+x+y+1=12 \\ 3400+800x+1200y+2500=14700 \end{cases}$

즉, $\begin{cases} x+y=9 & \cdots\cdots\ ㉠ \\ 2x+3y=22 & \cdots\cdots\ ㉡ \end{cases}$

㉠×2-㉡을 하면 $-y=-4$, $y=4$

$y=4$를 ㉠에 대입하면 $x+4=9$, $x=5$

따라서 어머니가 구입한 오이는 4개이다.

26 반대표의 수를 x, 찬성표의 수를 y라 하면

$\begin{cases} x=\dfrac{1}{3}y-6 \\ x=\dfrac{16}{100}(x+y) \end{cases}$, 즉 $\begin{cases} 3x-y=-18 & \cdots\cdots\ ㉠ \\ 21x-4y=0 & \cdots\cdots\ ㉡ \end{cases}$

㉠×4-㉡을 하면

$-9x=-72$, $x=8$

$x=8$을 ㉠에 대입하면

$24-y=-18$, $y=42$

따라서 투표에 참여한 사람은

$x+y=8+42=50$(명)

27 어제 유산소 운동 시간을 x분, 근력 운동 시간을 y분이라 하면

$\begin{cases} 0.12x+0.2y=0.15(x+y) \\ 1.15(x+y)=92 \end{cases}$

즉, $\begin{cases} -3x+5y=0 & \cdots\cdots\ ㉠ \\ x+y=80 & \cdots\cdots\ ㉡ \end{cases}$

㉠-㉡×5를 하면

$-8x=-400$, $x=50$

$x=50$을 ㉡에 대입하면

$50+y=80$, $y=30$

따라서 어제 유산소 운동 시간은 50분이다.

28 A 제품의 원가를 x원, B 제품의 원가를 y원이라 하면

A 제품의 판매 가격은 $x\times\dfrac{120}{100}\times\dfrac{95}{100}=\dfrac{114}{100}x$(원),

B 제품의 판매 가격은 $y\times\dfrac{110}{100}\times\dfrac{95}{100}=\dfrac{209}{200}y$(원)

이므로

$\begin{cases} x+y=50000 \\ \dfrac{114}{100}x+\dfrac{209}{200}y=50000+5100 \end{cases}$

즉, $\begin{cases} x+y=50000 & \cdots\cdots\ ㉠ \\ 228x+209y=11020000 & \cdots\cdots\ ㉡ \end{cases}$

㉠×209-㉡을 하면

$-19x=-570000$, $x=30000$

29 전체 일의 양을 1이라 하고 성준이가 1시간에 할 수 있는 일의

양을 x, 민수가 1시간에 할 수 있는 일의 양을 y라 하면

$\begin{cases} 3(x+y)+5x=1 \\ 4(x+y)+7y=1 \end{cases}$, 즉 $\begin{cases} 8x+3y=1 & \cdots\cdots\ ㉠ \\ 4x+11y=1 & \cdots\cdots\ ㉡ \end{cases}$

㉠-㉡×2를 하면

$-19y=-1,\ y=\dfrac{1}{19}$

$y=\dfrac{1}{19}$을 ㉠에 대입하면

$8x+\dfrac{3}{19}=1,\ 8x=\dfrac{16}{19},\ x=\dfrac{2}{19}$

따라서 민수가 혼자 이 일을 한다면 19시간이 걸린다.

30 물통에 물이 가득 차 있을 때의 물의 양을 1이라 하고 A, B 호스로 1시간 동안 뺄 수 있는 물의 양을 각각 x, y라 하면

$\begin{cases} 4(x+y)+2x=1 \\ 3x=y \end{cases}$, 즉 $\begin{cases} 6x+4y=1 & \cdots\cdots ㉠ \\ y=3x & \cdots\cdots ㉡ \end{cases}$

㉡을 ㉠에 대입하면

$6x+12x=1,\ 18x=1,\ x=\dfrac{1}{18}$

$x=\dfrac{1}{18}$을 ㉡에 대입하면 $y=\dfrac{1}{6}$

따라서 A 호스만으로 물을 모두 뺀다면 18시간이 걸린다.

31 연서의 속력을 초속 x m, 윤아의 속력을 초속 y m라 하면

$\begin{cases} x:y=4:7 \\ 50(x+y)=1100 \end{cases}$, 즉 $\begin{cases} 7x-4y=0 & \cdots\cdots ㉠ \\ x+y=22 & \cdots\cdots ㉡ \end{cases}$

㉠$+$㉡$\times 4$를 하면

$11x=88,\ x=8$

$x=8$을 ㉡에 대입하면

$8+y=22,\ y=14$

따라서 연서의 속력은 초속 8 m이다.

32 근영이의 속력을 분속 x m, 정훈이의 속력을 분속 y m라 하면

$\begin{cases} 6x=5y \\ 15y-15x=270 \end{cases}$, 즉 $\begin{cases} 6x=5y & \cdots\cdots ㉠ \\ y=x+18 & \cdots\cdots ㉡ \end{cases}$

㉡을 ㉠에 대입하면

$6x=5(x+18),\ x=90$

$x=90$을 ㉡에 대입하면

$y=90+18=108$

따라서 근영이의 속력은 분속 90 m이다.

33 강물의 속력을 분속 x m, 두 선착장 사이의 거리를 y m라 하면

$\begin{cases} 30(20+x)=y \\ 45(20-x)=y \end{cases}$, 즉 $\begin{cases} 30x-y=-600 & \cdots\cdots ㉠ \\ 45x+y=900 & \cdots\cdots ㉡ \end{cases}$

㉠$+$㉡을 하면 $75x=300,\ x=4$

$x=4$를 ㉡에 대입하면

$180+y=900,\ y=720$

따라서 두 선착장 사이의 거리는 720 m이다.

34 다리의 길이를 x m, 화물 열차의 속력을 초속 y m라 하면 특급 열차의 속력은 초속 $2y$ m이므로

$\begin{cases} x+250=20y & \cdots\cdots ㉠ \\ x+160=2y\times 9 & \cdots\cdots ㉡ \end{cases}$

㉠$-$㉡을 하면 $90=2y,\ y=45$

$y=45$를 ㉠에 대입하면

$x+250=900,\ x=650$

따라서 다리의 길이는 650 m이다.

35 두 소금물 A, B를 1 : 4의 비율로 섞을 때, 소금물 A의 양을 a g이라 하면 소금물 B의 양은 $4a$ g이고,

두 소금물 A, B를 2 : 3의 비율로 섞을 때, 소금물 A의 양을 $2b$ g이라 하면 소금물 B의 양은 $3b$ g이다. (단, $a\neq0$, $b\neq0$)

따라서 소금물 A의 농도를 x %, 소금물 B의 농도를 y %라 하면

$\begin{cases} \dfrac{x}{100}\times a+\dfrac{y}{100}\times 4a=\dfrac{14}{100}\times(a+4a) \\ \dfrac{x}{100}\times 2b+\dfrac{y}{100}\times 3b=\dfrac{13}{100}\times(2b+3b) \end{cases}$ $\cdots\cdots$ ❶

즉, $\begin{cases} x+4y=70 & \cdots\cdots ㉠ \\ 2x+3y=65 & \cdots\cdots ㉡ \end{cases}$

㉠$\times 2-$㉡을 하면

$5y=75,\ y=15$

$y=15$를 ㉠에 대입하면

$x+60=70,\ x=10$ $\cdots\cdots$ ❷

따라서 소금물 A의 농도는 10 %이다. $\cdots\cdots$ ❸

채점 기준	비율
❶ 연립방정식 세우기	40 %
❷ 연립방정식 풀기	50 %
❸ 소금물 A의 농도 구하기	10 %

36 더 넣은 소금의 양을 x g라 하면 더 넣은 물의 양은 $8x$ g이고

2 %의 소금물의 양은 $8x\times\dfrac{3}{2}=12x$ (g)

9 %의 소금물의 양을 y g이라 하면

$\begin{cases} 12x+y+8x+x=1300 \\ \dfrac{2}{100}\times 12x+\dfrac{9}{100}\times y+x=\dfrac{7}{100}\times 1300 \end{cases}$

즉, $\begin{cases} 21x+y=1300 & \cdots\cdots ㉠ \\ 124x+9y=9100 & \cdots\cdots ㉡ \end{cases}$

㉠$\times 9-$㉡을 하면

$65x=2600,\ x=40$

$x=40$을 ㉠에 대입하면

$840+y=1300,\ y=460$

따라서 2 %의 소금물의 양은

$12\times 40=480$ (g)

5. 일차함수와 그 그래프

1 ①, ⑤	**2** 4	**3** 5	**4** 12	**5** ③
6 ⑤	**7** 0	**8** 1	**9** 1	**10** 12
11 -4	**12** ④	**13** -1	**14** 2	**15** ②
16 ㄱ, ㄴ	**17** 제3사분면		**18** ⑤	**19** 2
20 $-\dfrac{1}{2}$	**21** 9	**22** ②	**23** -1	**24** 10
25 ③	**26** ②	**27** -3	**28** $\dfrac{9}{2}$	**29** 22 cm
30 15분	**31** 12초			

1 ① 자연수 2의 약수는 1, 2와 같이 x의 값 하나에 대하여 y의 값이 하나로 정해지지 않으므로 함수가 아니다.

② $xy=30$에서 x의 값 하나에 대하여 y의 값이 하나로 정해지므로 함수이다.

③ $y=500-x$에서 x의 값 하나에 대하여 y의 값이 하나로 정해지므로 함수이다.

④ $y=x^2$에서 x의 값 하나에 대하여 y의 값이 하나로 정해지므로 함수이다.

⑤ 어떤 달에 태어난 학생이 한 명이 아닌 여러 명인 경우에는 x의 값 하나에 대하여 y의 값이 하나로 정해지지 않으므로 함수가 아니다.

따라서 y가 x에 대한 함수가 아닌 것은 ①, ⑤이다.

2 ㄱ. $y=\dfrac{10}{x}$에서 x의 값 하나에 대하여 y의 값이 하나로 정해지므로 함수이다.

ㄴ. 사각형의 모양에 따라 x의 값 하나에 대하여 y의 값이 하나로 정해지지 않으므로 함수가 아니다.

ㄷ. $x=\dfrac{10}{100}y$, $y=10x$에서 x의 값 하나에 대하여 y의 값의 하나로 정해지므로 함수이다.

ㄹ. 자연수 x의 배수는 무수히 많으므로 x의 값 하나에 대하여 y의 값이 하나로 정해지지 않으므로 함수가 아니다.

ㅁ. $y=3x$에서 x의 값 하나에 대하여 y의 값이 하나로 정해지므로 함수이다.

ㅂ. 키가 x cm인 사람의 몸무게 y kg은 하나로 정해지지 않으므로 함수가 아니다

ㅅ. $y=\dfrac{70}{100}x$에서 x의 값 하나에 대하여 y의 값이 하나로 정해지므로 함수이다.

따라서 함수인 것은 ㄱ, ㄷ, ㅁ, ㅅ의 4개이다.

3 $f_1(a)=\left[\dfrac{a}{1}\right]=1$이므로 $a=1$

따라서 $f_2(b)=\left[\dfrac{b}{2}\right]=1$을 만족시키는 정수 b는 2, 3이므로

모든 정수 b의 값의 합은 $2+3=5$

4 자연수 5보다 작은 소수는 2, 3이므로
$$f(5)=2 \qquad\qquad \cdots\cdots ❶$$
자연수 10보다 작은 소수는 2, 3, 5, 7이므로
$$f(10)=4 \qquad\qquad \cdots\cdots ❷$$
자연수 15보다 작은 소수는 2, 3, 5, 7, 11, 13이므로
$$f(15)=6 \qquad\qquad \cdots\cdots ❸$$
따라서 $f(5)+f(10)+f(15)=2+4+6=12 \quad \cdots\cdots ❹$

채점 기준	비율
❶ $f(5)$의 값 구하기	30 %
❷ $f(10)$의 값 구하기	30 %
❸ $f(15)$의 값 구하기	30 %
❹ $f(5)+f(10)+f(15)$의 값 구하기	10 %

5 $y=x(2ax+3)-3bx+2$에서
$y=2ax^2+(3-3b)x+2$가 x에 대한 일차함수이려면
$2a=0,\ 3-3b\neq0$
따라서 $a=0,\ b\neq1$

6 ① $y=\pi x^2$

② $xy=20$에서 $y=\dfrac{20}{x}$

③ $xy=100$에서 $y=\dfrac{100}{x}$

④ $y=\left(\dfrac{x}{2}\right)^2$에서 $y=\dfrac{x^2}{4}$

⑤ $y=\dfrac{1}{2}(2x+x)\times2$에서 $y=3x$

따라서 y가 x에 대한 일차함수인 것은 ⑤이다.

7 $f(a)=-3$이므로 $\ 3a+2a=-3,\ a=3$
따라서 $f(x)=-3x+6$이므로
$f(2)=-3\times2+6=0$

8 $f(-1)=2$이므로 $-a+b=2 \qquad \cdots\cdots ㉠$
$f(2)=8$이므로 $2a+b=8 \qquad \cdots\cdots ㉡$
㉠, ㉡을 연립하여 풀면 $a=2,\ b=4$
즉, $f(x)=2x+4$이다.
$f(k)=6$이므로 $2k+4=6,\ k=1$

9 일차함수 $y=ax-\dfrac{1}{4}$의 그래프는 점 $\left(\dfrac{1}{2},\ \dfrac{3}{4}\right)$을 지나므로
$$\dfrac{3}{4}=\dfrac{a}{2}-\dfrac{1}{4},\ -\dfrac{a}{2}=-1,\ a=2 \qquad \cdots\cdots ❶$$
$y=2x-\dfrac{1}{4}$의 그래프를 y축의 방향으로 2만큼 평행이동한 그래프의 식은
$$y=2x-\dfrac{1}{4}+2,\ 즉\ y=2x+\dfrac{7}{4}$$
이 일차함수의 그래프가 점 $\left(k,\ -\dfrac{1}{4}\right)$을 지나므로
$$-\dfrac{1}{4}=2k+\dfrac{7}{4},\ -2k=2,\ k=-1 \qquad \cdots\cdots ❷$$
따라서 $a+k=2-1=1 \qquad\qquad \cdots\cdots ❸$

채점 기준	비율
❶ a의 값 구하기	40 %
❷ k의 값 구하기	50 %
❸ $a+k$의 값 구하기	10 %

10 일차함수 $y=3x$의 그래프를 y축의 방향으로 9만큼 평행이동한 그래프의 식은 $y=3x+9$이다.

$y=3x+9$에 $y=0$을 대입하면 $x=-3$, $x=0$을 대입하면 $y=9$

따라서 x절편이 $a=-3$, y절편이 $b=9$이므로

$b-a=9-(-3)=12$

11 일차함수 $y=ax+b$의 그래프의 y절편이 2이므로 $b=2$

즉, 일차함수 $y=ax+2$의 그래프의 x절편이 1이므로

$0=a+2$, $a=-2$

따라서 $ab=-2\times2=-4$

12 일차함수 $y=ax+3$의 그래프의 x절편이 $\dfrac{3}{2}$이므로

$0=\dfrac{3}{2}a+3$, $-\dfrac{3}{2}a=3$, $a=-2$

즉, 일차함수 $y=-2x+3$의 그래프가 점 $(k,\ 3k)$를 지나므로

$3k=-2k+3$, $5k=3$, $k=\dfrac{3}{5}$

따라서 $a+5k=-2+3=1$

13 두 점 $(1,\ 2)$, $(2,\ a)$를 지나는 직선의 기울기는

$\dfrac{a-2}{2-1}=a-2$ …… ㉠

두 점 $(2,\ a)$, $(3,\ -4)$를 지나는 직선의 기울기는

$\dfrac{-4-a}{3-2}=-a-4$ …… ㉡

세 점이 한 직선 위에 있으므로 ㉠과 ㉡의 기울기가 같다.

따라서 $a-2=-a-4$이므로

$2a=-2$, $a=-1$

14 $(\text{기울기})=\dfrac{(y\text{의 값의 증가량})}{(x\text{의 값의 증가량})}=\dfrac{2a}{3}=2$이므로 $a=3$

일차함수 $y=2x+b$의 그래프의 y절편은 b이므로 $b=-1$

따라서 $a+b=3+(-1)=2$

15 두 점 $(m+2,\ 2m-1)$, $(3m-2,\ m+1)$을 지나는 일차함수의 그래프의 기울기를 구하면

$\dfrac{m+1-(2m-1)}{3m-2-(m+2)}=\dfrac{-m+2}{2m-4}=\dfrac{-(m-2)}{2(m-2)}=-\dfrac{1}{2}$

16 ㄷ. $y=-\dfrac{2}{3}x+2$이므로 $y=-\dfrac{2}{3}x$의 그래프를 y축의 방향으로 2만큼 평행이동한 그래프이다.

ㄹ. 두 그래프의 기울기의 절댓값의 크기를 비교하면

$\left|-\dfrac{2}{3}\right|>\left|-\dfrac{1}{2}\right|$이므로 $y=-\dfrac{1}{2}x+2$의 그래프가 주어진 그래프보다 x축에 가깝다.

따라서 옳은 것은 ㄱ, ㄴ이다.

17 일차함수 $y=ax+b$의 그래프의 y절편이 4이므로 $b=4$

일차함수 $y=ax+4$의 그래프가 점 $(-1,\ 0)$을 지나므로

$0=-a+4$, $a=4$

따라서 $y=-bx+a$, 즉 $y=-4x+4$의 그래프는 오른쪽 그림과 같으므로 제3사분면을 지나지 않는다.

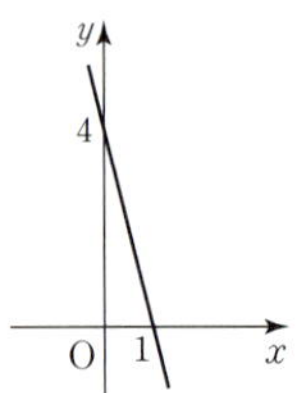

18 $a>0$, $b>0$, $m<0$, $n<0$이므로

① $m+n<0$ ② $a+b>0$ ③ $bm<0$ ④ $b-n>0$

따라서 옳은 것은 ⑤이다.

19 일차함수 $y=2ax-4$의 그래프가 두 점 $(-15,\ 0)$, $(0,\ 6)$을 지나는 직선과 평행하므로

$2a=\dfrac{0-6}{-15-0}$, $2a=\dfrac{2}{5}$, $a=\dfrac{1}{5}$

$y=\dfrac{2}{5}x-4$에 $y=0$을 대입하면 $x=10$이므로 $b=10$

따라서 $ab=\dfrac{1}{5}\times10=2$

20 두 점 $(-3,\ a)$, $(4,\ -4-a)$를 지나는 일차함수의 그래프가 일차함수 $y=-2x+1$의 그래프와 평행하므로 $y=-2x+k$로 놓으면 $\begin{cases} a=6+k \\ -4-a=-8+k \end{cases}$

두 식을 연립하여 풀면 $k=-1$, $a=5$

따라서 $y=-2x-1$에 $y=0$을 대입하면 $x=-\dfrac{1}{2}$이므로

x절편은 $-\dfrac{1}{2}$이다.

21 일차함수 $y=ax-6$의 그래프가 일차함수 $y=2x+1$의 그래프와 평행하므로 $a=2$ …… ❶

$y=2x-6$에서

$y=0$일 때, $0=2x-6$, $-2x=-6$, $x=3$

$x=0$일 때, $y=-6$

따라서 x절편은 3, y절편은 -6이다.   …… ❷

오른쪽 그림에서 일차함수 $y=2x-6$의 그래프와 x축 및 y축으로 둘러싸인 도형의 넓이는

$\dfrac{1}{2}\times3\times6=9$ …… ❸

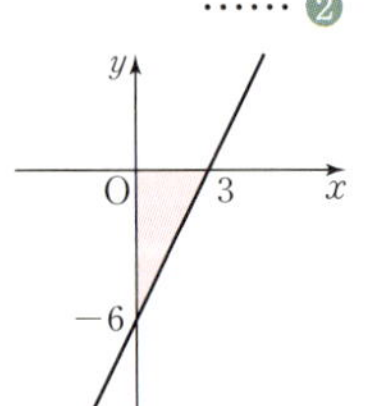

채점 기준	비율
❶ a의 값 구하기	30 %
❷ x절편, y절편 구하기	40 %
❸ 도형의 넓이 구하기	30 %

22 일차함수 $y=-5x+2$의 그래프가 점 $(-1,\ a)$를 지나므로
$a=5+2=7$
일차함수 $y=-5x+2$의 그래프와 일차함수 $y=mx+14+b$의
그래프가 일치하므로 $-5=m$, $2=14+b$
따라서 $a=7$, $b=-12$, $m=-5$이므로
$a+b+m=7+(-12)+(-5)=-10$

23 기울기가 $\dfrac{6}{2}=3$이므로 일차함수의 식을 $y=3x+a$라 하자.
이 함수의 그래프가 점 $(-2,\ -3)$을 지나므로
$-3=-6+a$, $a=3$
$y=3x+3$에 $y=0$을 대입하면 $x=-1$
따라서 그래프의 x절편은 -1이다.

24 기울기가 -5인 일차함수의 식을 $y=-5x+a$라 하자.
이때 x절편이 2이므로 점 $(2,\ 0)$을 지난다.
즉, $0=-10+a$, $a=10$
따라서 y절편은 10이다.

25 일차함수 $y=ax+b$의 그래프가 일차함수 $y=-3x-7$의 그래
프와 평행하면 기울기가 같으므로 $a=-3$
일차함수 $y=-3x+b$의 그래프가 일차함수 $y=2x+6$의 그래
프와 y축에서 만나면 y절편이 6이므로 $b=6$
따라서 일차함수의 그래프의 식은 $y=-3x+6$이므로
① x절편은 2이다.
② 점 $(1,\ 3)$을 지난다.
④ x의 값의 증가량이 3일 때, y의 값의 증가량은 -9이다.
⑤ y축의 방향으로 -6만큼 평행이동하면 원점을 지난다.
따라서 옳은 것은 ③이다.

26 두 점 $(-2,\ -3)$, $(1,\ 6)$을 지나는 일차함수 $y=ax+b$의 그래
프의 기울기는 $a=\dfrac{6+3}{1+2}=3$
일차함수 $y=3x+b$의 그래프가 점 $(1,\ 6)$을 지나므로
$6=3+b$, $b=3$
이때 일차함수 $y=3x+3$의 그래프가 점 $(m,\ m-1)$을 지나므로
$m-1=3m+3$, $-2m=4$, $m=-2$

27 일차함수 $y=ax+b$의 그래프가 점 $(1,\ 2)$를 지나므로
$2=a+b$ $\quad\cdots\cdots\ \bigcirc$
x절편과 y절편의 비가 $2:1$이므로
x절편을 $2k$, y절편을 $k\ (k\neq0)$라고 하자.
일차함수 $y=ax+b$의 그래프가 두 점 $(2k,\ 0)$, $(0,\ k)$를 지나
므로
$a=\dfrac{k-0}{0-2k}=-\dfrac{1}{2}$
따라서 $\bigcirc$에 의하여 $b=\dfrac{5}{2}$이므로
$a-b=-\dfrac{1}{2}-\dfrac{5}{2}=-3$

28 두 점 $(5,\ 2)$, $(-2,\ -5)$를 지나는 일차함수 $y=ax+b$의 그래
프의 기울기는 $a=\dfrac{-5-2}{-2-5}=1$
일차함수 $y=x+b$의 그래프가 점 $(5,\ 2)$를 지나므로
$2=5+b$, $b=-3$
일차함수 $y=x-3$의 그래프에서 x절편은 3, y절편은 -3이므
로
$A(3,\ 0)$, $B(0,\ -3)$
따라서 삼각형 AOB의 넓이는
$\dfrac{1}{2}\times3\times3=\dfrac{9}{2}$

29 용수철의 길이는 $6\,\mathrm{g}$의 물체를 매달 때마다 $2\,\mathrm{cm}$씩 일정하게 늘
어나므로 $1\,\mathrm{g}$의 물체를 매달 때마다 $\dfrac{2}{6}=\dfrac{1}{3}\,(\mathrm{cm})$씩 일정하게 늘
어난다.
따라서 무게가 $x\,\mathrm{g}$인 물체를 매달았을 때의 용수철의 길이를
$y\,\mathrm{cm}$라 하면 $y=\dfrac{1}{3}x+15$
이때 $x=21$을 대입하면 $y=\dfrac{1}{3}\times21+15=22$
따라서 구하는 용수철의 길이는 $22\,\mathrm{cm}$이다.

30 수조 A의 마개를 열면 1분에 $2\,\mathrm{L}$씩 물이 흘러 나오므로
$y=31-2x$
수조 B의 마개를 열면 1분에 $3\,\mathrm{L}$씩 물이 흘러 나오므로
$y=46-3x$
$31-2x=46-3x$에서 $x=15$
따라서 A, B 두 수조에 남아 있는 물의 양이 같아지는 것은 15
분 후이다.

31 점 P가 점 B를 출발한 지 x초 후의 $\overline{\mathrm{BP}}$의 길이는 $2x\,\mathrm{cm}$이므로
삼각형 ABP의 넓이를 $y\,\mathrm{cm}^2$라 하면
$y=\dfrac{1}{2}\times2x\times20$, 즉 $y=20x$
$y=240$일 때, $240=20x$, $x=12$
따라서 점 P가 점 B를 출발한 지 12초 후이다.

1 $\dfrac{11}{2}$	2 54	3 ③	4 $-\dfrac{1}{3}$	5 4
6 $\dfrac{3}{8}$	7 10	8 1	9 4	
10 제1, 4사분면		11 ①, ③	12 -9	13 7
14 8	15 7	16 3초	17 $\dfrac{27}{4}$시간	
18 12000				

1 $f\left(\dfrac{2+10}{2}\right)=\dfrac{f(2)+f(10)}{2}=\dfrac{5+3}{2}=4$이므로 $f(6)=4$

$f\left(\dfrac{2+6}{2}\right)=\dfrac{f(2)+f(6)}{2}=\dfrac{5+4}{2}=\dfrac{9}{2}$이므로 $f(4)=\dfrac{9}{2}$

$f(2)=f\left(\dfrac{4+0}{2}\right)=\dfrac{f(4)+f(0)}{2}=5$

이때 $f(4)=\dfrac{9}{2}$이므로

$\dfrac{9}{2}+f(0)=10$, $f(0)=\dfrac{11}{2}$

2 $m(4,\ f(x))=4$에서 $f(x)$는 4 이하인 자연수이다.

(ⅰ) $f(x)=1$일 때, x 이하의 소수가 1개인 자연수 x는 2

(ⅱ) $f(x)=2$일 때, x 이하의 소수가 2개인 자연수 x는 3, 4

(ⅲ) $f(x)=3$일 때, x 이하의 소수가 3개인 자연수 x는 5, 6

(ⅳ) $f(x)=4$일 때, x 이하의 소수가 4개인 자연수 x는 7, 8, 9, 10

따라서 구하는 x의 값의 합은

$2+3+4+5+6+7+8+9+10=54$

3 $2x(3-3ax)+3bx-5cy=0$에서

$5cy=2x(3-3ax)+3bx$

즉, $5cy=-6ax^2+(6+3b)x$가 일차함수가 되려면

$-6a=0$, $6+3b\ne0$, $c\ne0$

따라서 $a=0$, $b\ne-2$, $c\ne0$

4 $f(2)=-1$에서 $2a+3=-1$이므로 $a=-2$

$g(-1)=2$에서 $-4+2b=2$이므로 $b=3$

따라서 $f(x)=-2x+3$, $g(x)=4x+6$이므로

$f(k)+1=g(k)$에서 $-2k+4=4k+6$

$6k=-2$, $k=-\dfrac{1}{3}$

5 일차함수 $y=3x-2$의 그래프를 y축의 방향으로 a만큼 평행이동한 그래프의 식은 $y=3x-2+a$

이 그래프가 점 $(-2,\ -3)$을 지나므로

$-3=-6-2+a$, $a=5$

$y=3x-2+a$, 즉 $y=3x+3$의 그래프가 점 $(3-b,\ b)$를 지나므로

$b=3(3-b)+3$, $b=9-3b+3$

$4b=12$, $b=3$

따라서 $ab=5\times3=15$의 약수는 1, 3, 5, 15의 4개이다.

6 사각형 OABC의 넓이가 $8\times8=64$이므로

사각형 OAED의 넓이는 $64\times\dfrac{9}{16}=36$

이때 일차함수 $y=ax+3$의 그래프의 y절편이 3이므로

점 D의 좌표는 $(0,\ 3)$

$\overline{AE}=k$라 하면 사각형 OAED의 넓이는

$\dfrac{1}{2}\times(3+k)\times8=36$, $k=6$

따라서 일차함수 $y=ax+3$의 그래프가 점 $E(8,\ 6)$을 지나므로

$6=8a+3$, $8a=3$, $a=\dfrac{3}{8}$

7 두 방정식 $y=ax+b$와 $y=bx+a$를 연립하여 풀면

$ax+b=bx+a$에서 $(a-b)x=a-b$

이때 $a\ne b$이므로 $x=1$

따라서 점 C의 좌표는 $(1,\ 6)$

$x=1$, $y=6$을 $y=ax+b$에 대입하면

$a+b=6$ ...... ㉠

삼각형 ABC의 넓이가 1이고 $A(0,\ a)$, $B(0,\ b)$이므로

$\dfrac{1}{2}\times(a-b)\times1=1$

$a-b=2$ ...... ㉡

㉠, ㉡을 연립하여 풀면 $a=4$, $b=2$

따라서 $3a-b=3\times4-2=10$

8 세 점이 한 직선 위에 있을 때 삼각형이 만들어지지 않으므로 어느 두 점을 잇는 직선의 기울기는 모두 같아야 한다.

즉, $\dfrac{(4a+3)-(-2a+1)}{3-(-1)}=\dfrac{3-(4a+3)}{1-3}$이므로

$\dfrac{3a+1}{2}=2a$, $3a+1=4a$, $a=1$

9 성준이는 기울기 a를 잘못 보았으므로 y절편 b는 바르게 보았고 하진이는 y절편 b를 잘못 보았으므로 기울기 a를 바르게 보았다.

성준이가 그린 일차함수의 식에서

$(기울기)=\dfrac{-5-3}{2-(-2)}=-2$

$y=-2x+b$의 그래프가 점 $(-2,\ 3)$을 지나므로

$3=4+b$, $b=-1$

하진이가 그린 일차함수의 기울기는

$\dfrac{7-(-3)}{3-(-2)}=2$이므로 $a=2$

원래의 일차함수 $y=ax+b$, 즉 $y=2x-1$의 그래프가 점 $(c,\ c)$를 지나므로

$c=2c-1$, $c=1$

따라서 $a-b+c=2-(-1)+1=4$

10 $a^2bc>0$이므로 $bc>0$이다.

이때 b, c의 부호는 같으므로

$\dfrac{b}{a}>0$, $\dfrac{c}{a}>0$ 또는 $\dfrac{b}{a}<0$, $\dfrac{c}{a}<0$

(ⅰ) $\dfrac{b}{a}>0$, $\dfrac{c}{a}>0$일 때

일차함수 $y=-\dfrac{b}{a}x+\dfrac{c}{a}$의 그래프는 기울기가 음수이고 y절편이 양수이므로 제1, 2, 4사분면을 지난다.

(ⅱ) $\dfrac{b}{a}<0$, $\dfrac{c}{a}<0$일 때

$y=-\dfrac{b}{a}x+\dfrac{c}{a}$의 그래프는 기울기가 양수이고 y절편이 음수이므로 제1, 3, 4사분면을 지난다.

(ⅰ), (ⅱ)에서 일차함수 $y=-\dfrac{b}{a}x+\dfrac{c}{a}$의 그래프가 반드시 지나는 사분면은 제1, 4사분면이다.

11 일차함수 $y=ax+b$의 그래프를 y축의 방향으로 $-c$만큼 평행
이동한 그래프의 식은 $y=ax+b-c$

① $a>0$일 때, 오른쪽 위로 향하는 직선이다.

③ $x=2$를 대입하면 $y=2a+b-c$이므로 지나는 점은

  $(2,\ 2a+b-c)$이다.

따라서 옳지 않은 것은 ①, ③이다.

12 일차함수 $y=-(2k-1)x+2$의 그래프는 일차함수 $y=3x+1$
의 그래프와 평행하므로 기울기가 같다.

$-(2k-1)=3$에서 $-2k+1=3$, $k=-1$

일차함수 $y=-(2k-1)x+2$, 즉 $y=3x+2$와 일차함수

$y=ax-3$의 그래프가 x축 위에서 만나면 두 일차함수의 x절편
이 같다.

$y=3x+2$의 x절편은 $-\dfrac{2}{3}$이므로 $0=-\dfrac{2}{3}a-3$

따라서 $a=-\dfrac{9}{2}$이므로 $2a=-9$

13 $\dfrac{f(q)-f(p)}{q-p}$는 두 점 $(p,\ f(p))$, $(q,\ f(q))$를 지나는 직선
의 기울기이므로 $a=5$

$y=5x+b$에서 $f(2)=2$이므로 $10+b=2$, $b=-8$

따라서 $f(x)=5x-8$이므로

$f(3)=15-8=7$

14 두 점 A, B를 지나는 직선의 기울기는

$\dfrac{101-10}{38-3}=\dfrac{13}{5}$이므로

$y=\dfrac{13}{5}x+b$에 $x=3$, $y=10$을 대입하면

$10=\dfrac{13}{5}\times3+b$, $b=\dfrac{11}{5}$

따라서 두 점 A, B를 지나는 직선의 방정식은

$y=\dfrac{13}{5}x+\dfrac{11}{5}$

양변에 5를 곱하면 $5y=13x+11$이고 $13x+11$은 5의 배수이어
야 한다.

이때 $3\leq x\leq38$, $10\leq y\leq101$이므로

$x=3,\ 8,\ 13,\ 18,\ 23,\ 28,\ 33,\ 38$

따라서 구하는 점의 개수는 8이다.

15 두 점 $(0,\ 5)$, $(a,\ -10)$을 지나는 일차함수의 그래프의 기울기

는 $\dfrac{-10-5}{a-0}=-\dfrac{15}{a}$이므로

일차함수의 식은 $y=-\dfrac{15}{a}x+5$

이 그래프의 x절편이 $\dfrac{a}{3}$이고 이 그래프와 x축 및 y축으로 둘러

싸인 도형의 넓이가 10이므로

$\dfrac{1}{2}\times\dfrac{a}{3}\times5=10$, $a=12$

일차함수 $y=-\dfrac{5}{4}x+5$의 그래프가 점 $(8,\ b)$를 지나므로

$b=-10+5=-5$

따라서 $a+b=12+(-5)=7$

16 점 P가 출발한 지 x초 후의 삼각형 ABP와 삼각형 DPC의 넓
이의 합을 $y\ \mathrm{cm}^2$라 하자.

점 P가 점 B를 출발한 지 x초 후의 $\overline{\mathrm{BP}}$의 길이는 $4x\ \mathrm{cm}$이므로

$\overline{\mathrm{PC}}$의 길이는 $(28-4x)\mathrm{cm}$이다.

$y=\triangle\mathrm{ABP}+\triangle\mathrm{DPC}$

$\quad=\dfrac{1}{2}\times4x\times16+\dfrac{1}{2}\times(28-4x)\times20$

$\quad=-8x+280$

$y=256$일 때, $256=-8x+280$이므로

$8x=24$, $x=3$

따라서 삼각형 ABP와 삼각형 DPC의 넓이의 합이 $256\ \mathrm{cm}^2$가
되는 것은 점 P가 점 B를 출발한 지 3초 후이다.

17 주어진 그래프에서 속력은 직선의 기울기와 같으므로 아린이의

속력은 시속 $\dfrac{7}{6}\ \mathrm{km}$, 하진이의 속력은 시속 $\dfrac{3}{2}\ \mathrm{km}$이다.

아린이와 하진이 사이의 거리가 $2\ \mathrm{km}$가 되는 것은 두 직선의 y

좌표의 차가 2가 될 때이므로 두 사람이 출발한 지 x시간 후라

하면

$\dfrac{3}{2}x-\dfrac{7}{6}x=2$, $\dfrac{1}{3}x=2$, $x=6$

출발한 지 6시간 후부터 아린이의 속력은 시속

$\dfrac{7}{6}+3=\dfrac{25}{6}\ (\mathrm{km})$가 되므로 아린이가 속력을 올린 후 하진이

를 추월하는 데 걸리는 시간을 t시간이라 하면

$\dfrac{25}{6}t-\dfrac{3}{2}t=2$, $\dfrac{8}{3}t=2$, $t=\dfrac{3}{4}$

따라서 아린이가 하진이를 추월하게 되는 것은 출발한 지

$6+\dfrac{3}{4}=\dfrac{27}{4}$(시간) 후이다.

18 1분에 $100\ \mathrm{mL}$씩 욕조에 물을 채우므로 욕조에 $400\ \mathrm{ml}$의 물을

채우는 데 걸리는 시간은 $\dfrac{400}{100}=4$(분)이다.

즉, $0\leq x\leq4$일 때 $f(x)=100x$

목욕 시간이 20분이므로 $4\leq x\leq24$일 때, $f(x)=400$

목욕을 한 후 2분에 $50\ \mathrm{mL}$씩 물을 빼내므로 욕조에 있는

$400\ \mathrm{mL}$의 물을 빼내는데 걸리는 시간은 $\dfrac{400}{25}=16$(분)이다.

즉, $24\leq x\leq40$일 때 $f(x)=-25x+1000$

따라서 $f(x)$의 그래프와

x축으로 둘러싸인 도형의

넓이는

$\dfrac{1}{2}\times\{40+(24-4)\}\times400$

$=\dfrac{1}{2}\times60\times400=12000$

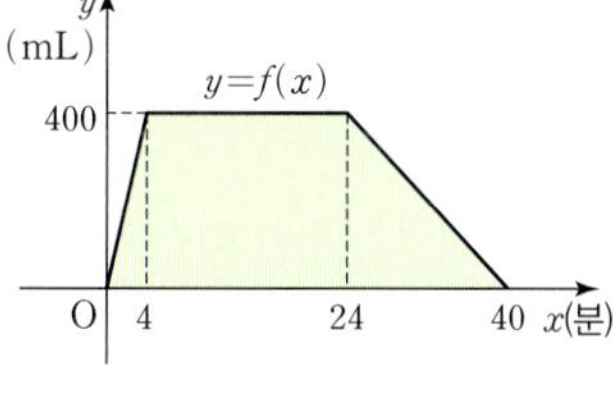

고난도 실전 문제

90~95쪽

1 12	**2** ②	**3** 0	**4** 15	**5** ①, ③
6 ①	**7** -5	**8** -3	**9** 16	**10** $-\dfrac{1}{2}$
11 ③	**12** ③	**13** 1	**14** -4	**15** 2
16 6	**17** 2	**18** $\dfrac{5}{2}$	**19** ①	
20 제2사분면		**21** 1	**22** ②, ⑤	**23** ㄴ, ㄷ
24 14	**25** 8	**26** 5	**27** $-\dfrac{2}{3}$	**28** ⑤
29 $\dfrac{81}{4}$	**30** 1	**31** $\dfrac{9}{2}$	**32** $(2, 2)$	**33** 6시간
34 $\dfrac{432}{59}$	**35** 10 km	**36** $\dfrac{40}{3}$초		

1 $k=3$일 때 $3+2=5$, $3+3=6$

$k=4$일 때 $4+2=6$, $4+3=7$

$k=5$일 때 $5+2=7$, $5+3=8$

$k=6$일 때 $6+2=8$, $6+3=9$

$k=6$일 때 k에 대응하는 y의 값이 없으므로 함수가 될 수 없다.

따라서 k가 될 수 있는 값은 3, 4, 5이므로 모든 정수 k의 합은

$3+4+5=12$

2 $\dfrac{x}{2}=3$에서 $x=6$이므로 $f\left(\dfrac{x}{2}\right)=x-3$에 $x=6$을 대입하면

$f(3)=6-3=3$

$2x+1=-2$에서 $x=-\dfrac{3}{2}$이므로 $g(2x+1)=x+5$에

$x=-\dfrac{3}{2}$을 대입하면 $g(-2)=-\dfrac{3}{2}+5=\dfrac{7}{2}$

따라서 $f(3)-g(-2)=3-\dfrac{7}{2}=-\dfrac{1}{2}$

3 $f(x)f(y)=f(x+y)+f(x-y)$에서

$x=1$, $y=0$을 대입하면 $f(1)f(0)=f(1+0)+f(1-0)$이므로

$2f(0)=2+2=4$, $f(0)=2$

$x=1$, $y=1$을 대입하면

$f(1)f(1)=f(1+1)+f(1-1)$이므로

$4=f(2)+2$, $f(2)=2$

따라서 $f(0)-f(2)=2-2=0$

4 $4^1=4$, $4^2=16$, $4^3=64$, $\cdots$이므로 4^x의 일의 자리의 숫자는 4, 6이 순서대로 반복되어 나타난다.

또한 7^x의 일의 자리의 숫자는 7, 9, 3, 1이 순서대로 반복되어 나타남을 알 수 있다.

$4+7=11$, $6+9=15$, $4+3=7$, $6+1=7$이므로 자연수 x에 대하여 $f(x)+g(x)$의 값은 11, 15, 7, 7이 순서대로 반복되어 나타난다.

따라서 $f(x)+g(x)$의 최댓값은 15이다.

5 ① $y=\pi \times 6^2 \times \dfrac{x}{360}=\dfrac{\pi}{10}x$

② $\dfrac{1}{2}xy=10$이므로 $y=\dfrac{20}{x}$

③ 양초의 길이가 1분에 $\dfrac{1}{5}$ cm씩 줄어들므로 $y=20-\dfrac{1}{5}x$

④ $y=\dfrac{2000}{x}$

⑤ $y=\dfrac{x(x-3)}{2}$이므로 $y=\dfrac{x^2-3x}{2}$

따라서 y가 x에 대한 일차함수인 것은 ①, ③이다.

6 $2x(5-2ax)-b(5x+1)+cy=0$에서

$10x-4ax^2-5bx-b+cy=0$

$cy=4ax^2+(5b-10)x+b$

이 함수가 x에 대한 일차함수가 되려면

$c\neq0$, $4a=0$, $5b-10\neq0$

따라서 $a=0$, $b\neq2$, $c\neq0$

7 $f\left(\dfrac{3}{-a+1}\right)=(a-1)\times\dfrac{3}{-a+1}+b=-3+b$이므로

$-3+b=3$, $b=6$

$f(x)=(a-1)x+6$이고 $f(-2)=8$이므로

$-2(a-1)+6=8$, $-2a=0$, $a=0$

따라서 $f(x)=-x+6$이므로

$f(k)=11$에서 $-k+6=11$, $k=-5$

8 일차함수 $y=-3x+6$의 그래프를 y축의 방향으로 a만큼 평행이동한 그래프의 식은 $y=-3x+6+a$이고 점 $(a-2, a+3)$을 지나므로

$a+3=-3(a-2)+6+a$, $3a=9$, $a=3$

따라서 $f(a)=f(3)=-9+6=-3$

9 점 A의 x좌표를 $a\left(0<a<\dfrac{18}{5}\right)$라 하면

$A(a, 2a)$, $B(a, 0)$

$\overline{AB}=2a$이므로 $\overline{AB}=\overline{BC}$에서 $\overline{BC}=2a$

따라서 $C(3a, 0)$이므로 $D(3a, 2a)$

이때 점 D는 일차함수 $y=-\dfrac{4}{3}x+12$의 그래프 위의 점이므로

$2a=-4a+12$, $6a=12$, $a=2$

따라서 사각형 ABCD의 한 변의 길이는 $\overline{AB}=2a=4$이므로 넓이는 16이다.

10 일차함수 $y=-2x+1$의 그래프의 x절편이 $\dfrac{1}{2}$이므로 일차함수 $y=ax+b$의 그래프가 점 $\left(\dfrac{1}{2}, 0\right)$을 지난다.

즉, $0=\dfrac{1}{2}a+b$이므로 $b=-\dfrac{1}{2}a$

일차함수 $y=3x-1$의 y절편이 -1이므로 일차함수 $y=bx+a$의 그래프가 점 $(0, -1)$을 지난다.

즉, $a=-1$이므로 $b=\dfrac{1}{2}$

따라서 $a+b=-1+\dfrac{1}{2}=-\dfrac{1}{2}$

11 일차함수 $y=ax+3$의 그래프를 y축의 방향으로 b만큼 평행이 동한 그래프의 식은 $y=ax+3+b$

이 그래프의 x절편이 1이므로

$0=a+3+b$ ……㉠

또 일차함수 $y=2bx+3$의 그래프를 y축의 방향으로 a만큼 평 행이동한 그래프의 식은

$y=2bx+3+a$ ……㉡

㉠에서 $3+a=-b$이므로 이것을 ㉡에 대입하면 $y=2bx-b$

$y=0$일 때, $0=2bx-b$, $-2bx=-b$, $x=\dfrac{1}{2}$

따라서 구하는 x절편은 $\dfrac{1}{2}$이다.

12 일차함수 $y=-ax+5$의 그래프가 점 $(3, -4)$를 지나므로

$-4=-3a+5$에서 $3a=9$, $a=3$

즉, 일차함수 $y=-3x+5$의 그래프가 점 $(b, -1)$을 지나므로

$-1=-3b+5$에서 $3b=6$, $b=2$

따라서 일차함수 $y=-bx+2a$, 즉 $y=-2x+6$의 그래프의 x 절편은 3이다.

13 일차함수 $y=-ax+1$의 그래프를 y축의 방향으로 $-b$만큼 평 행이동한 그래프의 식은 $y=-ax+1-b$

이 일차함수의 그래프의 x절편이 -1이므로

$0=a+1-b$, $a=b-1$

일차함수 $y=bx-1$의 그래프를 y축의 방향으로 $-a$만큼 평행 이동한 그래프의 식은 $y=bx-1-a$

$y=0$일 때, $0=bx-1-a$이므로 $-bx=-1-a$, $x=\dfrac{a+1}{b}$

따라서 구하는 x절편은

$\dfrac{a+1}{b}=\dfrac{(b-1)+1}{b}=1$

14 일차함수 $y=\dfrac{1}{2}x-m$과 $y=-4x+n$

의 그래프의 x절편과 y절편을 나타내면 오른쪽 그림과 같다.

$\overline{AO}:\overline{BO}=2:1$이면 $n:m=2:1$

이므로 $n=2m$

$\overline{CD}=6$이면 $2m-\dfrac{n}{4}=6$이므로

$2m=n$을 대입하면 $n-\dfrac{n}{4}=6$, $\dfrac{3}{4}n=6$, $n=8$

따라서 $m=4$, $n=8$이므로 $m-n=-4$

15 (i) $a>1$일 때

두 일차함수의 그래프는 오른쪽 그림과 같다.

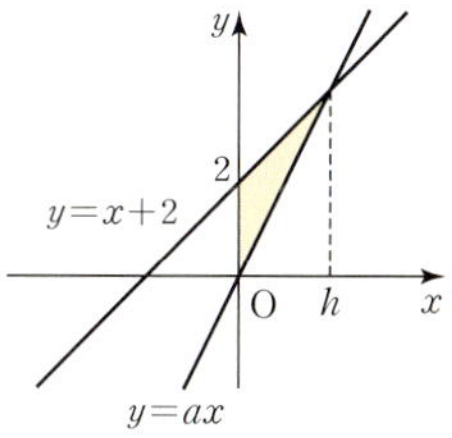

이때 색칠한 부분의 넓이가 4이므 로 삼각형의 밑변을 2, 높이를 h 라 하면 $\dfrac{1}{2}\times2\times h=4$, $h=4$

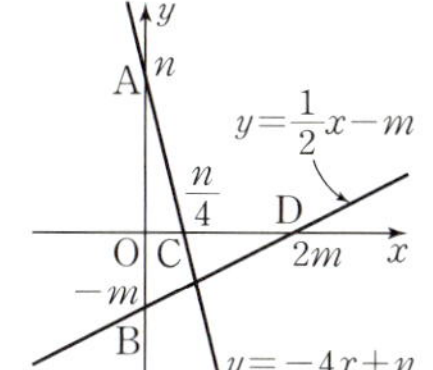

$x=4$를 $y=x+2$에 대입하면 $y=6$

따라서 일차함수 $y=ax$의 그래프가 점 $(4, 6)$을 지나므로

$4a=6$, $a=\dfrac{3}{2}$

(ii) $0<a<1$일 때

두 일차함수의 그래프는 오른쪽 그림과 같다.

이때 색칠한 부분의 넓이가 4이므 로 삼각형의 밑변을 2, 높이를 h 라 하면 $\dfrac{1}{2}\times2\times h=4$, $h=4$

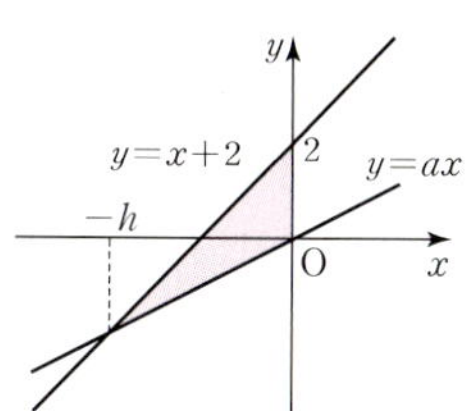

$x=-4$를 $y=x+2$에 대입하면 $y=-2$

따라서 일차함수 $y=ax$의 그래프가 점 $(-4, -2)$를 지나 므로 $-4a=-2$, $a=\dfrac{1}{2}$

(i), (ii)에서 구하는 모든 양수 a의 값의 합은

$\dfrac{3}{2}+\dfrac{1}{2}=2$

16 $(\text{기울기})=\dfrac{(y\text{의 값의 증가량})}{(x\text{의 값의 증가량})}$이므로 일차함수 $y=f(x)$의 그 래프의 기울기는

$\dfrac{f(4)-f(-2)}{4-(-2)}=\dfrac{-18}{6}=-3$ ……❶

$f(x)=-3x+b$라 하면 $f\left(\dfrac{2}{3}\right)=1$이므로

$1=-2+b$, $b=3$ ……❷

따라서 일차함수 $f(x)=-3x+3$에서

$f(-1)=3+3=6$ ……❸

채점 기준	비율
❶ 일차함수의 그래프의 기울기 구하기	40 %
❷ 일차함수의 그래프의 y절편 구하기	30 %
❸ $f(-1)$의 값 구하기	30 %

참고

두 점 $(-2, f(-2))$, $(4, f(4))$를 지나는 일차함수 $y=f(x)$의 그래프 의 기울기는 $\dfrac{f(4)-f(-2)}{4-(-2)}=\dfrac{-18}{6}=-3$에서 -3임을 알 수 있다.

17 점 $(0, 0)$은 규칙2에 의하여 점 $(0, 0)$으로 이동된다.

점 $(3, 2)$는 규칙1에 의하여 점 $(5, 1)$로 이동된다.

(i) $a+1>2$일 때

규칙1에 의하여 점 $(a+1, 2)$는 점 $(a+3, a-1)$로 이동된다.

이동시킨 세 점 $(0, 0)$, $(5, 1)$, $(a+3, a-1)$이 한 직선 위 에 있으므로

$\dfrac{1}{5}=\dfrac{a-1}{a+3}$, $a+3=5a-5$, $a=2$

(ii) $a+1\le2$일 때

규칙2에 의하여 점 $(a+1, 2)$는 점 $(a+5, a-3)$으로 이동 된다.

이동시킨 세 점 $(0, 0)$, $(5, 1)$, $(a+5, a-3)$이 한 직선 위 에 있으므로

$\dfrac{1}{5}=\dfrac{a-3}{a+5}$, $a+5=5a-15$, $a=5$

이때 $a+1\leq2$이므로 $a=5$가 될 수 없다.

(i), (ii)에서 $a=2$

18 y절편이 2이므로 $\dfrac{a}{c}=2$에서 $\dfrac{c}{a}=\dfrac{1}{2}$

x절편이 1이므로 $0=\dfrac{b}{a}+\dfrac{a}{c}$에서 $0=\dfrac{b}{a}+2$

따라서 $\dfrac{b}{a}=-2$이므로

$\dfrac{c-b}{a}=\dfrac{c}{a}-\dfrac{b}{a}=\dfrac{1}{2}-(-2)=\dfrac{5}{2}$

19 일차함수의 그래프가 제1, 2, 3사분면을 지나려면 기울기와 y절편 모두 양수이어야 한다.

(기울기)>0에서 $2a-5>0$, $a>\dfrac{5}{2}$

(y절편)>0에서 $a-1>0$, $a>1$

따라서 $a>\dfrac{5}{2}$이므로 상수 a의 값이 될 수 없는 것은 ①이다.

20 $ab>0$이므로 a와 b의 부호는 같고 $a\neq0$, $b\neq0$이다. 즉, $\dfrac{a}{b}>0$이다.

$bc<0$이므로 b와 c의 부호는 다르고 $b\neq0$, $c\neq0$이다.

또한 a와 b의 부호가 같으므로 a와 c의 부호는 다르다. 즉, $\dfrac{c}{a}<0$이다.

따라서 일차함수 $y=\dfrac{a}{b}x+\dfrac{c}{a}$의 그래프는 제1, 3, 4사분면을 지나므로 지나지 않는 사분면은 제2사분면이다.

21 일차함수 $y=-ax+2ab$의 그래프가 제1, 3, 4사분면을 지나므로

(기울기)>0, (y절편)<0

즉, $-a>0$, $2ab<0$이므로

$a<0$, $b>0$

$ax-2a>bx-2b$에서 $(a-b)x>2(a-b)$

$a<0$, $b>0$에서 $a-b<0$이므로 $x<2$

따라서 $ax-2a>bx-2b$를 만족시키는 가장 큰 정수 x의 값은 1이다.

22 주어진 일차함수 $y=ax+b$의 그래프는 기울기가 음수, y절편이 양수이므로

$a<0$, $b>0$

또 그래프가 점 $\left(\dfrac{1}{2},\ 0\right)$을 지나므로

$\dfrac{1}{2}a+b=0$, $b=-\dfrac{1}{2}a$

$y=(a-b)x+a+b$에 $b=-\dfrac{1}{2}a$, 즉 $a=-2b$를 대입하면

$y=-3bx-b$

① x절편은 $-\dfrac{1}{3}$이다.

② y절편은 $-b<0$이므로 음수이다.

③ $y=-3bx-b$에서 $x=-2$일 때

$y=6b-b=5b$이므로 점 $(-2,\ 5b)$를 지난다.

④ $y=-3bx-b$의 그래프의 기울기는 $-3b<0$이므로 음수이다.

즉, 기울기가 음수이므로 x의 값이 증가할 때 y의 값은 감소한다.

⑤ $y=(a-b)x+a+b=\left(a+\dfrac{1}{2}a\right)x+\dfrac{1}{2}a=\dfrac{3}{2}ax+\dfrac{1}{2}a$이므로 일차함수 $y=\dfrac{3}{2}ax$의 그래프를 평행이동한 직선이다.

따라서 옳은 것은 ②, ⑤이다.

23 주어진 그래프의 기울기는 $\dfrac{2}{4}=\dfrac{1}{2}$이고 y절편은 2이다.

ㄱ. 기울기가 같지 않으므로 평행하지 않다.

ㄴ. 기울기는 $\dfrac{1-5}{-8-0}=\dfrac{1}{2}$이고 y절편은 5, 즉 기울기는 같고 y절편은 같지 않으므로 평행하다.

ㄷ. 두 점 $(6,\ 0)$, $(0,\ -3)$을 지나는 직선의 기울기는

$\dfrac{-3-0}{0-6}=\dfrac{1}{2}$이고 y절편은 -3이다.

즉, 기울기는 같고 y절편은 같지 않으므로 평행하다.

따라서 주어진 일차함수의 그래프와 평행한 직선은 ㄴ, ㄷ이다.

24 두 일차함수의 그래프가 평행하므로 $a=2$

일차함수 $y=2x-4$의 그래프의 x절편이 2이므로 A$(2,\ 0)$

이때 $\overline{AB}=4$이고 점 B가 x축 위에 있으므로

B$(-2,\ 0)$ 또는 B$(6,\ 0)$

(i) B$(-2,\ 0)$일 때

일차함수 $y=2x+b$의 그래프가 점 $(-2,\ 0)$을 지나므로

$0=-4+b$, $b=4$

(ii) B$(6,\ 0)$일 때

일차함수 $y=2x+b$의 그래프가 점 $(6,\ 0)$을 지나므로

$0=12+b$, $b=-12$

(i), (ii)에서 $a-b=-2$ 또는 $a-b=14$이므로

가장 큰 값은 14이다.

25 오른쪽 그림에서 사각형 OABC는 평행사변형이므로

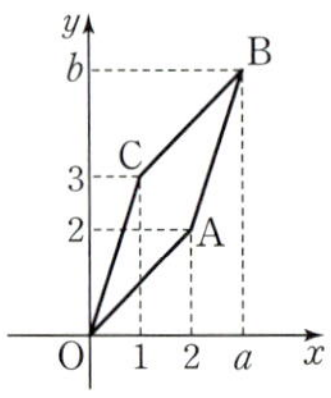

$\overline{OA}\parallel\overline{CB}$, $\overline{OC}\parallel\overline{AB}$

$\overline{OA}\parallel\overline{CB}$에서 $\dfrac{2-0}{2-0}=\dfrac{b-3}{a-1}$

$a-1=b-3$, $a-b=-2$ ······ ㉠

$\overline{OC}\parallel\overline{AB}$에서 $\dfrac{3-0}{1-0}=\dfrac{b-2}{a-2}$

$3(a-2)=b-2$, $3a-b=4$ ······ ㉡

㉠, ㉡을 연립하여 풀면 $a=3$, $b=5$

따라서 $a+b=8$

26 (가)에 의하여 $a=\dfrac{(y\text{의 값의 증가량})}{(x\text{의 값의 증가량})}=7$

(나)에 의하여 두 일차함수 $y=mx-2$와 $y=ax+b$의 그래프의
y절편이 같으므로 $b=-2$

따라서 $a+b=7+(-2)=5$

27 점 B를 지나는 직선의 기울기를 a, 두 직선의 y절편을 b라 하면
두 일차함수의 식은 각각 $y=\dfrac{2}{3}x+b$, $y=ax+b$이다.

세 점 A, B, C의 x좌표를 $k\,(k>0)$라 하면

$A\left(k,\ \dfrac{2}{3}k+b\right)$, $B(k,\ ak+b)$, $C(k,\ 0)$

이때 $3\overline{AB}=4\overline{OC}$이므로

$3\left\{\left(\dfrac{2}{3}k+b\right)-(ak+b)\right\}=4k$

$3\left(\dfrac{2}{3}-a\right)k=4k,\ \dfrac{2}{3}-a=\dfrac{4}{3},\ a=-\dfrac{2}{3}$

따라서 점 B를 지나는 직선의 기울기는 $-\dfrac{2}{3}$이다.

28 일차함수 $y=ax+b$의 그래프가 두 점 A, C를 지나면 x의 값이
$2k(k>0)$만큼 증가할 때 y의 값은 k만큼 감소하므로 기울기는

$a=-\dfrac{k}{2k}=-\dfrac{1}{2}$

즉, 일차함수 $y=-\dfrac{1}{2}x+b$의 그래프가 점 C(3, 3)을 지나므로

$3=-\dfrac{3}{2}+b,\ b=\dfrac{9}{2}$

따라서 일차함수 $y=-\dfrac{1}{2}x+\dfrac{9}{2}$의 그래프 위의 점이 아닌 것은
⑤이다.

29 두 점 $(0,\ 0)$, $(3,\ 9)$를 지나는 직선의 방정식은

$y=3x$

두 점 $(3,\ 9)$, $(9,\ 0)$을 지나는 직선의 방정식은

$y=\dfrac{0-9}{9-3}(x-9),\ y=-\dfrac{3}{2}x+\dfrac{27}{2}$

점 A는 직선 $y=3x$ 위에 있으므로 $A(k,\ 3k)(k>0)$라 하면
사각형 ABCD는 한 변의 길이가 $3k$인 정사각형이다.

$D(4k,\ 3k)$이고 직선 $y=-\dfrac{3}{2}x+\dfrac{27}{2}$이 점 D를 지나므로

$3k=-6k+\dfrac{27}{2},\ k=\dfrac{3}{2}$

따라서 정사각형 ABCD의 한 변의 길이가 $3k=\dfrac{9}{2}$이므로 사각

형 ABCD의 넓이는 $\dfrac{81}{4}$이다.

30 일차함수의 그래프의 x절편이 -2이므로 점 $(-2,\ 0)$을 지난다.
즉, 세 점 $(2,\ -12)$, $(a,\ 6)$, $(-2,\ 0)$ 중 어느 두 점을 지나는
직선의 기울기가 모두 같으므로

$\dfrac{6-(-12)}{a-2}=\dfrac{0-(-12)}{-2-2},\ \dfrac{18}{a-2}=-3$

$a-2=-6,\ a=-4$

이 일차함수의 그래프의 기울기는 -3이므로 일차함수의 식을

$y=-3x+n$이라 하면 이 그래프가 점 $(-2,\ 0)$을 지나므로
$0=6+n,\ n=-6$

즉, 일차함수 $y=-3x-6$의 그래프가 점 $(1,\ b)$를 지나므로
$b=-3-6=-9$

따라서 $2a-b=-8+9=1$

31 두 점 $(-1,\ 2)$, $(1,\ k)$를 지나는 일차함수의 그래프의 기울기
와 두 점 $(1,\ k)$, $(2,\ 2k-6)$을 지나는 일차함수의 그래프의 기
울기가 같으므로

$\dfrac{k-2}{2}=\dfrac{k-6}{1},\ k-2=2k-12,\ k=10$

이때 세 점을 지나는 일차함수의 그래프의 기울기는 $\dfrac{10-2}{2}=4$

일차함수 $y=4x+a$의 그래프가 점 $(-1,\ 2)$를 지나므로
$2=-4+a,\ a=6$

따라서 직선 $y=4x+6$이 x축과 만나는 점은 $\left(-\dfrac{3}{2},\ 0\right)$, y축과

만나는 점은 $(0,\ 6)$이므로 직선과 x축 및 y축으로 둘러싸인 도
형의 넓이는

$\dfrac{1}{2}\times\dfrac{3}{2}\times6=\dfrac{9}{2}$

32 일차함수 $y=3x-12$의 그래프의 x절편은 4,

일차함수 $y=-\dfrac{2}{3}x+4$의 그래프의 y절편은 4이므로

두 점 $(4,\ 0)$, $(0,\ 4)$를 지나는 일차함수의 그래프의 식은
$y=-x+4$

오른쪽 그림과 같이 $y=-x+4$의 그래프
의 제1사분면 위의 점을 $C(\alpha,\ \beta)$라 하면

$A(0,\ \beta)$, $B(\alpha,\ 0)$

이때 사각형 AOBC가 정사각형이므로
$\alpha=\beta$

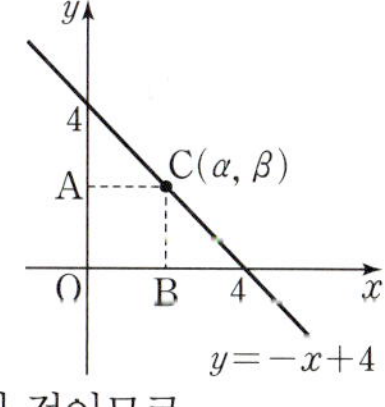

즉, 점 $(\alpha,\ \alpha)$는 $y=-x+4$의 그래프 위의 점이므로
$\alpha=-\alpha+4,\ \alpha=2$

따라서 점 C의 좌표는 $(2,\ 2)$이다.

33 주어진 직선은 기울기가 $\dfrac{3-0}{280-70}=\dfrac{1}{70}$이고 점 $(70,\ 0)$을 지

나므로 x와 y 사이의 관계식을 $y=\dfrac{1}{70}x+b$라 하고

$x=70,\ y=0$을 대입하면

$0=1+b,\ b=-1$

따라서 주어진 직선을 그래프로 하는 일차함수의 식은

$y=\dfrac{1}{70}x-1$ ······ ❶

비행기에 화물, 사람, 연료를 합한 무게가 1000 kg이 되도록 비
행할 때, 화물과 사람의 무게가 각각 173 kg, 337 kg이면 연료
의 무게는

$1000-(173+337)=490\,(\text{kg})$ ······ ❷

즉, $x=490$일 때이므로

$y=\dfrac{1}{70}\times490-1=6$

따라서 최대 비행 시간은 6시간이다. ······ ❸

채점 기준	비율
❶ x와 y 사이의 관계식 구하기	40 %
❷ 연료의 무게 구하기	30 %
❸ 최대 비행 시간 구하기	30 %

34 t초 후의 사각형 PBQD의 넓이는 사각형 ABCD의 넓이의 $\dfrac{3}{5}$

이므로

$$\dfrac{3}{5} \times 40 \times 45 = 1080\,(\mathrm{cm^2})$$

$\overline{\mathrm{BD}}$를 그으면 $\square\mathrm{PBQD} = \triangle\mathrm{PBD} + \triangle\mathrm{QBD}$

$\overline{\mathrm{PB}} = 4t$, $\overline{\mathrm{BQ}} = 3t$라 하면

$$\square\mathrm{PBQD} = \triangle\mathrm{PBD} + \triangle\mathrm{QBD}$$
$$= \dfrac{1}{2} \times 4t \times 40 + \dfrac{1}{2} \times 3t \times 45$$
$$= 80t + \dfrac{135}{2}t = \dfrac{295}{2}t$$

이때 $\dfrac{295}{2}t = 1080$이므로 $t = \dfrac{432}{59}$

35 P 지점을 지난 지 1시간 후에 자동차는 A 지점으로부터 90 km 떨어진 지점에 있었고, 1시간 30분 후에는 A 지점으로부터 130 km 떨어진 지점에 있었으므로 이 자동차는 30분 동안 40 km를 이동하였다.

자동차의 속력은 시속 $40 \div \dfrac{1}{2} = 80\,(\mathrm{km})$이다.

P 지점이 A 지점으로부터 x km 떨어져 있다고 하면 자동차가 P 지점을 지난 지 1시간 후에 자동차는 A 지점으로부터 90 km 떨어진 지점에 있었으므로

$90 = 80 \times 1 + x$, $x = 10$

따라서 P 지점은 A 지점으로부터 10 km 떨어져 있다.

36 물통 A는 80 L까지 초당 8 L씩 10초 동안 감소하고 그 이후는 초당 4 L씩 20초 동안 감소한다.

물통 B는 초당 5 L씩 일정하게 증가하므로 두 물통의 10초 이후 t초 동안 물의 양의 변화는

물통 A의 물의 양 : $80 - 4t$

물통 B의 물의 양 : $50 + 5t$

두 물통의 물의 높이가 같으므로 $80 - 4t = 50 + 5t$

$9t = 30$, $t = \dfrac{10}{3}$

따라서 두 물통의 물의 높이가 같아질 때까지 걸린 시간은

$10 + \dfrac{10}{3} = \dfrac{40}{3}\,(초)$

6. 일차함수와 일차방정식

● 필수 확인 문제

100~103쪽

1 ①	**2** 6	**3** 1	**4** $(-4, -6)$	
5 ③, ⑤	**6** 4	**7** ㄴ, ㄹ	**8** ①, ④	**9** 2
10 4	**11** $-5 < k < 4$	**12** $\dfrac{7}{4}$	**13** ①	
14 4	**15** $\dfrac{9}{2}$	**16** 6	**17** -9	**18** -8
19 -2	**20** 3	**21** ③	**22** 9	**23** 2
24 ③				

1 $3x - y - 1 = 0$에서 $y = 3x - 1$이므로

① y절편은 -1이다.

② 일차함수 $y = 3x$의 그래프와 평행하다.

③ 일차함수 $y = 3x - 1$의 그래프와 일치한다.

④ x의 값이 1만큼 증가할 때, y의 값은 3만큼 증가한다.

⑤ 제2사분면을 지나지 않는다.

따라서 옳은 것은 ①이다.

2 $2x + by - 5 = 0$에 $x = 1$, $y = 1$을 대입하면

$2 + b - 5 = 0$이므로 $b = 3$

$2x + 3y - 5 = 0$에 $x = -2$, $y = a$를 대입하면

$-4 + 3a - 5 = 0$이므로 $3a = 9$, $a = 3$

따라서 $a + b = 3 + 3 = 6$

3 $ax + y + b = 0$에서 $y = -ax - b$

두 점 $(-2, -1)$, $(1, 5)$를 지나는 직선의 기울기는

$$\dfrac{5 - (-1)}{1 - (-2)} = 2$$

소윤이가 그린 직선의 방정식을 $y = 2x + c$라 하면

이 직선이 점 $(1, 5)$를 지나므로 $5 = 2 + c$에서 $c = 3$

즉, 소윤이가 그린 직선의 방정식은 $y = 2x + 3$이므로

소윤이가 제대로 본 b의 값은 -3이다.

두 점 $(2, 4)$, $(4, -2)$를 지나는 직선의 기울기는

$$\dfrac{(-2) - 4}{4 - 2} = -3$$

이때 도윤이는 a를 제대로 보았으므로 $-a = -3$에서 $a = 3$

따라서 일차방정식 $3x + y - 3 = 0$의 그래프가

점 $(k, 0)$을 지나므로 $3k + 0 - 3 = 0$에서 $k = 1$

4 점 $(3, -6)$을 지나면서 x축에 평행한 직선은 $y = -6$

점 $(-4, 5)$를 지나면서 y축에 평행한 직선은 $x = -4$

따라서 두 직선의 교점의 좌표는 $(-4, -6)$

5 $4 + 2y = 0$에서 $y = -2$이므로

① 점 $(3, -2)$를 지난다.

② 직선 $x = 3$과 수직으로 만난다.

④ 직선 $y = 2$와 평행하다.

따라서 옳은 것은 ③, ⑤이다.

6 네 직선으로 둘러싸인 부분은 가로의 길이가 $2k$이고 세로의 길이가 7인 직사각형이므로 넓이는 $14k=56$

따라서 $k=4$

7 $2x+ay-b=0$에서 $y=-\dfrac{2}{a}x+\dfrac{b}{a}$

주어진 그래프에서 (기울기)>0, (y절편)<0이므로

$-\dfrac{2}{a}>0$, $\dfrac{b}{a}<0$, 즉 $a<0$, $b>0$

ㄷ. $ab<0$　　ㅁ. $\dfrac{b}{2a}<0$

따라서 옳은 것은 ㄴ, ㄹ이다.

8 $ax+by+c=0$에서 $y=-\dfrac{a}{b}x-\dfrac{c}{b}$

주어진 그래프에서 (기울기)<0, (y절편)<0이므로

$-\dfrac{a}{b}<0$, $-\dfrac{c}{b}<0$

즉, $\dfrac{a}{b}>0$, $\dfrac{c}{b}>0$이므로 a, b, c의 부호는 모두 같다.

따라서 $a>0$, $b>0$, $c>0$ 또는 $a<0$, $b<0$, $c<0$이므로 옳은 것은 ①, ④이다.

9 $x=-1$, $y=-2$를 $ax-y+b=0$에 대입하면

$-a+2+b=0$이므로 $b=a-2$

일차방정식 $y=ax+b=ax+(a-2)$의 그래프가 제2사분면을 지나지 않기 위해서는

$a>0$, $a-2\leq0$

따라서 $0<a\leq2$를 만족시키는 정수 a는 1, 2의 2개이다.

10 (i) 직선 $y=ax+2$가 점 A를 지날 때

　　$6=2a+2$이므로 $a=2$

(ii) 직선 $y=ax+2$가 점 B를 지날 때

　　$3=5a+2$이므로 $a=\dfrac{1}{5}$

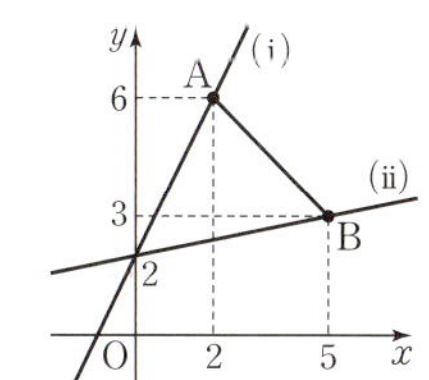

(i), (ii)에서 $\dfrac{1}{5}\leq a\leq2$

따라서 $m=\dfrac{1}{5}$, $n=2$이므로

$10m+n=10\times\dfrac{1}{5}+2=4$

직선 $y=ax+2$는 a의 값에 관계없이 항상 점 $(0, 2)$를 지난다.

11 (i) 일차방정식 $x+2y-k=0$의 그래프가 점 $(0, 2)$를 지날 때

　　$x=0$, $y=2$를 대입하면

　　$0+4-k=0$이므로 $k=4$

(ii) 일차방정식 $x+2y-k=0$의 그래프가 점 $(-5, 0)$을 지날 때

　　$x=-5$, $y=0$을 대입하면

　　$-5+0-k=0$이므로 $k=-5$

(i), (ii)에서 $-5<k<4$

12 (i) 직선 $y=ax+1$이 점 A를 지날 때

　　$6=2a+1$이므로 $a=\dfrac{5}{2}$

(ii) 직선 $y=ax+1$이 점 C를 지날 때

　　$4=4a+1$이므로 $a=\dfrac{3}{4}$

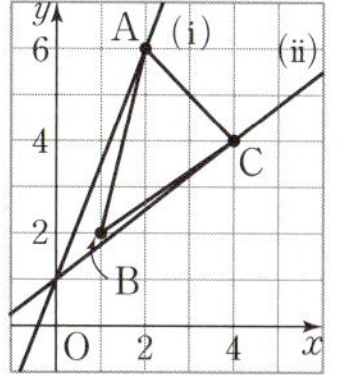

(i), (ii)에서 $\dfrac{3}{4}\leq a\leq\dfrac{5}{2}$이므로 상수 a의 최댓값과 최솟값의 차는

$\dfrac{5}{2}-\dfrac{3}{4}=\dfrac{7}{4}$

직선 $y=ax+1$이 점 B를 지날 때의 기울기는 (ii)의 기울기보다 크고 (i)의 기울기보다 작으므로 점 B를 지나는 경우에는 a가 최댓값 또는 최솟값을 갖지 않는다.

13 연립방정식 $\begin{cases} x+y-6=0 & \cdots\cdots\ \ominus \\ 2x-y+9=0 & \cdots\cdots\ \oplus \end{cases}$에서

$\ominus+\oplus$을 하면 $3x+3=0$, $x=-1$

$x=-1$을 $\ominus$에 대입하면

$-1+y-6=0$, $y=7$

따라서 두 직선의 교점의 좌표는 $(-1, 7)$이므로 점 $(-1, 7)$을 지나고 x축에 수직인 직선의 방정식은 $x=-1$이다.

14 $5x-y+3=0$에서 $y=5x+3$이므로 y절편은 3이다.

일차함수 $y=kx+k-1$의 그래프가 일차방정식 $5x-y+3=0$의 그래프와 y축 위에서 만나므로 일차함수 $y=kx+k-1$의 y절편은 3이다.

따라서 $k-1=3$이므로 $k=4$

15 두 직선이 점 $(2, -2)$를 지나므로 각 직선의 방정식에 $x=2$, $y=-2$를 대입하면

$2-2a=6$, $2b-2=4$이므로 $a=-2$, $b=3$

따라서 일차함수 $y=ax+b$, 즉 $y=-2x+3$의 그래프의

x절편은 $\dfrac{3}{2}$, y절편은 3이므로

x절편과 y절편의 곱은 $\dfrac{3}{2}\times3=\dfrac{9}{2}$

16 연립방정식 $\begin{cases} x-y+1=0 & \cdots\cdots\ \ominus \\ 2x-y-1=0 & \cdots\cdots\ \oplus \end{cases}$에서

$\ominus-\oplus$을 하면 $-x+2=0$, $x=2$

$x=2$를 $\ominus$에 대입하면 $2-y+1=0$, $y=3$

따라서 두 그래프의 교점의 좌표는 $(2, 3)$이고 이 점이 직선 $y=ax-9$ 위의 점이므로

$x=2$, $y=3$을 대입하면

$3=2a-9$, $2a=12$, $a=6$

17 세 직선 중 어느 두 직선도 평행하지 않으므로 세 직선이 삼각형을 만들지 않는 경우는 세 직선이 한 점에서 만날 때이다.

연립방정식 $\begin{cases} 2x+4y+1=0 & \cdots\cdots\ \ominus \\ 2x-y-4=0 & \cdots\cdots\ \oplus \end{cases}$에서

$\ominus-\oplus$을 하면 $5y+5=0$, $y=-1$

$y=-1$을 $\ominus$에 대입하면 $2x-4+1=0$, $2x=3$, $x=\dfrac{3}{2}$

즉, 두 직선의 교점의 좌표는 $\left(\dfrac{3}{2}, -1\right)$이다.

따라서 직선 $4x-3y+a=0$이 점 $\left(\dfrac{3}{2}, -1\right)$을 지나므로

$6+3+a=0$, $a=-9$

참고

세 직선 $2x+4y+1=0$, $2x-y-4=0$, $4x-3y+a=0$의 기울기는

각각 $-\dfrac{1}{2}$, 2, $\dfrac{4}{3}$ 이므로 어느 두 직선도 평행하지 않다.

18 연립방정식 $\begin{cases} x+2y=3 & \cdots\cdots \ \text{㉠} \\ 3x-2y=5 & \cdots\cdots \ \text{㉡} \end{cases}$에서

㉠+㉡을 하면 $4x=8$, $x=2$

$x=2$를 ㉠에 대입하면 $2+2y=3$, $2y=1$, $y=\dfrac{1}{2}$

즉, 네 직선의 교점의 좌표는 $\left(2, \dfrac{1}{2}\right)$이다. $\cdots\cdots$ ❶

따라서 직선 $ax-6y=1$이 점 $\left(2, \dfrac{1}{2}\right)$을 지나므로

$2a-3=1$, $2a=4$, $a=2$ $\cdots\cdots$ ❷

또 직선 $-x+by=-7$이 점 $\left(2, \dfrac{1}{2}\right)$을 지나므로

$-2+\dfrac{1}{2}b=-7$, $\dfrac{1}{2}b=-5$, $b=-10$ $\cdots\cdots$ ❸

따라서 $a+b=2-10=-8$ $\cdots\cdots$ ❹

채점 기준	비율
❶ 네 직선의 교점의 좌표 구하기	30 %
❷ a의 값 구하기	30 %
❸ b의 값 구하기	30 %
❹ $a+b$의 값 구하기	10 %

19 $2x-ay=2$에서 $y=\dfrac{2}{a}x-\dfrac{2}{a}$

$bx+y=-1$에서 $y=-bx-1$

해가 무수히 많으려면 두 그래프가 일치해야 하므로

$\dfrac{2}{a}=-b$, $-\dfrac{2}{a}=-1$

따라서 $a=2$, $b=-1$이므로

$a+4b=2-4=-2$

20 $4x+3y=2$에서 $y=-\dfrac{4}{3}x+\dfrac{2}{3}$

$(3k-1)x+6y=7$에서 $y=-\dfrac{3k-1}{6}x+\dfrac{7}{6}$

두 직선의 기울기는 같고 y절편은 다르면 연립방정식의 해가 존재하지 않으므로

$-\dfrac{4}{3}=-\dfrac{3k-1}{6}$, $\dfrac{2}{3} \neq \dfrac{7}{6}$이어야 한다.

따라서 $3k-1=8$이므로 $k=3$

21 $x+2y=4$에서 $y=-\dfrac{1}{2}x+2$

$ax-4y=b$에서 $y=\dfrac{a}{4}x-\dfrac{b}{4}$

두 그래프의 교점이 무수히 많으려면 두 그래프가 일치해야 하므로

$-\dfrac{1}{2}=\dfrac{a}{4}$, $2=-\dfrac{b}{4}$

따라서 직선 $y=ax+b$에서 $a=-2$, $b=-8$이므로

$y=-2x-8$

① y축의 방향으로 8만큼 평행이동하면 $y=-2x-8+8$, 즉
$y=-2x$이므로 원점을 지난다.

② x절편은 -4, y절편은 -8이므로 모두 음수이다.

③ 제1사분면을 지나지 않는다.

④ 기울기가 -2, y절편이 -8이므로 기울기가 y절편보다 크다.

⑤ 기울기가 음수이므로 x의 값이 증가할 때 y의 값은 감소한다.

따라서 옳지 않은 것은 ③이다.

22 두 직선 $x+y=3$과 $y=-1$의 교점의 좌표는 $(4, -1)$

두 직선 $x-y=-1$과 $y=-1$의 교점의 좌표는 $(-2, -1)$

두 직선 $x+y=3$, $x-y=-1$의 교점의 좌표는 $(1, 2)$

따라서 세 직선으로 둘러싸인 도형은
오른쪽 그림과 같으므로
구하는 도형의 넓이는

$\dfrac{1}{2}\times 6 \times 3 = 9$

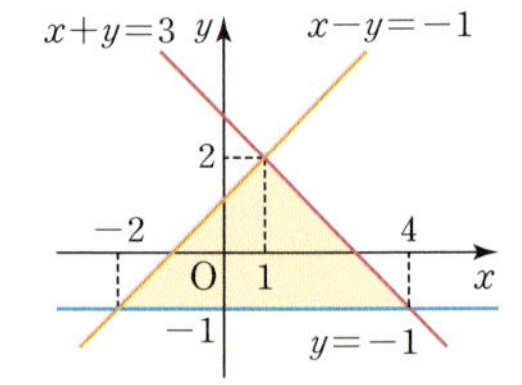

23 (i) $a>1$일 때

두 직선 $y=x+2$, $y=ax$가
제1사분면에서 만나고 두 직선
과 y축으로 둘러싸인 부분의 넓
이가 5이므로 교점의 x좌표는
5가 되어야 한다.

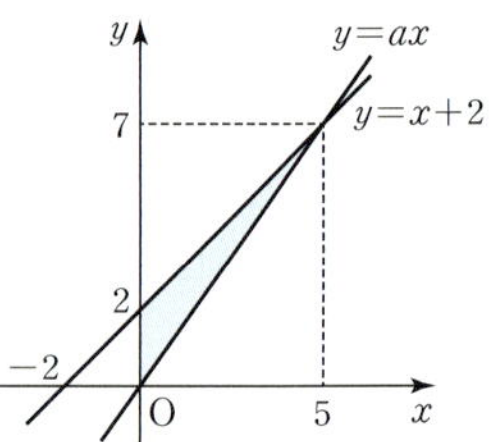

이때 교점의 y좌표는 7이므로 $a=\dfrac{7}{5}$

(ii) $0<a<1$일 때

두 직선 $y=x+2$, $y=ax$가
제3사분면에서 만나고 두 직선과
y축으로 둘러싸인 부분의 넓이가
5이므로 교점의 x좌표는 -5가
되어야 한다.

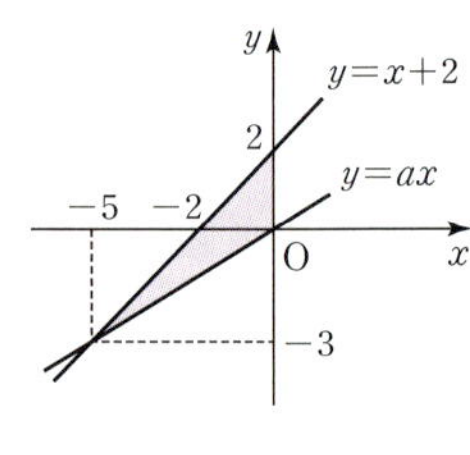

이때 교점의 y좌표는 -3이므로 $a=\dfrac{3}{5}$

(iii) $a \leq 0$일 때

두 직선 $y=x+2$, $y=ax$와 y축으로 둘러싸인 삼각형의 넓
이의 최댓값은 2이므로 주어진 조건을 만족시키지 않는다.

(i), (ii), (iii)에서 모든 상수 a의 값의 합은

$\dfrac{7}{5}+\dfrac{3}{5}=2$

24 오른쪽 그림에서

$\triangle \text{AOB}=\dfrac{1}{2}\times 2 \times 3 = 3$이므로

삼각형 COB의 넓이는

$\dfrac{1}{2}\triangle \text{AOB}=\dfrac{3}{2}$

즉, 점 C의 y좌표를 k라 하면

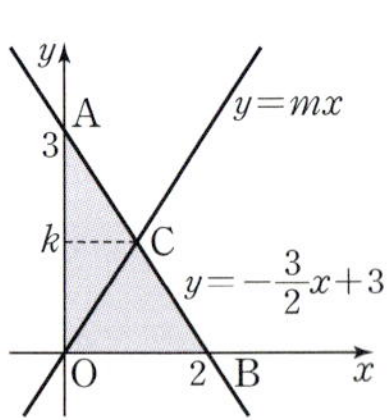

삼각형 COB의 넓이는

$$\frac{1}{2}\times 2\times k=\frac{3}{2},\ k=\frac{3}{2}$$

이때 점 C의 x좌표는 $y=\frac{3}{2}$을 $y=-\frac{3}{2}x+3$에 대입하면

$$\frac{3}{2}=-\frac{3}{2}x+3,\ \frac{3}{2}x=\frac{3}{2},\ x=1$$

따라서 직선 $y=mx$가 점 $\left(1,\ \frac{3}{2}\right)$을 지나므로 $m=\frac{3}{2}$

1 -1	2 2개	3 10	4 제3사분면	5 1
6 5	7 $\frac{9}{2}$	8 $\frac{1}{2}$	9 $\frac{25}{2}$	10 7
11 $-\frac{15}{7}$	12 20개월			

1 y절편이 1이고 점 $(4,\ 5)$를 지나는 직선을 그래프로 하는 일차함수의 식을 $y=mx+1$이라 하면

$5=4m+1,\ m=1$

점 $\mathrm{A}(a+1,\ b)$가 직선 $y=x+1$ 위의 점이므로

$b=a+1+1=a+2$

두 점 $\mathrm{A}(a+1,\ a+2)$, $\mathrm{B}(2a-1,\ -a)$를 지나는 직선의 기울기가 4이므로

$$\frac{-a-(a+2)}{2a-1-(a+1)}=4,\ \frac{-2a-2}{a-2}=4$$

즉, $4a-8=-2a-2$이므로 $6a=6,\ a=1$

$a=1$을 $b=a+2$에 대입하면 $b=3$

따라서 점 A의 좌표가 $(2,\ 3)$이므로

$y=4x+k$에 $x=2,\ y=3$을 대입하면

$3=8+k,\ k=-5$

따라서 $a+b+k=1+3-5=-1$

2 x절편을 a, y절편을 b라 하면 구하는 직선의 방정식은

$$\frac{x}{a}+\frac{y}{b}=1$$

이 직선이 점 $(1,\ 3)$을 지나므로

$\frac{1}{a}+\frac{3}{b}=1$에서 $b+3a=ab$

즉, $3a=ab-b=b(a-1)$이므로

$$b=\frac{3a}{a-1}=3+\frac{3}{a-1}$$

$a=2$일 때 $b=6$, $a=4$일 때 $b=4$

이 경우 a, b 모두 자연수가 된다.

따라서 구하는 직선은 2개이다.

3 두 일차방정식 $ax-2y+6a=0$, $x=2$의 그래프의 교점을 A, 일차방정식 $ax-2y+6a=0$의 그래프가 x축과 만나는 점을 B라 하자.

$x=2$를 $ax-2y+6a=0$에 대입하면

$2a-2y+6a=0,\ 2y=8a$

즉, $y=4a$이므로 $\mathrm{A}(2,\ 4a)$

$y=0$을 $ax-2y+6a=0$에 대입하면

$ax+6a=0,\ ax=-6a$

즉, $x=-6$이므로 $\mathrm{B}(-6,\ 0)$

일차방정식 $x=2$의 그래프가 x축과 만나는 점을 C라 하면

$\mathrm{C}(2,\ 0)$

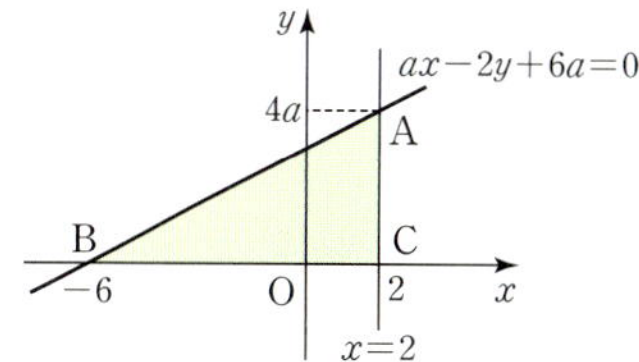

이때 삼각형 ABC의 넓이는 20이므로

$$20=\frac{1}{2}\times 8\times 4a,\ a=\frac{5}{4}$$

따라서 $8a=8\times\frac{5}{4}=10$

4 일차방정식 $ax+y=b$를 그래프로 하는 일차함수의 식은

$y=-ax+b$이므로 기울기는 $-a$, y절편은 b이다.

주어진 그래프의 기울기는 양수, y절편은 음수이므로

$-a>0,\ b<0$에서 $a<0,\ b<0$ ······ ㉠

일차방정식 $abx+2y-\dfrac{b}{a}=0$을 그래프로 하는 일차함수의 식은

$y=-\dfrac{ab}{2}x+\dfrac{b}{2a}$이므로 기울기는 $-\dfrac{ab}{2}$, y절편은 $\dfrac{b}{2a}$이다.

㉠에 의하여 $-\dfrac{ab}{2}<0,\ \dfrac{b}{2a}>0$이므로

일차함수 $y=-\dfrac{ab}{2}x+\dfrac{b}{2a}$의 그래프는 제3사분면을 지나지 않는다.

5 (i) 직선 $y=ax$가 점 $\mathrm{B}(5,\ 3)$을 지날 때

　$3=5a$이므로 $a=\dfrac{3}{5}$

(ii) 직선 $y=ax$가 점 $\mathrm{C}(4,\ 6)$을 지날 때

　$6=4a$이므로 $a=\dfrac{3}{2}$

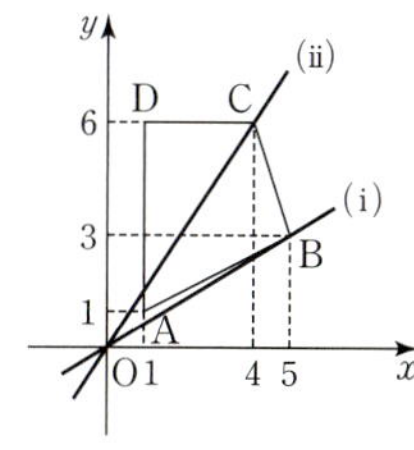

(i), (ii)에서 $\dfrac{3}{5}\leq a\leq\dfrac{3}{2}$이므로 정수 a의 값은 1이다.

6 연립방정식 $\begin{cases} x-y+2a=0 & \cdots\cdots ㉠ \\ 3x-y=0 & \cdots\cdots ㉡ \end{cases}$ 에서

㉠$-$㉡을 하면

$-2x+2a=0,\ 2x=2a,\ x=a$

$x=a$를 ㉡에 대입하면

$3a-y=0,\ y=3a$

즉, 점 A의 좌표는 $(a,\ 3a)$이다.

$x-y+2a=0$에서 $y=x+2a$이므로 그래프의 y절편은 $2a$이다.

즉, B의 좌표는 $(0,\ 2a)$이다.

점 B와 x축에 대하여 대칭인 점을 B′
이라 하면
B′$(0, -2a)$
이때 $\overline{AP}+\overline{BP}=\overline{AP}+\overline{B'P}\geq\overline{AB'}$
이므로
$\overline{AP}+\overline{BP}$의 값이 최소가 되는 x축
위의 점 P는 두 점 A, B′을 지나는
직선이 x축과 만나는 점이다.

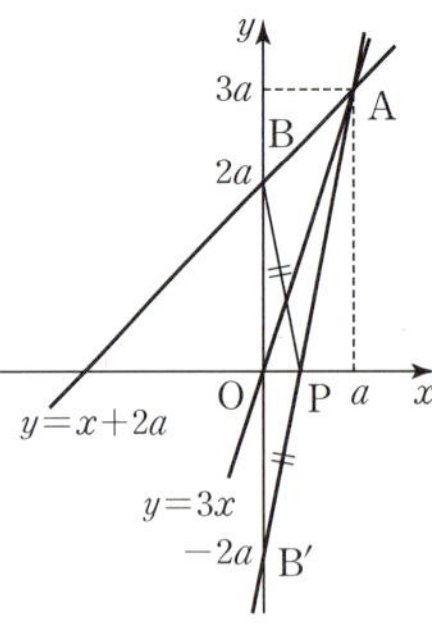

두 점 A, B′을 지나는 직선의 기울기는 $\dfrac{-2a-3a}{0-a}=5$이고

y절편은 $-2a$이므로 직선의 방정식은 $y=5x-2a$이다.
따라서 점 P$(2, 0)$이 직선 AB′ 위에 있으므로
$0=10-2a$, $a=5$

7 연립방정식 $\begin{cases} 5x-y+7=0 & \cdots\cdots\ ㉠ \\ x+2y-3=0 & \cdots\cdots\ ㉡ \end{cases}$ 에서

㉠$\times 2+$㉡을 하면 $11x+11=0$, $x=-1$
$x=-1$을 ㉠에 대입하면 $-5-y+7=0$, $y=2$
점 $(-1, 2)$는 두 직선 $5x-y+7=0$, $x+2y-3=0$의 교점이다.

직선 $y=\dfrac{2}{3}x+1$의 x절편을 구하면

$y=0$일 때 $x=-\dfrac{3}{2}$이므로

직선 l은 두 점 $(-1, 2)$, $\left(-\dfrac{3}{2}, 0\right)$을 지난다.

$(기울기)=\dfrac{0-2}{-\dfrac{3}{2}-(-1)}=4$이므로

직선 l의 방정식을 $y=4x+k$라 하면
점 $(-1, 2)$를 지나므로 $2=-4+k$, $k=6$

따라서 직선 $y=4x+6$은 두 점 $\left(-\dfrac{3}{2}, 0\right)$, $(0, 6)$을 지나므로

직선 l과 x축 및 y축으로 둘러싸인 도형의 넓이는

$\dfrac{1}{2}\times\dfrac{3}{2}\times 6=\dfrac{9}{2}$

8 (i) 세 직선 중 두 직선이 평행한 경우
　　두 직선 $x-y+1=0$, $ax+y-2=0$이 평행하거나 두 직선
　　$3x+y+7=0$, $ax+y-2=0$이 평행해야 하므로
　　$a=-1$ 또는 $a=3$

(ii) 세 직선이 한 점에서 만나는 경우
　　두 직선 $x-y+1=0$, $3x+y+7=0$의 교점을 직선
　　$ax+y-2=0$이 지나야 하므로

　　연립방정식 $\begin{cases} x-y+1=0 & \cdots\cdots\ ㉠ \\ 3x+y+7=0 & \cdots\cdots\ ㉡ \end{cases}$ 에서

　　㉠$+$㉡을 하면 $4x+8=0$, $x=-2$
　　$x=-2$를 ㉠에 대입하면
　　　$-2-y+1=0$, $y=-1$
　　$x=-2$, $y=-1$을 $ax+y-2=0$에 대입하면
　　　$-2a-1-2=0$, $a=-\dfrac{3}{2}$

(i), (ii)에서 구하는 모든 상수 a의 값의 합은
$(-1)+3+\left(-\dfrac{3}{2}\right)=\dfrac{1}{2}$

9 연립방정식의 해가 무수히 많으려면 두 일차방정식의 그래프가
일치해야 하므로 기울기와 y절편이 각각 같아야 한다.

$\dfrac{5}{a}=-\dfrac{2}{b}=\dfrac{3}{6}$에서 $a=10$, $b=-4$

일차함수 $y=bx-a$, 즉 $y=-4x-10$의 그래프의 x절편은

$-\dfrac{5}{2}$이고 y절편은 -10이다.

따라서 구하는 삼각형의 넓이는

$\dfrac{1}{2}\times\dfrac{5}{2}\times 10=\dfrac{25}{2}$

10 연립방정식 $\begin{cases} ax-y=b & \cdots\cdots\ ㉠ \\ bx-y=a & \cdots\cdots\ ㉡ \end{cases}$ 에서

㉠$-$㉡을 하면 $(a-b)x=b-a$
이때 $a\neq b$이므로 $x=-1$
$x=-1$을 ㉠에 대입하면 $-a-y=b$, $y=-a-b$
연립방정식의 해가 $x=k$, $y=6$이므로
$k=-1$, $a+b=-6$　　$\cdots\cdots$ ㉢
즉, 연립방정식의 해는 $x=-1$, $y=6$
$ax-y=b$에서 $y=ax-b$이므로 y절편이 $-b$이고, $bx-y=a$
에서 $y=bx-a$이므로 y절편이 $-a$이다.

두 일차방정식 $ax-y=b$,
$bx-y=a$의 그래프와 y축으로 둘러
싸인 삼각형의 넓이가 4이므로

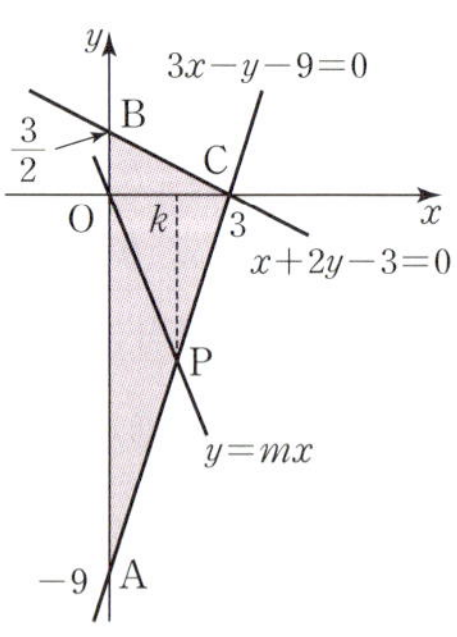

$\dfrac{1}{2}\times\{-b-(-a)\}\times 1=4$

$a-b=8$　　$\cdots\cdots$ ㉣

㉢, ㉣을 연립하여 풀면
$a=1$, $b=-7$
따라서 $kab=-1\times 1\times(-7)=7$

11 두 직선 $3x-y-9=0$, $x+2y-3=0$의 그래프의 x절편이 3이
므로 두 그래프는 x축 위의 점 C$(3, 0)$에서 만난다.
두 직선 $3x-y-9=0$, $x+2y-3=0$의 그래프가 y축과 만나
는 점을 각각 A, B라고 하면

A$(0, -9)$, B$\left(0, \dfrac{3}{2}\right)$

세 직선으로 둘러싸인 도형은 삼각
형 ABC이므로 넓이는

$\dfrac{1}{2}\times\left\{\dfrac{3}{2}-(-9)\right\}\times 3=\dfrac{63}{4}$

삼각형 OBC의 넓이는 $\dfrac{9}{4}$이고, 이

넓이는 삼각형 ABC의 넓이의 절반
보다 작으므로 삼각형 ABC의 넓이
를 이등분하는 직선 $y=mx$의 기울
기는 음수이다.

직선 $y=mx$와 직선 $3x-y-9=0$의 교점 P의 좌표를 $(k, mk)(k>0)$라 하자.

이때 삼각형 OAP의 넓이가 삼각형 ABC의 넓이의 절반이므로

$$\frac{1}{2}\times9\times k=\frac{1}{2}\times\frac{63}{4}, \ k=\frac{7}{4}$$

직선 $3x-y-9=0$이 점 $P\left(\frac{7}{4}, \frac{7}{4}m\right)$을 지나므로

$$\frac{21}{4}-\frac{7}{4}m-9=0, \ \frac{7}{4}m=-\frac{15}{4}, \ m=-\frac{15}{7}$$

따라서 구하는 직선의 기울기는 $-\dfrac{15}{7}$이다.

12 x개월 동안 공장을 운영할 때의 수익을 y억 원이라 하면 수익이 매월 3억 원씩 증가하므로 수익을 나타내는 일차함수 그래프의 기울기는 3이다.

즉, 수익을 나타내는 일차함수의 식은

$$y=3x \qquad \cdots\cdots ㉠$$

또 기업이 공장 운영을 시작할 때 20억 원의 초기 생산 비용이 들었고 생산 비용은 매월 2억 원씩 증가하므로 생산 비용을 나타내는 일차함수의 그래프의 기울기는 2, y절편은 20이다.

즉, 생산 비용을 나타내는 일차함수의 식은

$$y=2x+20 \qquad \cdots\cdots ㉡$$

생산 비용과 수익이 같아지는 때는 두 일차함수의 그래프의 교점의 x좌표와 같으므로

㉠을 ㉡에 대입하면 $3x=2x+20, \ x=20$

$x=20$을 ㉠에 대입하면 $y=60$

따라서 수익이 생산 비용 이상이 되려면 최소 20개월 동안 공장을 운영해야 한다.

● **고난도 실전 문제**

1 6	**2** 8	**3** 2	**4** -11	**5** 1
6 $-\dfrac{23}{3}$	**7** ②	**8** 제3사분면	**9** ⑤	
10 $a<-\dfrac{3}{4}$ 또는 $a>1$	**11** -1	**12** ①	**13** -4	
14 $(-5, 0)$	**15** 제2사분면		**16** $y=2$	**17** 0
18 2	**19** $\dfrac{1}{5}$	**20** -2	**21** 3배	
22 6	**23** $-\dfrac{1}{4}$	**24** 16분		

1 두 점 $(-2, 1)$, $(0, 2)$를 지나는 직선의 기울기는

$$\frac{2-1}{0-(-2)}=\frac{1}{2}$$

구하는 직선의 방정식을 $y=\dfrac{1}{2}x+k$라 하면

점 $(-8, 0)$을 지나므로 $0=-4+k, \ k=4$

즉, $y=\dfrac{1}{2}x+4$이므로 $x-2y+8=0$

따라서 $a=-2, \ b=8$이므로 $a+b=-2+8=6$

2 일차방정식 $2x+y-6=0$의 그래프가 x축과 만나는 점은 $(3, 0)$, y축과 만나는 점은 A$(0, 6)$이다.

이때 $\overline{OA}=\overline{OB}$이므로 B$(0, -6)$

또 두 일차방정식 $ax-y+b=0$과 $2x+y-6=0$의 그래프는 x축에서 만나므로 일차방정식 $ax-y+b=0$, 즉 일차함수 $y=ax+b$의 그래프는 두 점 $(3, 0)$, $(0, -6)$을 지난다.

따라서 기울기는 $a=\dfrac{-6-0}{0-3}=2$, y절편은 $b=-6$이므로

$$a-b=2-(-6)=8$$

3 직선 $2x-y-2=0$의 x절편은 1, y절편은 -2이고, 직선 $ax+by+c=0$, 즉 $y=-\dfrac{a}{b}x-\dfrac{c}{b}$에서 $bc<0$이므로

$$(y절편)=-\frac{c}{b}>0$$

오른쪽 그래프에서 $\overline{AB}=4$, $\overline{OB}=2$이므로 $\overline{OA}=2$

또 두 그래프가 평행하므로 $\overline{OC}=\overline{OD}$

따라서 $\overline{CD}=2\overline{OD}=2\times1=2$

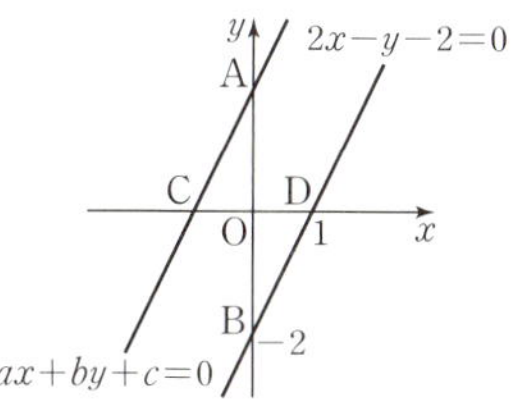

참고

직선 $ax+by+c=0$의 기울기는 $\dfrac{\overline{OA}}{\overline{OC}}$, 직선 $2x-y-2=0$의 기울기는 $\dfrac{\overline{OB}}{\overline{OD}}$이고, 두 직선의 기울기가 같으므로 $\dfrac{\overline{OA}}{\overline{OC}}=\dfrac{\overline{OB}}{\overline{OD}}$

이때 $\overline{OA}=\overline{OB}=2$이므로 $\overline{OC}=\overline{OD}$이다.

4 직선 $y=\dfrac{1}{4}x-3$의 x절편은 12, 직선 $y=7x-6$의 y절편은 -6이므로 점 $(1, k)$를 지나는 직선의 x절편은 12, y절편은 -6이다.

이 직선은 두 점 $(12, 0)$, $(0, -6)$을 지나므로

$$(기울기)=\frac{-6-0}{0-12}=\frac{1}{2}$$

이때 y절편은 -6이므로 직선의 방정식은 $y=\dfrac{1}{2}x-6$

이 직선이 점 $(1, k)$를 지나므로 $k=\dfrac{1}{2}-6=-\dfrac{11}{2}$

따라서 $2k=-11$

5 두 점 $(-3a+7, -4)$, $(b-4, 2a)$를 지나는 직선은 직선 $x=2$에 평행하므로 y축에 평행한 직선이다.

즉, $-3a+7=b-4$이므로 $3a+b=11 \qquad \cdots\cdots ㉠$

두 점 $(2a, a-4)$, $(3, b+5)$를 지나는 직선은 y축에 수직이므로 x축에 평행한 직선이다.

즉, $a-4=b+5$이므로 $a-b=9 \qquad \cdots\cdots ㉡$

㉠, ㉡을 연립하여 풀면 $a=5, \ b=-4$

따라서 $a+b=5-4=1$

참고

x축에 평행한 직선 위의 두 점의 y좌표는 같고, y축에 평행한 직선 위의 두 점의 x좌표는 같다.

6 $x=2$를 $ax+y-1=0$에 대입하면 $y=-2a+1$
$x=4$를 $ax+y-1=0$에 대입하면 $y=-4a+1$
네 직선으로 둘러싸인 도형은 오른쪽
그림과 같이 밑변의 길이가
$-4a+1$, 윗변의 길이가 $-2a+1$,
높이가 2인 사다리꼴이 된다.
이때 네 직선으로 둘러싸인 사다리꼴
의 넓이가 48이므로

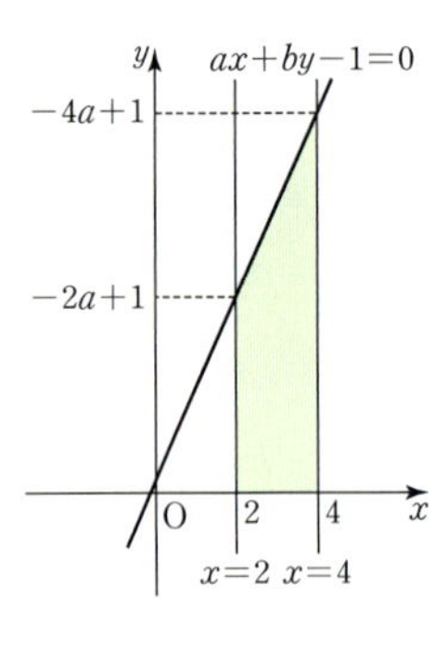

$$\frac{1}{2}\{(-2a+1)+(-4a+1)\}\times 2$$
$$=48$$
$$-6a+2=48,\ 6a=-46,\ a=-\frac{23}{3}$$

7 $ax+by+c=0$에서 $y=-\frac{a}{b}x-\frac{c}{b}$

(기울기)$=-\frac{a}{b}>0$, (y절편)$=-\frac{c}{b}>0$이므로 $\frac{a}{b}<0$, $\frac{c}{b}<0$

즉, $a>0$, $b<0$, $c>0$ 또는 $a<0$, $b>0$, $c<0$ ····· ㉠

$cx+ay+b=0$에서 $y=-\frac{c}{a}x-\frac{b}{a}$이므로 ㉠에 의하여

(기울기)$=-\frac{c}{a}<0$, (y절편)$=-\frac{b}{a}>0$

따라서 구하는 그래프는 ②이다.

8 점 $(-ac,\ ab)$가 제3사분면 위의 점이므로
$-ac<0$, $ab<0$에서 $ac>0$, $ab<0$
즉, $a>0$, $b<0$, $c>0$ 또는 $a<0$, $b>0$, $c<0$ ····· ㉠
$ax-by-c=0$에서 $y=\frac{a}{b}x-\frac{c}{b}$이므로 ㉠에 의하여

(기울기)$=\frac{a}{b}<0$, (y절편)$=-\frac{c}{b}>0$

따라서 일차방정식 $ax-by-c=0$의 그래프는 제3사분면을 지
나지 않는다.

9 $ax+by+c=0$에서 $y=-\frac{a}{b}x-\frac{c}{b}$이므로 $-\frac{a}{b}<0$, $\frac{c}{b}=0$

즉, $\frac{a}{b}>0$, $c=0$이므로

$a>0$, $b>0$, $c=0$ 또는 $a<0$, $b<0$, $c=0$

따라서 $cx-by+a=0$에서 $-by+a=0$, $y=\frac{a}{b}$

이때 $\frac{a}{b}>0$이므로 일차방정식 $cx-by+a=0$의 그래프는

제1, 2사분면을 지나고, 같은 사분면을 지나는 것은 ⑤이다.

10 (i) 일차함수 $y=ax+2$의 그래프가
점 A$(1,\ 3)$을 지날 때,
$3=a+2$, $a=1$
(ii) 일차함수 $y=ax+2$의 그래프가
점 B$(4,\ -1)$을 지날 때,
$-1=4a+2$, $a=-\frac{3}{4}$

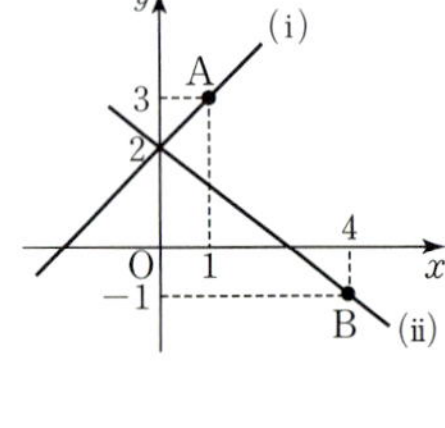

(i), (ii)에서 일차함수 $y=ax+2$의 그래프가 $\overline{AB}$와 만나도록 하
는 상수 a의 값의 범위는 $-\frac{3}{4}\le a\le 1$
따라서 $\overline{AB}$와 만나지 않도록 하는 상수 a의 값의 범위는
$a<-\frac{3}{4}$ 또는 $a>1$

11 세 직선 $x=4$, $y=3$, $y=\frac{3}{4}x-3$

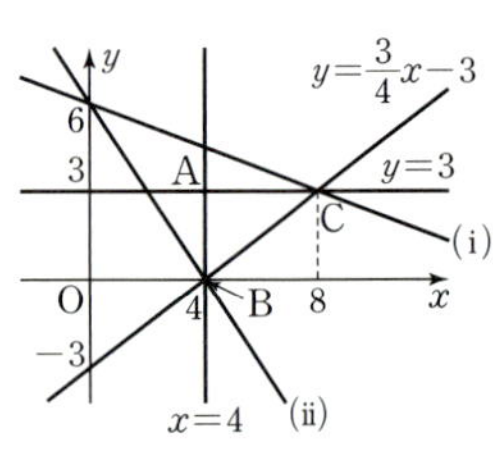

으로 둘러싸인 도형은 오른쪽 그림
의 삼각형 ABC이다.
이때 점 B와 점 C는 직선
$y=\frac{3}{4}x-3$ 위의 점이므로
B$(4,\ 0)$, C$(8,\ 3)$
(i) 직선 $y=kx+6$이 점 $(8,\ 3)$을 지날 때,
$3=8k+6$, $-8k=3$, $k=-\frac{3}{8}$
(ii) 직선 $y=kx+6$이 점 $(4,\ 0)$을 지날 때,
$0=4k+6$, $-4k=6$, $k=-\frac{3}{2}$

(i), (ii)에서 $-\frac{3}{2}\le k\le -\frac{3}{8}$이므로 정수 k의 값은 -1이다.

12 $3x+y-a=0$에서 $y=-3x+a$
이때 직선의 기울기가 -3이므로 직선
$3x+y-a=0$이 직선 l과 제4사분면에서
만나려면 오른쪽 그림의 (i)과 (ii) 사이에서
움직여야 한다.

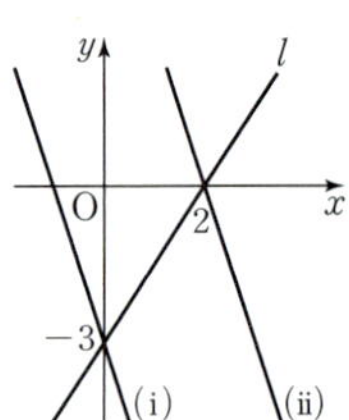

(i) 직선 $3x+y-a=0$이 점 $(0,\ -3)$을
지날 때, $-3-a=0$, $a=-3$
(ii) 직선 $3x+y-a=0$이 점 $(2,\ 0)$을 지날 때, $6-a=0$, $a=6$
(i), (ii)에서 $-3<a<6$

13 점 $(0,\ -2)$는 직선 $bx-y+1=0$ 위의 점이 아니므로
두 직선 $x-2y+a=0$, $cx+dy+2=0$의 교점이다.
$x=0$, $y=-2$를 각각 직선의 방정식에 대입하면
$a=-4$, $d=1$
점 $(3,\ 4)$는 직선 $x-2y+a=0$, 즉 $x-2y-4=0$ 위의 점이
아니므로 두 직선 $bx-y+1=0$, $cx+y+2=0$의 교점이다.
$x=3$, $y=4$를 각각 직선의 방정식에 대입하면
$b=1$, $c=-2$
따라서 $a+b+c+d=-4+1-2+1=-4$

14 두 직선 $3x-5y+15=0$, $3x+10y+a=0$의 y절편은 각각
3, $-\frac{a}{10}$이므로
A$(0,\ 3)$, B$\left(0,\ -\frac{a}{10}\right)$ ····· ❶
$a>0$이므로 $\overline{OB}=-\left(-\frac{a}{10}\right)=\frac{a}{10}$
$\overline{OA}=2\overline{OB}$에서
$3=2\times\frac{a}{10}$, $a=15$ ····· ❷

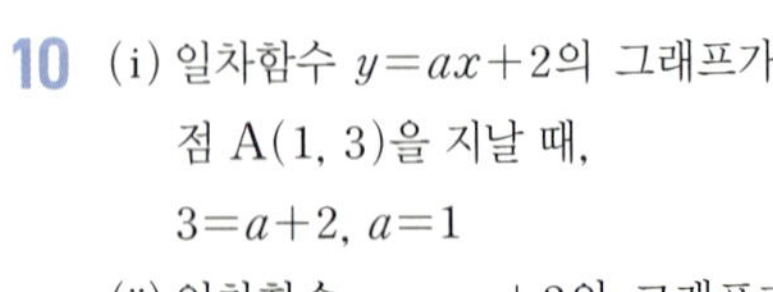

두 직선 $3x-5y+15=0$, $3x+10y+15=0$의 교점의 좌표는

연립방정식 $\begin{cases} 3x-5y+15=0 & \cdots\cdots\ \text{㉠} \\ 3x+10y+15=0 & \cdots\cdots\ \text{㉡} \end{cases}$ 의 해와 같다.

㉠$-$㉡을 하면 $-15y=0$, $y=0$

$y=0$을 ㉠에 대입하면 $3x+15=0$, $x=-5$

따라서 두 직선의 교점의 좌표는 $(-5, 0)$이다. $\qquad \cdots\cdots$ ❸

채점 기준	비율
❶ 두 점 A, B의 좌표 구하기	30 %
❷ a의 값 구하기	30 %
❸ 두 직선의 교점의 좌표 구하기	40 %

15 두 일차방정식의 그래프의 교점의 좌표가 $(2, -1)$이므로

연립방정식 $\begin{cases} 2ax+by=5 \\ bx-3ay=1 \end{cases}$ 의 해가 $x=2$, $y=-1$이다.

즉, $\begin{cases} 4a-b=5 & \cdots\cdots\ \text{㉠} \\ 3a+2b=1 & \cdots\cdots\ \text{㉡} \end{cases}$ 에서

㉠$\times 2+$㉡을 하면 $11a=11$, $a=1$

$a=1$을 ㉠에 대입하면 $4-b=5$, $b=-1$

따라서 직선 $y=ax+b$, 즉 $y=x-1$은 제2사분면을 지나지 않는다.

16 (i) 직선 l은 두 점 $(2, 0)$, $(0, -4)$를 지나므로 기울기는

$\dfrac{-4-0}{0-2}=2$, y절편은 -4

따라서 직선의 방정식은 $y=2x-4$

(ii) 직선 m은 두 점 $(4, 0)$, $(0, 8)$을 지나므로 기울기는

$\dfrac{8-0}{0-4}=-2$, y절편은 8

따라서 직선의 방정식은 $y=-2x+8$

(i), (ii)에서 점 A의 좌표는 연립방정식

$\begin{cases} y=2x-4 & \cdots\cdots\ \text{㉠} \\ y=-2x+8 & \cdots\cdots\ \text{㉡} \end{cases}$ 의 해와 같다.

㉠$-$㉡을 하면 $0=4x-12$, $x=3$

$x=3$을 ㉠에 대입하면 $y=2$

따라서 A$(3, 2)$이고, 두 점 $(3, 2)$, $(-1, 2)$를 지나는 직선의
방정식은 $y=2$이다.

참고

두 점을 지나는 직선에서 두 점의 x좌표가 같으면 x축에 수직(y축에
평행)인 $x=p$ 꼴이고, 두 점의 y좌표가 같으면 y축에 수직(x축에 평
행)인 $y=q$ 꼴이다.

17 세 직선의 교점으로 삼각형이 만들어지지 않으려면 세 직선이 모
두 평행하거나 세 직선 중 두 직선이 평행하거나 세 직선이 한 점
에서 만나야 한다.

이때 주어진 세 직선의 기울기가 모두 다르므로 세 직선은 한 점
에서 만나야 한다.

$2x+y+3=0$, $2x-y+5=0$을 연립하여 해를 구하면

$x=-2$, $y=1$

$x=-2$, $y=1$을 $x+2y+a=0$에 대입하면

$-2+2+a=0$, $a=0$

18 서로 다른 세 직선 $ax+y=-3$, $x-2y=5$, $2x+by=7$, 즉

$y=-ax-3$, $y=\dfrac{1}{2}x-\dfrac{5}{2}$, $y=-\dfrac{2}{b}x+\dfrac{7}{b}$에 의하여 좌표평면

이 네 부분으로 나누어지려면 세 직선이 모두 평행해야 하므로

$-a=\dfrac{1}{2}=-\dfrac{2}{b}$

따라서 $a=-\dfrac{1}{2}$, $b=-4$이므로

$ab=-\dfrac{1}{2}\times(-4)=2$

19 $3x-ky=y$에서 $3x-(k+1)y=0$

$2x+ky+3=y+3$에서 $2x+(k-1)y=0$

즉, 두 직선은 원점을 지나는 직선이다.

따라서 원점 이외의 다른 점에서 만나려면 두 직선은 일치해야
하므로

$\dfrac{3}{2}=-\dfrac{k+1}{k-1}$, $3k-3=-2k-2$, $5k=1$, $k=\dfrac{1}{5}$

20 두 직선 $x+2ay=1$, $3x-12y=-3+b$가 일치하므로

$\dfrac{1}{3}=-\dfrac{2a}{12}=\dfrac{1}{-3+b}$

즉, $a=-2$, $b=6$

이때 연립방정식 $\begin{cases} y=-2x-12 \\ y=mx+3 \end{cases}$ 의 해가 존재하지 않으므로

두 직선 $y=-2x-12$, $y=mx+3$은 평행해야 한다.

따라서 $m=-2$

21 두 직선 $x-y+2=0$,
$x-2y+2=0$의 교점은
A$(-2, 0)$ 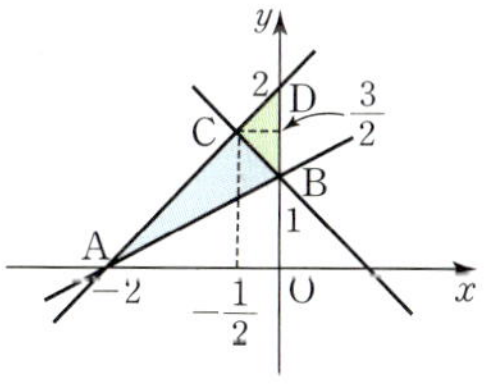
두 직선 $x+y=1$, $x-2y+2=0$의
교점은 B$(0, 1)$
두 직선 $x+y=1$, $x-y+2=0$의
교점은 C$\left(-\dfrac{1}{2}, \dfrac{3}{2}\right)$

직선 $x-y+2=0$과 y축이 만나는 점을 D$(0, 2)$라 하면

$\triangle$ABC$=\triangle$ABD$-\triangle$BDC$=\dfrac{1}{2}\times 1 \times 2-\dfrac{1}{2}\times 1 \times \dfrac{1}{2}=\dfrac{3}{4}$

따라서 $\triangle$ABC$=\dfrac{3}{4}$, $\triangle$BDC$=\dfrac{1}{4}$이므로

$3\triangle$BDC$=\triangle$ABC

즉, 삼각형 ABC의 넓이는 삼각형 BDC의 넓이의 3배가 된다.

22 $y=\dfrac{1}{3}x+2$에서 $y=0$일 때

$x=-6$, $x=0$일 때 $y=2$이므로

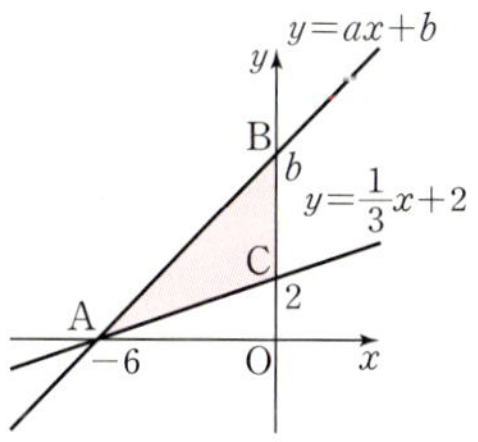

A$(-6, 0)$, C$(0, 2)$

또 B$(0, b)$이고 삼각형 BAC의 넓
이가 12이므로 오른쪽 그림에서

$\dfrac{1}{2}\times(b-2)\times 6=12$

$b-2=4$, $b=6$ $\qquad\qquad\qquad \cdots\cdots$ ❶

즉, 직선 $y=ax+6$이 점 $(-6, 0)$을 지나므로

$0=-6a+6$, $6a=6$, $a=1$ …… ❷

따라서 $ab=1\times6=6$ …… ❸

채점 기준	비율
❶ b의 값 구하기	40 %
❷ a의 값 구하기	40 %
❸ ab의 값 구하기	20 %

23 직선 $x+6y-6=0$의 y절편, x절편

은 각각 1, 6이고 직선

$x-2y-6=0$의 y절편, x절편은 각

각 -3, 6이므로 오른쪽 그림에서

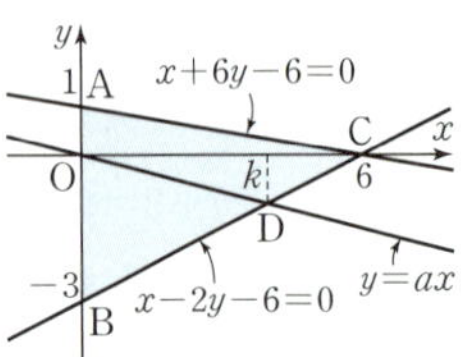

$\triangle ABC=\dfrac{1}{2}\times4\times6=12$

원점을 지나는 직선의 방정식을 $y=ax$라 하고 두 직선

$x-2y-6=0$, $y=ax$의 교점 D의 x좌표를 k라 하면 직선

$y=ax$가 삼각형 ABC의 넓이를 이등분하므로

$\triangle OBD=\dfrac{1}{2}\triangle ABC$에서

$\dfrac{1}{2}\times3\times k=\dfrac{1}{2}\times12$, $k=4$

점 D는 직선 $x-2y-6=0$ 위의 점이므로 $x=4$를 대입하면

$4-2y-6=0$, $y=-1$

따라서 직선 $y=ax$는 점 D$(4,\,-1)$을 지나므로

$-1=4a$, $a=-\dfrac{1}{4}$

24 A 학생이 출발한 지 x분 후의 학교에서의 거리를 y km라 하면

$$y=\dfrac{1}{10}x$$

A 학생이 분속 $\dfrac{1}{10}$ km로 걸어서 학교에서 출발하여 도서관에

도착할 때까지 걸린 시간은 $4\div\dfrac{1}{10}=40(분)$

B 학생이 학교와 도서관 사이를 자전거를 타고 왕복하는 데 걸

린 시간은 20분이고 도서관에서 8분 있다가 학교로 출발했으므

로 B 학생이 A 학생보다 12분 늦게 학교에서 도서관으로 출발

했음을 알 수 있다.

x와 y 사이의 관계를 나타

낸 오른쪽 그래프에서 두

학생이 처음 만난 시간은

두 점 $(12,\,0)$과

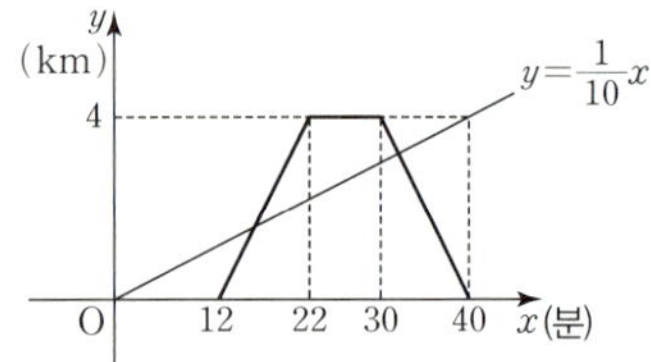

$(22,\,4)$를 지나는 직선과

직선 $y=\dfrac{1}{10}x$의 교점의 x좌표이므로

$x=16$

즉, A 학생이 출발한 지 16분 후에 두 사람은 처음 만난다.

두 학생이 다시 만난 시간은 두 점 $(30,\,4)$, $(40,\,0)$을 지나는

직선과 직선 $y=\dfrac{1}{10}x$의 교점의 x좌표이므로 $x=32$

즉, A 학생이 출발한 지 32분 후에 두 학생이 두 번째로 다시 만

난다.

따라서 두 학생이 처음 만난 후 다시 만날 때까지 걸린 시간은

$32-16=16(분)$

수학 마스터

중학 수학 내신 만점 실력서

고난도 시그마 Σ

EBS와 교보문고가 함께하는 듄듄한 스터디메이트!

듄듄한 할인 혜택을 담은 **학습용품**과 **참고서**를 한 번에!

기프트/도서/음반 추가 할인 쿠폰팩

COUPON PACK

+QR코드를 스캔하시면 듄듄문고 쿠폰팩을 다운받을 수 있는 이벤트 페이지로 연결됩니다+